Python

数据分析与实战

微课版

Data Analysis and Practice with Python

赵男男　邹平辉 ◉ 主编

张良均　王宏刚　陈慕君 ◉ 副主编

人民邮电出版社

北 京

图书在版编目（CIP）数据

Python 数据分析与实战：微课版 / 赵男男，邹平辉
主编. -- 北京：人民邮电出版社，2025. --（大数据技
术精品系列教材）. -- ISBN 978-7-115-65621-6

Ⅰ. TP312.8

中国国家版本馆 CIP 数据核字第 2024QA1048 号

内 容 提 要

　　本书全面介绍数据分析的流程和 Python 数据分析库的应用，详细讲解利用 Python 解决企业实际问题的方法。全书共 10 章，第 1 章介绍数据分析的概念等相关知识；第 2~6 章介绍 Python 数据分析的常用库及其应用，涵盖 NumPy 数组计算基础，pandas 统计分析基础，使用 pandas 进行数据预处理，Matplotlib、seaborn、pyecharts 数据可视化基础，以及使用 scikit-learn 构建模型，较为全面地阐述 Python 数据分析方法；第 7~9 章结合前面章节介绍的数据分析技术，进行企业综合案例数据分析；第 10 章基于去编程化的 TipDM 大数据挖掘建模平台进行客户流失预测。除了第 1 章，其余各章都包含实训，有利于读者通过练习和操作实践巩固所学内容。

　　本书可以作为高校大数据技术相关专业的教材和大数据技术爱好者的自学参考书。

◆ 主　　编　赵男男　邹平辉
　　副 主 编　张良均　王宏刚　陈慕君
　　责任编辑　初美呈
　　责任印制　王　郁　焦志炜

◆ 人民邮电出版社出版发行　　北京市丰台区成寿寺路 11 号
　　邮编　100164　电子邮件　315@ptpress.com.cn
　　网址　https://www.ptpress.com.cn
　　北京隆昌伟业印刷有限公司印刷

◆ 开本：787×1092　1/16
　　印张：16.75　　　　　　　　　2025 年 2 月第 1 版
　　字数：392 千字　　　　　　　　2025 年 2 月北京第 1 次印刷

定价：59.80 元

读者服务热线：(010)81055256　印装质量热线：(010)81055316
反盗版热线：(010)81055315

大数据技术精品系列教材
专家委员会

专家委员会主任　郝志峰（汕头大学）

专家委员会副主任（按姓氏笔画排列）：

王其如（中山大学）

余明辉（广州番禺职业技术学院）

张良均（广东泰迪智能科技股份有限公司）

聂　哲（深圳职业技术大学）

曾　斌（人民邮电出版社有限公司）

蔡志杰（复旦大学）

专家委员会成员（按姓氏笔画排列）：

王爱红（贵州交通职业技术学院）　韦才敏（汕头大学）

方海涛（中国科学院）　　　　　　孔　原（江苏信息职业技术学院）

邓明华（北京大学）　　　　　　　史小英（西安航空职业技术学院）

冯国灿（中山大学）　　　　　　　边馥萍（天津大学）

吕跃进（广西大学）　　　　　　　朱元国（南京理工大学）

朱文明（深圳信息职业技术学院）　任传贤（中山大学）

刘保东（山东大学）　　　　　　　刘彦姝（湖南大众传媒职业技术学院）

刘深泉（华南理工大学）　　　　　孙云龙（西南财经大学）

阳永生（长沙民政职业技术学院）　花　强（河北大学）

杜　恒（河南工业职业技术学院）　李明革（长春职业技术学院）

李美满（广东理工职业学院）　　　杨　坦（华南师范大学）

杨　虎（重庆大学）　　　　　　　杨志坚（武汉大学）

杨治辉（安徽财经大学）　　　　　杨爱民（华北理工大学）

肖　刚（韩山师范学院）　　　　　吴阔华（江西理工大学）

邱炳城（广东理工职业学院）　　　何小苑（广东水利电力职业技术学院）

余爱民（广东科学技术职业学院）　沈　洋（大连职业技术学院）

沈凤池（浙江商业职业技术学院）　宋眉眉（天津理工大学）

张　敏（广东泰迪智能科技股份有限公司）

张兴发（广州大学）

张尚佳（广东泰迪智能科技股份有限公司）

张治斌（北京信息职业技术学院）　张积林（福建理工大学）

张雅珍（陕西工商职业学院）　　　陈　永（江苏海事职业技术学院）

武春岭（重庆电子科技职业大学）　周胜安（广东行政职业学院）

赵　强（山东师范大学）　　　　　赵　静（广东机电职业技术学院）

胡支军（贵州大学）　　　　　　　胡国胜（上海电子信息职业技术学院）

施　兴（广东泰迪智能科技股份有限公司）

韩宝国（广东轻工职业技术大学）　曾文权（广东科学技术职业学院）

蒙　飚（柳州职业技术大学）　　　谭　旭（深圳信息职业技术学院）

谭　忠（厦门大学）　　　　　　　薛　云（华南师范大学）

薛　毅（北京工业大学）

序

随着移动互联网和智能手机迅速普及，大数据时代的到来，多种形态的移动互联网应用蓬勃发展，电子商务、云计算、互联网金融、物联网、虚拟现实、智能机器人等不断渗透并重塑传统产业。与此同时，大数据当之无愧地成为新的产业革命核心。

2019 年 8 月，联合国教科文组织以联合国 6 种官方语言正式发布《北京共识——人工智能与教育》。其中提出："通过人工智能与教育的系统融合，全面创新教育、教学和学习方式，并利用人工智能加快建设开放灵活的教育体系，确保全民享有公平、适合每个人且优质的终身学习机会。"这表明基于大数据的人工智能和教育均进入了新的阶段。

高等教育是教育系统中的重要组成部分，高等院校作为人才培养的重要载体，肩负着为社会培育人才的重要使命。2018 年 6 月 21 日召开的新时代全国高等学校本科教育工作会议提出了"金课"的概念。"金专""金课""金师"迅速成为新时代高等教育的热词。建设具有中国特色的大数据相关专业，以及如何打造世界一流水平的"金专""金课""金师""金教材"是当代教育教学改革的难点和热点。

实践教学是指在一定的理论指导下，以实践为引导，使学习者获得实践知识、掌握实践技能、锻炼实践能力、提高综合素质的教学活动。实践教学在高校人才培养中占有重要地位，是巩固理论知识的有效途径。目前，高校大数据相关专业的教学体系设置一般过多地偏向理论教学，课程设置冗余或缺漏，知识体系不健全，且与企业实际应用契合度不高，学生很难将理论转化为实践技能。为了有效解决该问题，"泰迪杯"数据挖掘挑战赛组织委员会与人民邮电出版社共同策划了"大数据技术精品系列教材"，这恰与 2019 年 10 月 24 日教育部发布的《关于一流本科课程建设的实施意见》（教高〔2019〕8 号）中提出的"坚持分类建设""坚持扶强扶特""提升高阶性""突出创新性""增加挑战度"原则契合。

"泰迪杯"数据挖掘挑战赛自 2013 年创办以来，一直致力于推广高校数据挖掘实践教学，培养学生数据挖掘的应用和创新能力。挑战赛的赛题均为经过适当简化和加工的实际问题，来源于各企业、管理机构和科研院所等，非常贴近现实的热点需求。题目中的数据只做了必要的脱敏处理，力求保持原始状态。竞赛围绕数据挖掘的整个流程，从数据采集、数据迁移、数据存储、数据分析与挖掘到数据可视化，涵盖企业应用中的各个环节，与目前大数据专业人才培养目标高度一致。"泰迪杯"数据挖掘挑战赛不依赖数学建模，甚至不依赖传统模型的竞赛形式，这使得"泰迪杯"数据挖掘挑战赛在全国各大高校反响热烈，且得到了全国各界专家学者的认可与支持。2018 年，"泰迪杯"增加了子赛项——数据分析技能赛，为应用型本科、高职和中职技能型人才培养提供理论、技术和资源方面的支持。截至 2021 年，全国共有超 1000 所高校，约 2 万名研究生、9 万名本科生、2 万名高职生参加了"泰迪杯"数据挖掘挑战赛和数据分析技能赛。

本系列教材的第一大特点是注重学生的实践能力培养，针对高校实践教学中的痛点，首次提出"鱼骨教学法"的概念，以企业真实需求为导向，使学生紧紧围绕企业实际应用需求学习技能，将需掌握的理论知识通过企业案例的形式进行衔接，达到知行合一、以用促学的目的；第二大特点是以大数据应用为核心，紧紧围绕大数据应用闭环的流程进行教学。本系列教材涵盖企业大数据应用中的各个环节，符合企业大数据应用真实场景，使学生能从宏观上理解大数据技术在企业中的具体应用场景及应用方法。

在教育部全面实施"六卓越一拔尖"计划 2.0 的背景下，对如何促进我国高等教育人才培养体制机制的综合改革，以及如何重新定位和全面提升我国高等教育质量，本系列教材将起到抛砖引玉的作用，从而加快推进以新工科、新医科、新农科、新文科为代表的一流本科课程的"双万计划"建设；落实"让学生忙起来、让管理严起来、让教学活起来"措施，让大数据相关专业的人才培养质量有质的提升；借助数据科学的引导，在文、理、农、工、医等方面全方位发力，培养各个行业的卓越人才及未来的领军人才。同时本系列教材将根据读者的反馈意见和建议及时改进、完善，努力成为大数据时代的新型"编写、使用、反馈"螺旋式上升的系列教材建设样板。

汕头大学校长
教育部高等学校大学数学课程教学指导委员会副主任委员
"泰迪杯"数据挖掘挑战赛组织委员会主任
"泰迪杯"数据分析技能赛组织委员会主任

2021 年 7 月于粤港澳大湾区

前　言

由于数字经济时代的来临，数据分析技术将帮助企业和用户在合理时间内获取、管理、处理海量数据，为企业经营决策者提供积极的帮助。数据分析作为一门前沿技术，广泛应用于物联网、云计算、移动互联网等战略性新兴领域。目前大数据技术在国内处于创新驱动阶段，其商业价值已经显现，有实践经验的数据分析人才更是各企业争夺的焦点。为了满足日益增长的数据分析人才需求，很多高校开始尝试开设不同程度的数据分析相关课程。数据分析作为大数据时代的核心技术，有望成为高校大数据相关专业的重要课程之一。

本书以社会主义核心价值观为引领，全面贯彻党的二十大精神，通过环境保护、预测企业所得税等相关案例，体现时代性、把握规律性、富于创造性，既有深度又有温度，为建成教育强国、科技强国、人才强国、文化强国添砖加瓦。

本书特色

本书坚持以为党育人、为国育才为己任，尊重人才培养的时代性、规律性、创造性，以 Python 数据分析常用技术和真实案例相结合的方式，深入浅出地介绍使用 Python 进行数据分析的重点内容。本书以应用为导向，通过实训和课后习题帮助读者巩固所学知识，使读者能够真正理解和运用所学知识，并掌握 Python 数据分析与应用技术。

本书适用对象

- 开设有数据分析相关课程的高校教师和学生。
- 需求分析及系统设计人员。
- 数据分析应用的开发人员。
- 进行数据分析应用研究的科研人员。

代码下载及问题反馈

为了帮助读者更好地使用本书，本书配套提供原始数据文件、Python 程序代码，以及 PPT 课件、教学大纲、教学进度表和教案等教学资源，读者可以在泰迪云教材网站免费下载，也可登录人邮教育社区（www.ryjiaoyu.com）下载。同时欢迎教师加入 QQ 交流群"人邮社数据科学教师服务群"（517556747）进行交流探讨。

由于编者水平有限，书中难免存在不足之处。如果读者有更多的宝贵意见，欢迎在泰迪学社微信公众号（TipDataMining）回复"图书反馈"进行反馈。更多本系列图书的信息可以在泰迪云教材网站查阅。

泰迪云教材

编　者
2024 年 10 月

目　录

第 **1** 章 Python 数据分析概述

当今社会，数据分析技术已覆盖教育、医疗、物流、金融、农牧等行业，应用于人们日常生活的方方面面。作为数字化转型的重要工具，数据分析技术在数字中国建设中展现出巨大发展潜力，由此产生的数据量也呈现指数型增长的态势，现有数据的量级已经远远超越目前人力所能处理的范畴。如何管理和使用这些数据，逐渐成为数据科学领域中一个全新的研究课题。Python 发展迅猛，数据科学领域的大量从业者（如数据分析师）使用 Python 完成与数据科学相关的工作。本章将介绍数据分析的概念、流程、应用场景和常用工具，使用 Python 进行数据分析的优势和常用库，还将介绍 Anaconda 的安装步骤以及 Jupyter Notebook 的常用功能。

学习目标

（1）掌握数据分析的概念与流程。

（2）了解数据分析的应用场景。

（3）了解数据分析的常用工具。

（4）了解 Python 在数据分析领域的优势。

（5）了解 Python 数据分析的常用库。

（6）掌握在 Windows 系统中安装 Anaconda 的方法。

（7）掌握 Jupyter Notebook 的常用功能。

素养目标

（1）通过学习数据分析在网络安全中的应用，了解网络安全的重要性，增强法律意识和网络安全意识。

（2）通过学习数据分析在欺诈行为检测中的应用，了解欺诈行为的危害，培养社会责任意识、遵守法律规定的意识和保护合法权益的意识。

（3）通过安装 Anaconda 发行版，提高动手操作能力，养成耐心和细致的工作习惯。

思维导图

1.1 认识数据分析

1.1 认识数据分析

　　数据分析是大数据技术的重要组成部分。近年来，随着大数据技术的发展，数据分析被认为是数据科学领域中数据从业人员需要具备的技能之一。与此同时，数据分析师成为时下最热门的职业之一。掌握数据分析技能是一个循序渐进的过程，了解数据分析的概念、流程和应用场景等相关知识是掌握数据分析的第一步。

1.1.1 数据分析的概念

　　数据分析通常是指用适当的分析方法对收集的大量数据进行分析，提取有用信息并形成结论，对数据加以详细研究和概括总结的过程。随着计算机技术的全面发展，企业生产、收集、存储和处理数据的能力大大提高，数据量与日俱增。而在现实生活中，统计分析对繁多、复杂的数据进行提炼，以此总结出事物的发展规律，进而帮助企业管理层做出决策，增强行业、社会稳步前行的信心，提升锐意创新、奋勇超越的不屈精神，为未来科学发展取得卓越建树打下基础。

广义的数据分析是指依据一定的目标，通过统计分析、聚类、分类等方法发现大量数据中的隐含信息的过程。广义的数据分析包括狭义的数据分析和数据挖掘。狭义的数据分析是指根据分析目的，采用对比分析、分组分析、交叉分析和回归分析等分析方法，对收集的数据进行处理与分析，提取有价值的信息，发挥数据的作用，得到特征统计量结果并让决策者获得数据隐含信息的过程。数据挖掘则是指从大量的、不完全的、有噪声的、模糊的、随机的实际应用数据中，通过应用智能推荐、关联规则、分类模型和聚类模型等技术，得到模型或规则并挖掘信息潜在价值的过程。广义的数据分析的概念如图 1-1 所示。

图 1-1　广义的数据分析的概念

1.1.2　数据分析的流程

数据分析已经逐渐演化为一个解决问题的过程，甚至是一种方法论。虽然每个公司都会根据自身需求和目标创建最适合的数据分析流程，但是数据分析的核心步骤是一致的。图 1-2 所示为典型的数据分析流程。

图 1-2　典型的数据分析流程

3

1. 需求分析

需求分析一词来源于产品设计，主要是指从用户提出的需求出发，挖掘用户内心的真实意图，并转化为产品需求的过程。产品设计的第一步就是需求分析，这也是非常关键的一步，因为需求分析决定了产品方向。错误的需求分析可能导致产品在实现过程中走向错误的方向，甚至对企业造成损失。

需求分析是数据分析的第一步，也是非常重要的一步，决定了后续的分析方向和方法。需求分析的主要任务是根据业务、财务和生产等部门的需要，结合现有的数据情况，提出数据分析需求的整体方向、内容，最终和需求方达成一致。

2. 数据获取

数据获取是数据分析工作的基础，是指根据需求分析的结果提取、收集数据。获取的数据主要有两种：网络数据与本地数据。网络数据是指存储在互联网中的视频、图片、语音和文字等数据；本地数据则是指存储在本地数据库中的生产、营销和财务等系统的数据。本地数据按照数据产生的时间又可以划分为两部分，分别是历史数据与实时数据。历史数据是指系统在运行过程中存留下来的数据，其数据量随系统运行时间的增加而增大；实时数据是指最近一个时间周期（如月、周、日、小时等）内产生的数据。

在数据分析的过程中，具体使用哪种数据需要依据需求分析的结果而定。

3. 数据预处理

数据预处理是指对数据进行合并、清洗、标准化、变换等操作，并将数据用于分析与建模的过程。其中，数据合并可以将多张互相关联的表格合并为一张；数据清洗可以解决数据重复、缺失、异常、不一致的问题；数据标准化可以去除特征间的量纲差异；数据变换则可以通过离散化、哑变量处理等技术使数据满足后期分析与建模的要求。在数据分析的过程中，数据预处理的各个过程互相交叉，并没有明确的先后顺序。

4. 分析与建模

分析与建模是指通过对比分析、分组分析、交叉分析、回归分析等分析方法，以及智能推荐、关联规则、分类模型、聚类模型等算法与模型，发现数据中有价值的信息，并得出结论的过程。

分析与建模的方法按照目标的不同可以分为几大类。如果分析目标是描述客户行为模式，那么可以采用描述型数据分析方法，还可以使用关联规则、序列规则和聚类模型等。如果分析目标是量化未来一段时间内某个事件的发生概率，那么可以使用两大预测模型，即分类预测模型和回归预测模型。在常见的分类预测模型中，目标特征通常为二元数据，代表欺诈与否、流失与否、信用好坏等。在回归预测模型中，目标特征通常为连续型数据，常见的有股票价格等。

5. 模型评价与优化

模型评价是指对于已经建立的一个或多个模型，根据模型的类别，使用不同的指标评价模型性能优劣的过程。常用的聚类模型评价指标有调整兰德指数（Adjusted Rand Index，ARI）评价法、调整互信息（Adjusted Mutual Information，AMI）评价法、V-measure 评分、福尔克斯-马洛斯指数（Fowlkes-Mallows Index，FMI）评价法和轮廓系数评价法等。常用的分类模型评价指标有准确率（Accuracy）、精确率（Precision）、召回率（Recall）、F1 值（F1 Value）、接受者操作特性（Receiver Operating Characteristic，ROC）曲线和 ROC 曲线下面积（Area Under the ROC Curve，AUC）等。常用的回归模型评价指标有平均绝对误差、均方误差、中值绝对误差和可解释方差等。

模型优化则是指模型性能在经过模型评价后已经达到要求，但在实际生产环境的应用过程中，发现模型的性能并不理想，继而对模型进行重构与优化的过程。在多数情况下，模型优化的过程和分析与建模的过程基本一致。

6. 部署

部署是指将数据分析结果与结论应用至实际生产系统的过程。根据需求的不同，部署阶段可以提供包含现状具体整改措施的数据分析报告，也可以提供将模型部署在整个生产系统上的解决方案。在多数项目中，数据分析师会提供一份数据分析报告或一套解决方案，实际执行与部署的是需求方。

1.1.3　数据分析的应用场景

企业使用数据分析解决不同的问题，实际的数据分析应用场景主要分为客户分析、营销分析、社交媒体分析、网络安全、设备管理、交通物流分析和欺诈行为检测 7 类。

1. 客户分析

客户分析（Customer Analytics）主要根据客户的基本信息进行商业行为分析。首先界定目标客户，根据目标客户的需求、性质、所处行业的特征、经济状况等基本信息，使用统计分析方法和预测验证法分析目标客户，提高销售效率。其次了解客户的采购过程，根据客户采购类型、采购性质进行分类分析，制定不同的营销策略。最后可以根据已有的客户特征进行客户特征分析、客户忠诚度分析、客户注意力分析、客户营销分析和客户收益分析。通过有效的客户分析能够掌握客户的具体行为特征，将客户细分，使得运营策略达到最优，提升企业整体效益。

2. 营销分析

营销分析（Marketing Analytics）包括产品分析、价格分析、渠道分析、广告与促销分析这 4 类分析。产品分析主要是指竞争产品分析，通过对竞争产品的分析制定自身产品策略。价格分析可以分为成本分析和售价分析。成本分析的目的是降低成本，售价分析的目的是制定符合市场需求的价格。渠道分析是指对产品的销售渠道进行分析，以确定最优的渠道配比。广告与促销分析则能够结合客户分析，实现销量的提升、利润的增加。

3. 社交媒体分析

社交媒体分析（Social Media Analytics）是指以不同的社交媒体渠道生成的内容为基础，进行不同社交媒体的用户分析、访问分析和互动分析等。用户分析主要根据用户注册信息、用户登录平台的时间和用户平时发表的内容等用户数据，分析用户个人画像和行为特征；访问分析则通过用户平时访问的内容分析用户的兴趣爱好，进而分析潜在的商业价值；互动分析根据互相关注对象的行为预测该对象未来的某些行为特征。社交媒体分析还能为情感和舆情监督提供丰富的资料。

4．网络安全

大规模网络安全（Massive Cybersecurity）事件的发生（如 2017 年 5 月席卷全球的 WannaCry 病毒）让企业意识到预先快速识别网络攻击的重要性。传统的网络安全防护主要依靠静态防御，处理病毒的主要流程是发现威胁、分析威胁和处理威胁，在这种情况下，往往在威胁发生以后系统才能做出反应。新型的病毒防御系统可使用数据分析技术，建立潜在攻击识别分析模型，监测大量网络活动数据和相应的访问行为，识别可能做出入侵的可疑行为，做到未雨绸缪。2016 年 11 月 7 日，第十二届全国人民代表大会常务委员会第二十四次会议通过了《中华人民共和国网络安全法》，进一步全面推进国家各方面工作法治化。同时个人需学会识别和防范网络风险，提高自身的网络安全意识。

5．设备管理

设备管理（Facility Management）同样是企业关注的重点。设备维修一般采用标准修理法和检查后修理法等方法。在这两种方法中，标准修理法可能导致设备被过度维修，进而产生较高的修理费用。而检查后修理法虽然解决了高成本问题，但它需要烦琐的准备工作，导致设备停机时间过长。目前企业能够通过物联网技术收集和分析设备上的数据流，包括连续用电、零部件温度、环境湿度和污染物颗粒等多种潜在特征，建立设备管理模型，从而预测设备故障，合理安排预防性的维护，以确保设备正常工作，降低设备故障带来的安全风险。

6．交通物流分析

物流是物品从供应地到接收地的实体流动过程，是将运输、储存、装卸、包装、加工、配送和信息处理等功能有机结合从而满足用户要求的过程。交通物流分析（Transport and Logistics Analytics）是指企业可以通过业务系统和定位系统获得数据，使用数据构建交通状况预测模型，有效预测实时路况、物流状况、车流量、客流量和货物吞吐量等，进而提前补货，制定合适的库存管理策略。

7．欺诈行为检测

身份信息泄露及盗用事件的数量逐年增长，随之而来的是欺诈行为及交易的增多。欺诈行为检测（Fraud Detection）是指公安机关、金融机构、电信部门可利用用户基本信息、交易信息和用户通话、短信信息等数据，识别潜在欺诈交易，做到未雨绸缪。以金融机构为例，金融机构通过分类模型分析方法对非法集资和"洗钱"的逻辑路径进行分析，可以找到其行为特征。聚类模型分析方法可以分析相似价格的变动模式，例如，对股票相关数据进行聚类，可能会发现关联交易及内幕交易等可疑行为。关联规则分析方法可以监控多个用户的关联交易行为，为发现跨账号协同的金融诈骗行为提供依据。

1.2 Python 数据分析

Python 已经有 30 多年的历史。随着云计算、大数据和人工智能技术的快速发展，Python 及其开发生态环境正在受到越来越多的关注。2011 年 1 月，在 TIOBE 编程语言排行榜中，它被评为 2010 年年度语言。在 2017 年 5 月的编程语言排行榜中，Python

首次超越 C#，跃居第 4。Python 已经成为计算机世界中最重要的语言之一，也是数据分析的常用语言。

1.2.1 数据分析常用工具

目前常用的数据分析工具主要有 Python、R、MATLAB 这 3 种。其中，Python 具有丰富且强大的库，常被称为"胶水"语言，能够将使用其他语言（尤其是 C/C++）制作的各种模块轻松地连接在一起，是一门较易学的程序设计语言。R 通常用于统计分析、绘图，也是遵循 GNU 通用公共许可证的一个自由、源代码开放的软件。MATLAB 的作用是进行矩阵运算、绘制函数与数据图形、实现算法、创建用户界面和连接其他编程语言的程序等，主要应用于工程计算、控制设计、信号处理与通信、图像处理、信号检测、金融建模设计与分析等领域。

1.2.1 数据分析常用工具

Python、R、MATLAB 这 3 种工具均可以进行数据分析。表 1-1 从学习难易程度、使用场景、第三方支持、流行领域和软件成本 5 方面对比 Python、R、MATLAB 这 3 种数据分析工具。

表 1-1 Python、R、MATLAB 对比

比较项目	Python	R	MATLAB
学习难易程度	接口统一，学习曲线平缓	接口众多，学习曲线陡峭	自由度大，学习曲线较为平缓
使用场景	数据分析、机器学习、矩阵运算、科学数据可视化、数字图像处理、Web 应用、网络爬虫、系统运维等	统计分析、机器学习、科学数据可视化等	矩阵运算、数值分析、科学数据可视化、机器学习、符号计算、数字图像处理、数字信号处理、仿真模拟等
第三方支持	拥有大量的第三方库，能够简便地调用 C、C++、Fortran、Java 等其他语言的程序	拥有大量的包，能够调用 C、C++、Fortran、Java 等其他语言的程序	拥有大量专业的工具箱，在新版本中加入了对 C、C++、Java 的支持
流行领域	工业界	工业界与学术界	学术界
软件成本	免费	免费	收费

1.2.2 Python 数据分析的优势

结合 1.2.1 小节的不同数据分析工具的对比可以发现，Python 是一门应用十分广泛的计算机语言，在数据科学领域具有天然的优势，是数据科学领域的主流语言。Python 进行数据分析主要有以下 5 个方面的优势。

（1）语法简单精练。对初学者来说，比起其他编程语言，Python 更容易上手。

（2）包含大量功能强大的库。结合其编程方面的强大实力，用户可以只使用 Python 这一门语言构建以数据为中心的应用程序。

（3）功能强大。从特性角度来看，Python 是一个混合体。丰富的工具集使 Python 介于传统的脚本语言和编译语言之间。Python 不仅具备脚本语言简单和易用的特点，而且提供编译语言所具有的高级软件工程工具。

（4）Python 不仅适用于科学研究和原型构建，而且适用于构建生产系统。研究人员和工程技术人员使用同一种编程工具，会给企业带来非常显著的组织效益，并降低企业的运营成本。

（5）Python 是一门"胶水"语言。Python 程序能够以多种方式轻易地与其他语言的组件"粘连"在一起。例如，Python 的 C 语言 API（Application Program Interface，应用程序接口）使 Python 程序可以灵活地调用 C 程序，这意味着用户可以根据需要给 Python 程序添加功能，或在其他环境中使用 Python。

1.2.3 Python 数据分析常用库

使用 Python 进行数据分析时常用的库主要有 NumPy、SciPy、pandas、Matplotlib、seaborn、pyecharts、scikit-learn 等。

1. NumPy

NumPy 是 Numerical Python 的缩写，是 Python 科学计算的基础库。NumPy 主要提供以下内容。

（1）快速高效的多维数组对象 ndarray。

（2）对数组进行元素级计算和直接对数组进行数学运算的函数。

（3）读/写硬盘上基于数组的数据集的工具。

（4）线性代数运算、傅里叶变换和随机数生成等功能。

（5）将 C、C++、Fortran 代码集成到 Python 项目的工具。

除了为 Python 提供强大的数组处理能力，NumPy 在数据分析方面还有一个主要作用，即作为算法之间传递数据的容器。对于数值型数据，使用 NumPy 数组存储和处理要比使用内置的 Python 数据结构高效得多。此外，由其他语言（如 C 和 Fortran）编写的库可以直接操作 NumPy 数组中的数据，无须进行任何数据复制工作。

2. SciPy

SciPy 是基于 Python 的开源库，是一组专门解决科学计算中各种标准问题的模块的集合，常与 NumPy、Matplotlib 和 pandas 等核心库一起使用。SciPy 中的不同的模块有不同的应用场景，如用于插值、积分、优化、处理图像和特殊函数等。SciPy 的主要模块及其简介如表 1-2 所示。

表 1-2　SciPy 的主要模块及其简介

模块名称	简介
scipy.integrate	数值积分和微分方程求解器
scipy.linalg	扩展了由 numpy.linalg 提供的线性代数求解和矩阵分解功能
scipy.optimize	函数优化器（最小化器）以及根查找算法
scipy.signal	信号处理工具
scipy.sparse	稀疏矩阵和稀疏线性系统求解器
scipy.special	SPECFUN［这是一个实现了许多常用数学函数（如伽马函数）的 Fortran 库］的包装器
scipy.stats	包含检验连续和离散概率分布（如密度函数、采样、连续分布函数等）的函数与方法、各种统计检验的函数与方法，以及各类描述性统计的函数与方法

3. pandas

pandas 是 Python 的数据分析核心库，最初作为金融数据分析工具被开发出来。pandas 为时间序列分析提供了很好的支持，它提供了一系列能够快速、便捷地处理结构化数据的数据结构和函数。Python 的强大而高效的数据分析环境，与它息息相关。

pandas 兼具 NumPy 高性能的数组计算功能以及电子表格和关系数据库（如 MySQL）灵活的数据处理功能。pandas 提供了复杂、精细的索引功能，能够完成重塑、切片与切块、聚合和选取数据子集等操作。pandas 是本书使用的主要工具。

4. Matplotlib

Matplotlib 是较为流行的用于绘制数据图表的 Python 库，主要用于绘制 2D 图形。Matplotlib 最初由约翰·亨特（John Hunter）创建，目前由一个庞大的开发团队维护。Matplotlib 的操作比较容易，用户只需用几行代码即可生成直方图、功率谱图、条形图、柱形图和散点图等图形。Matplotlib 提供了 pylab 模块，其中包括 NumPy 和 pyplot 中许多常用的函数，方便用户快速进行计算和绘图。Matplotlib 与 IPython 的结合提供了一种非常好用的交互式数据绘图环境。绘制的图表也是交互式的，用户可以利用绘图窗口中工具栏里的相应工具放大图表中的某个区域，或对整个图形进行平移操作。

5. seaborn

seaborn 是基于 Matplotlib 的数据可视化 Python 库，提供了一种交互性很强的界面，便于用户制作出各种有吸引力的统计图表。

seaborn 在 Matplotlib 的基础上做了更高级的 API 封装，使得作图更加容易。seaborn 使用户不需要了解大量的底层代码，即可绘制出精美的图形。在大多数情况下，seaborn 能制作出具有吸引力的图，而 Matplotlib 能制作出具有更多特色的图。因此，可将 seaborn 视为 Matplotlib 的补充，而不是替代物。同时，seaborn 能高度兼容 NumPy 与 pandas 的数据结构以及 SciPy 与 statsmodels 等的统计模式，可以在很大程度上帮助用户实现数据可视化。

6. pyecharts

Echarts 是一个由百度开源的数据可视化工具，凭借良好的交互性、精巧的图表设计得到了众多开发者的认可。而 Python 是一门富有表达力的语言，很适合用于数据处理。pyecharts 是 Python 与 Echarts 的结合。

pyecharts 可以展示动态交互图，展示数据更方便，当鼠标指针悬停在图上时，即可显示数值、标签等。pyecharts 支持主流 Notebook 环境，如 Jupyter Notebook、JupyterLab 等；可轻松集成至 Flask、Django 等主流 Web 框架；具有高度灵活的配置项，使用户可轻松制作出精美的图表；包含 30 多种常见图表，如 Bar（柱形图/条形图）、Boxplot（箱线图）、Funnel（漏斗图）、Gauge（仪表盘）、Graph（关系图）、HeatMap（热力图）、Radar（雷达图）、Sankey（桑基图）、Scatter（散点图）、WordCloud（词云图）等。

7. scikit-learn

scikit-learn 是一个简单、有效的数据挖掘和数据分析工具，可供用户在各种环境下重复使用。而且 scikit-learn 建立在 NumPy、SciPy 和 Matplotlib 的基础之上，对一些常用的算法进行了封装。目前，scikit-learn 的基本模块主要涉及数据预处理、模型选择、分类、聚类、数据降维和回归 6 个方面。在数据量不大的情况下，scikit-learn 可以解决大部分问题。用户在执行建模任务时，并不需要自行编写所有的算法，只需要简单地调用 scikit-learn 库的模块即可。

1.3 安装Python的 Anaconda 发行版

1.3　安装 Python 的 Anaconda 发行版

Python 拥有 NumPy、SciPy、pandas、Matplotlib、seaborn、pyecharts 和 scikit-learn 等功能齐全、接口统一的库，为数据分析工作提供了极大的便利。不过库的管理和版本问题使得数据分析人员并不能够专注于数据分析，而要将大量的时间花费在与环境配置相关的问题上。基于这个情况，Anaconda 发行版应运而生。

1.3.1　Python 的 Anaconda 发行版

Python 的 Anaconda 发行版预装了 150 个以上的常用 Python 库，包括数据分析常用的 NumPy、SciPy、pandas、Matplotlib、seaborn、pyecharts、scikit-learn 库等，使得数据分析人员能够更加顺畅、专注地使用 Python 解决数据分析相关问题。

Python 的 Anaconda 发行版主要有以下几个特点。

（1）包含众多流行的用于科学、数学、工程和数据分析领域的 Python 库。

（2）完全开源。

（3）免费使用，但额外的加速和优化是收费的。对于学术用途，可以申请免费的许可证（License）。

（4）支持 Linux、Windows、macOS；支持 Python 的 2.7、3.5、3.6、3.7、3.8、3.9、3.10、3.11 等版本。

因此，推荐数据分析初学者（尤其是 Windows 系统用户）安装 Anaconda 发行版。读者可以访问 Anaconda 官方网站下载适合自己计算机的安装包。

1.3.2　在 Windows 系统中安装 Anaconda 发行版

进入 Anaconda 官方网站，下载适合 Windows 系统的 Anaconda 安装包（本书使用 Anaconda3 2024.02-1）。安装 Anaconda 的具体步骤如下。

（1）双击下载好的 Anaconda 安装包，再单击图 1-3 所示的 "Next"（下一步）按钮。

图 1-3　在 Windows 系统中安装 Anaconda 步骤（1）

（2）单击图 1-4 所示的"I Agree"（我同意）按钮，同意相关协议。

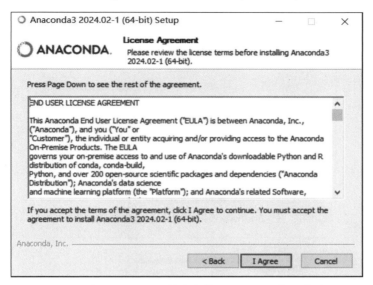

图 1-4　在 Windows 系统中安装 Anaconda 步骤（2）

（3）选择图 1-5 所示的"All Users(requires admin privileges)"[所有用户（需要管理员权限）]单选按钮，单击"Next"按钮。

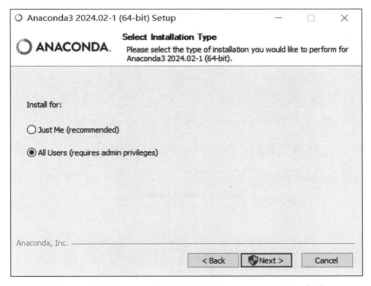

图 1-5　在 Windows 系统中安装 Anaconda 步骤（3）

（4）单击"Browse"（浏览）按钮，选择合适的路径安装 Anaconda，如图 1-6 所示，选择完成后单击"Next"按钮。

（5）图 1-7 所示的 3 个复选框分别代表创建"开始"菜单快捷方式、将 Anaconda3 注册为系统 Python 3.11、清除包缓存。全部勾选后，单击"Install"（安装）按钮，开始安装。

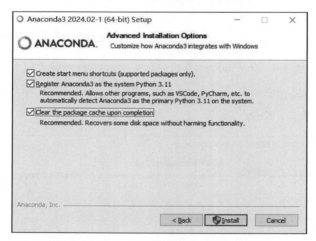

图 1-6　在 Windows 系统中安装 Anaconda 步骤（4）

图 1-7　在 Windows 系统中安装 Anaconda 步骤（5）

（6）安装进度完成，如图 1-8 所示，单击"Next"按钮。

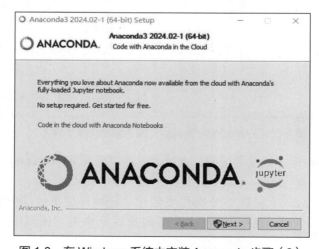

图 1-8　在 Windows 系统中安装 Anaconda 步骤（6）

（7）单击图 1-9 所示的 "Finish" 按钮，完成安装。

图 1-9　在 Windows 系统中安装 Anaconda 步骤（7）

1.4　Jupyter Notebook 的常用功能

Jupyter Notebook（此前被称为 IPython Notebook）是一个交互式笔记本，支持 40 多种编程语言，本质上是一个支持实时代码、数学方程、可视化和 Markdown 的 Web 应用程序。对于数据分析，Jupyter Notebook 的优点是可以重现整个分析过程，并将说明文字、代码、图表、公式和结论整合在一个文档中。用户可以通过电子邮件、Dropbox、GitHub 和 Jupyter Notebook Viewer 将分析结果分享给其他人。Anaconda 中除了内置了 Jupyter Notebook，还内置了 JupyterLab、Spyder 等工具，读者可根据自己的需求选择合适的工具。本书主要介绍 Jupyter Notebook 的使用。

1.4　Jupyter Notebook 的常用功能

1.4.1　Jupyter Notebook 的基本功能

使用 Jupyter Notebook 进行编程前需要将其启动并创建一个新 Notebook，还需要对 Jupyter Notebook 的界面和构成有基本的认识。

1. 启动 Jupyter Notebook

Anaconda 安装完成后，在系统环境变量中配置 python.exe 和 Scripts。环境变量配置完成后，在 Windows 系统的命令提示符窗口中启动 Jupyter Notebook，如图 1-10 所示。

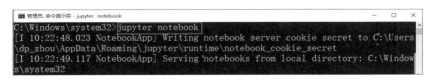

图 1-10　在 Windows 系统中启动 Jupyter Notebook

2. 新建 Notebook

打开 Jupyter Notebook 后，系统默认的浏览器中会出现图 1-11 所示的主界面。单击右上方的 "New" 下拉按钮，出现 "New" 下拉列表，如图 1-12 所示。

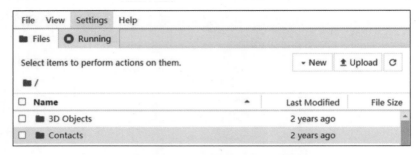

图 1-11　Jupyter Notebook 主界面

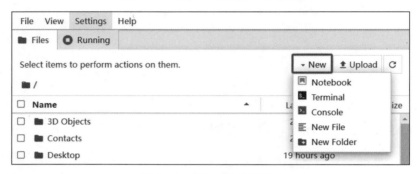

图 1-12　"New"下拉列表

在"New"下拉列表中选择需要创建的 Notebook 类型。其中，"Notebook"表示新建 Notebook 类型文件，"Terminal"表示打开终端，"Console"表示打开控制台，"New File"表示新建纯文本文件，"New Folder"表示新建文件夹。选择"Notebook"选项，进入 Python 脚本编辑界面，如图 1-13 所示。

图 1-13　Jupyter Notebook 的 Python 脚本编辑界面

3. Jupyter Notebook 的界面及其构成

Jupyter Notebook 中的 Notebook 由一系列单元（Cell）构成，主要有两种形式的单元，如图 1-14 所示。

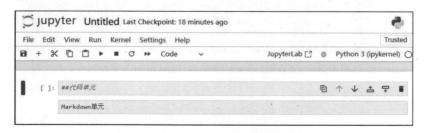

图 1-14　Jupyter Notebook 的两种单元

（1）代码单元。代码单元是用户编写代码的地方，按 Shift+Enter 组合键可运行代码，运行结果会显示在代码单元下方。代码单元左边用"[ ]:"来显示编号，方便用户查看代码的执行顺序。

（2）Markdown 单元。Markdown 单元采用 Markdown 的语法规范，用户可在其中编辑文本，设置文本格式，插入链接、图片或数学公式。同样，按 Shift+Enter 组合键可运行 Markdown 单元，并显示格式化的文本。

Jupyter Notebook 的编辑界面类似于 Linux 的 Vim 编辑器界面，在其 Notebook 中有两种模式，即编辑模式和命令模式，具体说明如下。

（1）编辑模式。编辑模式用于编辑文本和代码。选中单元并按 Enter 键即可进入编辑模式，此时单元边框为蓝色，如图 1-15 所示。

图 1-15　编辑模式

（2）命令模式。命令模式用于执行通过键盘输入的快捷命令。选中单元并按 Esc 键即可进入命令模式，此时单元边框为灰色，如图 1-16 所示。

图 1-16　命令模式

如果要使用快捷命令，需要先按 Esc 键进入命令模式，然后按相应的键实现对文档的操作。例如，切换到代码单元可按 Y 键，切换到 Markdown 单元可按 M 键，在选中单元的下方增加一个单元可按 B 键，查看所有快捷命令可按 Ctrl+Shift+H 组合键。

1.4.2　Jupyter Notebook 的高级功能

在 Jupyter Notebook 中，可以使用 Markdown 进行文本标记，以便查看相关内容，还可以将 Notebook 导出为 HTML、PDF 等多种格式的文件。

1．Markdown

Markdown 是一门可以使用普通文本编辑器编写的标记语言，简单的标记语法可以使普通的文本内容具有一定的格式。Jupyter Notebook 的 Markdown 单元功能较多，下面从标题、列表、字体、表格和数学公式编辑 5 个方面进行介绍。

（1）标题。

标题是标明文章和作品等的主要内容的简短语句。写报告或论文时，标题是不可或缺的，论文的章、节等需要使用不同级别的标题。一般使用 Markdown 中的类 Atx 形式进行标题的排版，在文本首行前加一个"#"与一个空格代表一级标题，加两个"#"与一个空格代表二级标题，以此类推。图 1-17 和图 1-18 所示分别为 Markdown 的标题代码和标题展示效果。

图 1-17　Jupyter Notebook 中 Markdown 的标题代码

图 1-18　Jupyter Notebook 中 Markdown 的标题展示效果

（2）列表。

列表是由数据项构成的有限序列，即按照一定的线性顺序排列而成的数据项的集合。列表通常分为无序列表和有序列表两种类型。无序列表使用图标进行标记，没有序号，也没有特定的排列顺序。有序列表则使用数字进行标记，各数据项具有明确的排列顺序。在 Markdown 中，无序列表可以用星号、加号或减号来表示，有序列表可使用数字与"."和一个空格表示。图 1-19 和图 1-20 所示分别为列表的代码和展示效果。

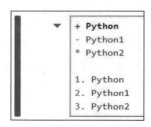

图 1-19　Jupyter Notebook 中 Markdown 的列表代码

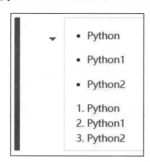

图 1-20　Jupyter Notebook 中 Markdown 的列表展示效果

（3）字体。

为了突显文档中的部分内容，可对相应文字应用加粗或斜体格式，使得该部分内容变得更加醒目。在 Markdown 中，通常使用星号（*）和下画线（_）作为标记字词的符号。

前后有两个星号或下画线表示加粗，前后有 3 个星号或下画线表示斜体。图 1-21 和图 1-22 所示分别为加粗、斜体的代码和展示效果。

图 1-21　Jupyter Notebook 中 Markdown 的加粗、斜体代码

图 1-22　Jupyter Notebook 中 Markdown 的加粗、斜体展示效果

（4）表格。

使用 Markdown 同样可以绘制表格。代码的第一行表示表头，第二行用于分隔表头和主体部分，从第三行开始，每一行代表一个表格行。列与列之间用符号"｜"隔开，表格每一行的末尾也要有符号"｜"。图 1-23 和图 1-24 所示分别为表格的代码和展示效果。

图 1-23　Jupyter Notebook 中 Markdown 的表格代码

Python	R	MATLB
接口统一，学习曲线平缓	接口众多，学习曲线陡峭	自由度大，学习曲线较为平缓
开源免费	开源免费	商业收费

图 1-24　Jupyter Notebook 中 Markdown 的表格展示效果

（5）数学公式编辑。

LaTeX 是写科研论文的必备工具之一，不但能实现严格的文档排版，而且能编辑复杂的数学公式。在 Jupyter Notebook 的 Markdown 单元中可以使用 LaTeX 来插入数学公式。在文本行中插入数学公式时，应在公式前后各加一个"$"，如表示质能方程的 LaTeX 表达式为"$E = mc^2$"。如果要插入一个数学区块，则应在前后各加两个"$$"，如使用 LaTeX 表达式"$$ z = \frac{x}{y} $$"表示式（1-1）。

$$z = \frac{x}{y} \qquad (1\text{-}1)$$

输入上述 LaTeX 表达式并运行，运行结果如图 1-25 所示。

图 1-25　Jupyter Notebook 中 Markdown 的 LaTeX 运行结果示例

2. 导出功能

Jupyter Notebook 具有强大的导出功能，可以将 Notebook 导出为多种格式的文件，如 HTML、Markdown、PDF 等格式。其中，导出为 PDF 格式的文件可以让用户不用写 LaTeX 表达式即可创建漂亮的 PDF 文档。用户还可以将 Notebook 作为网页发布在自己的网站上。选择 "File" → "Save and Export Notebook As…" 子菜单中的命令即可导出相应格式的文件，如图 1-26 所示。

图 1-26　导出格式

小结

本章先介绍了数据分析的概念、流程、应用场景和常用工具，以及使用 Python 进行数据分析的优势和常用库；紧接着阐述了 Anaconda 的特点，讲解了如何在 Windows 系统中安装 Anaconda；最后介绍了 Python 数据分析工具 Jupyter Notebook 的常用功能。

课后习题

1. 选择题

（1）下列关于数据分析的描述，说法错误的是（　　　）。

　　A. 模型优化步骤可以与分析和建模步骤同步进行

　　B. 数据分析过程中最核心的步骤是分析与建模

　　C. 数据分析时只能够使用数值型数据

　　D. 广义的数据分析包括狭义数据分析和数据挖掘

（2）下列关于 NumPy 的说法错误的是（　　　）。

    A.　NumPy 可快速高效处理多维数组

    B.　NumPy 可提供在算法之间传递数据的容器

    C.　NumPy 可实现线性代数运算、傅里叶变换和随机数生成

    D.　NumPy 不具备将 C++代码继承到 Python 的功能

（3）下列关于 pandas 说法错误的是（　　　）。

    A.　pandas 是 Python 的数据分析核心库

    B.　pandas 能够快速、便捷地处理结构化数据

    C.　pandas 没有 NumPy 的高性能数字计算功能

    D.　pandas 提供复杂、精细的索引功能

（4）下列不属于数据分析的应用场景的是（　　　）。

    A.　一周天气预测　　　　　　　　B.　合理预测航班座位需求数量

    C.　为用户提供个性化服务　　　　D.　某人一生的命运预测

（5）下列不属于 Python 优势的是（　　　）。

    A.　语法简洁，程序开发速度快

    B.　入门简单，功能强大

    C.　程序的运行速度最快

    D.　开源，用户可以自由阅读源代码并对其进行改动

（6）下列关于 Jupyter Notebook 界面构成的说法错误的是（　　　）。

    A.　Notebook 主要由两种形式的单元构成

    B.　Jupyter Notebook 中的代码单元是用户编写代码的地方

    C.　Jupyter Notebook 编辑界面有两种编辑模式

    D.　在 Jupyter Notebook 中，用户可以将文件分享给他人

（7）下列关于 Python 数据分析常用库的描述错误的是（　　　）。

    A.　Matplotlib 可以展示动态交互图

    B.　SciPy 主要用于解决科学计算中的各种标准问题

    C.　pandas 能够完成对数据的整理工作

    D.　scikit-learn 是复杂、有效的数据分析工具

（8）以下选项中关于 Anaconda 的描述错误的是（　　　）。

    A.　Anaconda 支持 Linux、Windows 系统

    B.　Anaconda 支持并集成了 800 多个第三方库

    C.　Anaconda 不是一个集成开发环境

    D.　Anaconda 是免费的，适合数据分析相关工作人员安装使用

2．操作题

（1）在自用计算机上完成 Anaconda 发行版的安装。

（2）使用 Jupyter Notebook 创建名为 "Welcome to Python" 的 Notebook，并将其导出为.py 文件。

第 ❷ 章 NumPy 数组计算基础

    NumPy 是用于数据科学计算的基础模块，不但能够完成科学计算任务，而且能够作为高效的多维数据容器，可用于存储和处理大型矩阵。NumPy 本身并没有提供很多高级的数据分析功能。理解 NumPy 数组及数组计算有助于更加高效地使用诸如 pandas 等数据处理工具。本章将介绍 NumPy 数组对象 ndarray 的创建、随机数的生成、数组的访问与变换，以及 NumPy 矩阵的创建、ufunc 函数，利用 NumPy 读/写文件并使用函数进行统计分析的相关知识。

学习目标

（1）掌握 NumPy 创建多维数组与生成随机数的方法。
（2）掌握数组的索引与变换方法。
（3）掌握 NumPy 矩阵的创建和运算方法以及通用函数的基本使用方法。
（4）掌握 NumPy 读/写文件的方法和常用于统计分析的函数的使用方法。

素养目标

（1）通过学习自行查看 array 函数的完整参数及其说明的方法，自学学习资料，提升学习的主动性。
（2）通过学习 ufunc 函数，提高代码效率，减少资源的消耗，贯彻节约优先、保护优先的可持续发展理念。

思维导图

2.1　NumPy 数组对象 ndarray

Python 提供了 array 模块。array 和 list 不同，array 直接保存数值，和 C 语言的一维数组相似。但是由于 Python 的 array 模块不支持多维，也没有各种运算函数，因此不适合进行数值运算。NumPy 弥补了 Python 不支持多维等的不足之处，它提供了一种存储单一数据类型的多维数组——ndarray。本节将讲解如何创建 ndarray 多维数组、生成随机数、通过索引访问一维或多维数组并变换其形状。

2.1　NumPy 数组对象

2.1.1　创建数组对象

NumPy 提供了两种基本对象：ndarray（N-dimensional Array）和 ufunc（Universal Function）。ndarray 是存储单一数据类型的多维数组，而 ufunc 则是能够对数组进行处理的函数。在 NumPy 中，维度称为轴。本小节将重点介绍数组对象，ufunc 函数将在 2.2.2 小节中进行介绍。

1．数组属性

为了更好地理解和使用数组，在创建数组之前，了解数组的基本属性是十分有必要的。数组的属性及其说明如表 2-1 所示。

表 2-1　数组的属性及其说明

属性名称	属性说明
ndim	返回 int，表示数组的维度
shape	返回 tuple，表示数组形状。例如 n 行 m 列的数组的形状为(n,m)
size	返回 int，表示数组的元素总数，等于 shape 中各元素的积
dtype	返回 data-type，表示数组中元素的数据类型
itemsize	返回 int，表示数组的每个元素的存储空间（以 B 为单位）。例如，一个元素类型为 float64 的数组的 itemsize 属性值为 8（float64 占用 64 位，1B 为 8 位，所以 float64 占用 8B）。一个元素类型为 complex32 的数组的 itemsize 属性值为 4

2．数组的创建

NumPy 提供的 array 函数可以创建一维或多维数组，其基本使用格式如下。

```
numpy.array(object, dtype=None, *, copy=True, order='K', subok=False, ndmin=0,
like=None)
```

array 函数的主要参数及其说明如表 2-2 所示。

表 2-2　array 函数的主要参数及其说明

参数名称	参数说明
object	接收 array_like，表示创建的数组对象。无默认值
dtype	接收 data-type，表示数组的数据类型，如果未给定，那么选择保存对象所需的最小的数据类型。默认为 None
ndmin	接收 int，用于指定生成的数组应该具有的最小维度。默认为 0

 知识小拓展

表 2-2 中仅介绍了 array 函数的主要参数及其说明，如果读者想要了解 array 函数的完整参数及其说明，可以通过以下方式自行查看。

（1）使用 help 函数查看。

在 Python 中，用户可以通过 help 函数查看函数、方法、模块的详细说明。help 函数的基本使用格式如下。

```
help([object])
```

其中，object 表示需要查看的对象，如 "help('numpy.array')"。

（2）通过官网查看。

在 Python 中，常用的数据分析库大多都存在相应的官方网站，如 NumPy、pandas、Matplotlib、seaborn、pyecharts、scikit-learn 等。用户可以在相应的官方网站中查看库的作用，以及库中相关函数、方法、模块的详细说明等。

创建一维数组与多维数组并查看数组属性的过程如代码 2-1 所示。

代码 2-1　创建数组并查看数组属性

In[1]:	`import numpy as np  # 导入 NumPy 库`

```
arr1 = np.array([1, 2, 3, 4])   # 创建一维数组
print('创建的数组: ', arr1)
```

Out[1]:　创建的数组: [1 2 3 4]

In[2]:
```
# 创建二维数组
arr2 = np.array([[1, 2, 3, 4], [4, 5, 6, 7], [7, 8, 9, 10]])
print('创建的数组: \n', arr2)
```

Out[2]:　创建的数组:
　　　　 [[1 2 3 4]
　　　　　[4 5 6 7]
　　　　　[7 8 9 10]]

In[3]:
```
print('数组形状: ', arr2.shape)   # 查看数组形状
```

Out[3]:　数组形状: (3, 4)

In[4]:
```
print('数组元素类型: ', arr2.dtype)   # 查看数组元素类型
```

Out[4]:　数组元素类型: int32

In[5]:
```
print('数组元素个数: ', arr2.size)   # 查看数组元素个数
```

Out[5]:　数组元素个数: 12

In[6]:
```
print('数组每个元素的存储空间: ', arr2.itemsize)   # 查看数组每个元素的存储空间
```

Out[6]:　数组每个元素的存储空间: 4

　　在代码 2-1 中，数组 arr1 只有一行元素，因此它是一维数组。而数组 arr2 有 3 行 4 列元素，因此它是二维数组，第 0 轴的长度为 3（即行数），第 1 轴的长度为 4（即列数）。其中，第 0 轴也称横轴，第 1 轴也称纵轴。可以通过修改数组的 shape 属性，在保持数组元素个数不变的情况下改变数组每个轴的长度。代码 2-2 将数组 arr2 的 shape 改为(4, 3)。注意，从(3, 4)改为(4, 3)并不是对数组进行转置，而是改变每个轴的长度，数组元素的顺序并没有改变。

代码 2-2　重新设置数组的 shape 属性

In[7]:
```
arr2.shape = 4, 3   # 重新设置 shape
print('重新设置 shape 后的 arr2: \n', arr2)
```

Out[7]:　重新设置 shape 后的 arr2:
　　　　 [[1 2 3]
　　　　　[4 4 5]
　　　　　[6 7 7]
　　　　　[8 9 10]]

　　代码 2-1 中先创建了一个 Python 序列，然后通过 array 函数将其转换为数组，使用此方法创建数组显然效率不高。因此 NumPy 提供了很多专门用于创建数组的函数。

　　除了可以使用 array 函数创建数组，还可以使用 arange 函数创建数组。arange 函数类似于 Python 自带的 range 函数，通过指定开始值、终值和步长来创建一维数组，创建的数组不含终值。arange 函数的基本使用格式如下。

```
numpy.arange([start, ]stop, [step, ]dtype=None, *, like=None)
```

arange 函数的常用参数及其说明如表 2-3 所示。

表 2-3   arange 函数的常用参数及其说明

参数名称	参数说明
start	接收 int 或实数，表示数组的开始值，生成的数组包括该值。默认为 0
stop	接收 int 或实数，表示数组的终值，生成的数组不包括该值。无默认值
step	接收 int 或实数，表示数组中各个值之间的步长。默认为 1
dtype	接收数据类型，表示输出数组的类型。默认为 None

使用 arange 函数创建数组的过程如代码 2-3 所示。

代码 2-3   使用 arange 函数创建数组

```
In[8]:     print('使用 arange 函数创建的数组: \n', np.arange(0, 1, 0.1))
Out[8]:    使用 arange 函数创建的数组:
           [ 0.   0.1 0.2 0.3 0.4 0.5 0.6 0.7 0.8 0.9]
```

linspace 函数通过指定开始值、终值和元素个数来创建一维数组，创建的数组默认包括终值。linspace 函数的基本使用格式如下。

```
numpy.linspace(start, stop, num=50, endpoint=True, retstep=False, dtype=None,
axis=0)
```

linspace 函数的常用参数及其说明如表 2-4 所示。

表 2-4   linspace 函数的常用参数及其说明

参数名称	参数说明
start	接收 array_like，表示起始值。无默认值
stop	接收 array_like，表示终值。无默认值
num	接收 int，表示生成的样本数。默认为 50
dtype	接收数据类型，表示输出数组的类型。默认为 None

使用 linspace 函数创建数组的过程如代码 2-4 所示。

代码 2-4   使用 linspace 函数创建数组

```
In[9]:     print('使用 linspace 函数创建的数组: \n', np.linspace(0, 1, 12))
Out[9]:    使用 linspace 函数创建的数组:
           [0.         0.09090909 0.18181818 0.27272727 0.36363636 0.45454545
            0.54545455 0.63636364 0.72727273 0.81818182 0.90909091 1.        ]
```

logspace 函数和 linspace 函数类似，但 logspace 函数创建的数组是等比数列。logspace 函数的基本使用格式如下。

```
numpy.logspace(start, stop, num=50, endpoint=True, base=10.0, dtype=None, axis=0)
```

在 logspace 函数中，除了 base 参数与 linspace 函数的 retstep 参数不同，其余参数均相同。base 参数可用于设置日志空间的底数，在不设置的情况下，默认以 10 为底。

使用 logspace 函数创建包含 20 个元素的等比数列，如代码 2-5 所示。

代码 2-5　使用 logspace 函数创建等比数列

```
In[10]:   print('使用 logspace 函数创建的等比数列: \n', np.logspace(0, 2, 20))

Out[10]:  使用 logspace 函数创建的等比数列:
          [    1.              1.27427499      1.62377674  ...    61.58482111
          78.47599704    100.          ]
```

注：此处部分结果已省略。

NumPy 还提供了其他用于创建特殊数组的函数，如 zeros、eye、diag 和 ones 等函数。其中，zeros 函数用于创建元素全部为 0 的数组，即将创建的数组中的元素全部填充为 0，如代码 2-6 所示。

代码 2-6　使用 zeros 函数创建数组

```
In[11]:   print('使用 zeros 函数创建的数组: \n', np.zeros((2, 3)))

Out[11]:  使用 zeros 函数创建的数组:
          [[ 0.  0.  0.]
          [ 0.  0.  0.]]
```

eye 函数用于生成主对角线上的元素为 1、其他元素为 0 的二维数组，类似单位矩阵，如代码 2-7 所示。

代码 2-7　使用 eye 函数创建数组

```
In[12]:   print('使用 eye 函数创建的数组: \n', np.eye(3))

Out[12]:  使用 eye 函数创建的数组:
          [[1.  0.  0.]
          [0.  1.  0.]
          [0.  0.  1.]]
```

diag 函数用于创建类似对角矩阵的数组，即除对角线上的元素以外的其他元素都为 0，对角线上的元素可以是 0 或其他值，如代码 2-8 所示。

代码 2-8　使用 diag 函数创建数组

```
In[13]:   print('使用 diag 函数创建的数组: \n', np.diag([1, 2, 3, 4]))

Out[13]:  使用 diag 函数创建的数组:
          [[1 0 0 0]
          [0 2 0 0]
          [0 0 3 0]
          [0 0 0 4]]
```

ones 函数用于创建元素全部为 1 的数组，即将创建的数组中的元素全部填充为 1，如代码 2-9 所示。

代码 2-9　使用 ones 函数创建数组

```
In[14]:   print('使用 ones 函数创建的数组: \n', np.ones((5, 3)))

Out[14]:  使用 ones 函数创建的数组:
          [[1.  1.  1.]
          [1.  1.  1.]
```

```
          [1. 1. 1.]
          [1. 1. 1.]
          [1. 1. 1.]]
```

3. 数组的数据类型

在实际的业务数据处理中，为了更准确地计算结果，提高分析质量，需要使用不同精度的数据类型。NumPy 极大程度地扩充了原生 Python 的数据类型。同时需要强调一点，在 NumPy 中，数组的数据类型是同质的，即数组中所有元素的数据类型必须是一致的。元素数据类型保持一致有助于确定数组所需的存储空间。NumPy 的基本数据类型及其说明如表 2-5 所示。

表 2-5 NumPy 的基本数据类型及其说明

数据类型	说明
bool_	用 1 位存储的布尔值（值为 True 或 False）
int_	表示由所在平台决定其精度的整数（一般为 int32 或 int64）
int8	表示整数，范围为-128～127
int16	表示整数，范围为-32768～32767
int32	表示整数，范围为-2^{31}～$2^{31}-1$
int64	表示整数，范围为-2^{63}～$2^{63}-1$
uint8	表示无符号整数，范围为 0～255
uint16	表示无符号整数，范围为 0～65535
uint32	表示无符号整数，范围为 0～$2^{32}-1$
uint64	表示无符号整数，范围为 0～$2^{64}-1$
float16	表示半精度浮点数（16 位），其中用 1 位表示正负，用 5 位表示整数，用 10 位表示尾数
float32	表示单精度浮点数（32 位），其中用 1 位表示正负，用 8 位表示整数，用 23 位表示尾数
float64 或 float_	表示双精度浮点数（64 位），其中用 1 位表示正负，用 11 位表示整数，用 52 位表示尾数
complex64	表示复数，用两个 32 位浮点数分别表示实部和虚部
complex128 或 complex_	表示复数，用两个 64 位浮点数分别表示实部和虚部

NumPy 数组中的每一种数据类型均有对应的转换函数，如代码 2-10 所示。

代码 2-10 数组的数据类型转换

```
In[15]:   print('转换结果: ', np.float64(42))   # 整数转换为浮点数

Out[15]:  转换结果：42.0

In[16]:   print('转换结果: ', np.int8(42.0))    # 浮点数转换为整数

Out[16]:  转换结果：42

In[17]:   print('转换结果: ', np.bool_(42))     # 整数转换为布尔值
```

```
Out[17]:   转换结果: True
```

```
In[18]:    print('转换结果: ', np.bool_(0))  # 整数转换为布尔值
```

```
Out[18]:   转换结果: False
```

```
In[19]:    print('转换结果: ', np.float_(True))  # 布尔值转换为浮点数
```

```
Out19:     转换结果: 1.0
```

```
In[20]:    print('转换结果: ', np.float_(False))  # 布尔值转换为浮点数
```

```
Out[20]:   转换结果: 0.0
```

为了帮助读者更好地理解数据类型，下面将创建用于存储餐饮企业库存信息的数据类型。其中，用一个能存储 40 个字符的字符串来记录商品的名称，用一个 64 位的整数来记录商品的库存数量，用一个 64 位的双精度浮点数来记录商品的价格。具体步骤如下。

（1）创建数据类型，如代码 2-11 所示。

代码 2-11　创建数据类型

```
In[21]:    df = np.dtype([('name', np.str_, 40), ('numitems', np.int64),
                  ('price', np.float64)])
           print('数据类型: \n', df)
```

```
Out[21]:   数据类型: [('name', '<U40'), ('numitems', '<i8'), ('price', '<f8')]
```

（2）查看数据类型，可以直接查看或使用 NumPy 中的 dtype 属性查看，如代码 2-12 所示。

代码 2-12　查看数据类型

```
In[22]:    print('数据类型: ', df['name'])
```

```
Out[22]:   数据类型: <U40
```

```
In[23]:    print('数据类型: ', np.dtype(df['name']))
```

```
Out[23]:   数据类型: <U40
```

（3）基于已创建的数据类型 df，创建一个结构化数组，用于存储餐饮企业库存信息，如代码 2-13 所示。

代码 2-13　自定义数组数据

```
In[24]:    itemz = np.array([('tomatoes', 42, 4.14), ('cabbages', 13, 1.72)],
                  dtype=df)
           print('自定义数组数据: ', itemz)
```

```
Out[24]:   自定义数组数据: [('tomatoes', 42,  4.14) ('cabbages', 13,  1.72)]
```

2.1.2　生成随机数

NumPy 提供了强大的生成随机数的功能。然而，真正的随机数很难获得，在实际中使用

的都是伪随机数。在大部分情况下，伪随机数就能满足使用需求。当然，某些特殊情况除外，如进行高精度的模拟实验。在 NumPy 中，与随机数相关的函数都在 random 模块中，该模块中包括可以生成服从多种概率分布的随机数的函数。以下是一些常用的随机数生成方法。

使用 random 函数生成随机数是常见的方法，random 函数的基本使用格式如下。

```
numpy.random.random(size=None)
```

参数 size 接收 int，表示返回的随机浮点数个数，默认为 None。

使用 random 函数生成随机数，如代码 2-14 所示。

代码 2-14　使用 random 函数生成随机数

In[25]:	print('生成的随机数：\n', np.random.random(100))

Out[25]:	生成的随机数：
	 [0.15343184 0.51581585
	  0.07228451 0.24418316
	  ...
	  0.92510545 0.57507965]

注：每次运行代码后生成的随机数都不一样，此处部分结果已经省略。

rand 函数可以生成服从均匀分布的随机数，rand 函数的基本使用格式如下。

```
numpy.random.rand(d0, d1, ..., dn)
```

参数 d0, d1, ..., dn 接收 int，表示返回数组的维度，必须是非负数，无默认值。如果没有给出具体参数，那么会返回一个浮点数。

使用 rand 函数生成服从均匀分布的随机数，如代码 2-15 所示。

代码 2-15　使用 rand 函数生成服从均匀分布的随机数

In[26]:	print('生成的随机数：\n', np.random.rand(10, 5))

Out[27]:	生成的随机数：
	 [[0.39830491 0.94011394 0.59974923 0.44453894 0.65451838]
	  [0.72715001 0.07239451 0.03326018 0.13753806 0.44939676]
	  ...
	  [0.75647074 0.03379595 0.39187843 0.58779075 0.91797808]
	  [0.1468544 0.82972989 0.58011115 0.45157667 0.32422895]]

注：每次运行代码后生成的随机数都不一样，此处部分结果已经省略。

randn 函数可以生成服从正态分布的随机数，其基本使用格式和参数说明与 rand 函数相似。使用 randn 函数生成服从正态分布的随机数，如代码 2-16 所示。

代码 2-16　使用 randn 函数生成服从正态分布的随机数

In[27]:	print('生成的随机数：\n', np.random.randn(10, 5))

Out[27]:	生成的随机数：
	 [[-0.60571968 0.39034908 -1.63315513 0.02783885 -1.84139301]
	  [-0.38700901 0.10433949 -2.62719644 -0.97863269 -1.18774802]
	  ...
	  [-1.88050937 -0.97885403 -0.51844771 -0.79439271 -0.83690031]
	  [-0.27500487 1.41711262 0.6635967 0.35486644 -0.26700703]]

注：每次运行代码后生成的随机数都不一样，此处部分结果已经省略。

randint 函数可以生成给定范围内的随机数，其基本使用格式如下。

```
numpy.random.randint(low, high=None, size=None, dtype=int)
```

randint 函数的常用参数及其说明如表 2-6 所示。

表 2-6　randint 函数的常用参数及其说明

参数名称	参数说明
low	接收 int 或类似数组的整数，表示数组最小值。无默认值
high	接收 int 或类似数组的整数，表示数组最大值。默认为 None
size	接收 int 或整数元组，表示输出数组的形状。默认为 None
dtype	接收数据类型，表示输出数组的类型。默认为 int

使用 randint 函数生成给定范围内的随机数，如代码 2-17 所示。

代码 2-17　使用 randint 函数生成给定范围内的随机数

```
In[28]:   print('生成的随机数: \n', np.random.randint(2, 10, size=[2, 5]))

Out[28]:  生成的随机数:
          [[2 4 6 4 6]
           [4 2 7 5 8]]
```

在代码 2-17 中，返回值为最小值不小于 2、最大值不大于 10 的 2 行 5 列数组。

在 random 模块中，其他常用的随机数生成函数如表 2-7 所示。

表 2-7　random 模块中其他常用的随机数生成函数

函数名称	说明
seed	确定随机数生成器的种子
permutation	返回一个序列的随机排列结果或返回一个随机排列的范围
shuffle	对一个序列进行随机排序
binomial	生成服从二项分布的随机数
normal	生成服从正态（高斯）分布的随机数
beta	生成服从 Beta 分布的随机数
chisquare	生成服从卡方分布的随机数
gamma	生成服从 Gamma 分布的随机数
uniform	生成均匀分布的随机数

2.1.3　通过索引访问数组

NumPy 通常以提供高效率的数组著称，这主要归功于其索引的易用性。

1. 一维数组的索引

一维数组的索引方法很简单，与 Python 中 list 的索引方法一致，如代码 2-18 所示。

代码 2-18　使用索引访问一维数组

```
In[29]:   arr = np.arange(10)
          print('索引结果: ', arr[5])   # 用整数作为索引可以获取数组中的某个元素

Out[29]:  索引结果: 5
```

```
In[30]:   # 用范围作为索引获取数组的一个切片，索引结果包括 arr[3]，不包括 arr[5]
          print('索引结果: ', arr[3:5])
```

Out[30]: 索引结果: [3 4]

```
In[31]:   print('索引结果: ', arr[:5])   # 省略开始索引，表示从 arr[0]开始，索引结果不包
          括 arr[5]
```

Out[31]: 索引结果: [0 1 2 3 4]

```
In[32]:   # 索引可以使用负数，-1 表示从数组最后往前数的第 1 个元素
          print('索引结果: ', arr[-1])
```

Out[32]: 索引结果: 9

```
In[33]:   arr[2:4] = 100, 101
          print('索引结果: ', arr)   # 索引还可以用于修改元素的值
```

Out[33]: 索引结果: [0   1 100 101   4   5   6   7   8   9]

```
In[34]:   # 范围中的第 3 个参数表示步长，2 表示隔一个元素取一个元素
          print('索引结果: ', arr[1:-1:2])
```

Out[34]: 索引结果: [1 101   5   7]

```
In[35]:   # 步长为负数时，开始索引必须大于结束索引
          print('索引结果: ', arr[5:1:-2])
```

Out[35]: 索引结果: [5 101]

2. 多维数组的索引

多维数组的每一个轴都有一个索引，各个轴的索引之间用逗号隔开，如代码 2-19 所示。

代码 2-19　使用索引访问多维数组

```
In[36]:   arr = np.array([[1, 2, 3, 4, 5], [4, 5, 6, 7, 8], [7, 8, 9, 10, 11]])
          print('创建的二维数组: \n', arr)
```

Out[36]: 创建的二维数组：
         [[1 2 3 4 5]
          [4 5 6 7 8]
          [7 8 9 10 11]]

```
In[37]:   print('索引结果: ', arr[0, 3:5])   # 索引第 0 行中第 3、4 列的元素
```

Out[37]: 索引结果: [4 5]

```
In[38]:   # 索引第 1、2 行中第 2~4 列的元素
          print('索引结果: \n', arr[1:, 2:])
```

Out[38]: 索引结果：
         [[6 7 8]
          [9 10 11]]

```
In[39]:   print('索引结果: ', arr[:, 2])   # 索引第 2 列的元素
```

Out[39]: 索引结果: [3 6 9]

多维数组也可以使用整数序列索引和布尔值索引进行访问，如代码 2-20 所示。

代码 2-20　使用整数序列索引和布尔值索引访问多维数组

```
In[40]:    # 从两个序列的对应位置取出两个整数来组成索引: arr[0,1], arr[1, 2], arr[2, 3]
           print('索引结果: ', arr[(0, 1, 2), (1, 2, 3)])

Out[40]:   索引结果:  [ 2   6  10]

In[41]:    # 索引第 1、2 行中第 0、2、3 列的元素
           print('索引结果: ', arr[1:, (0, 2, 3)])

Out[41]:   索引结果:
           [[ 4   6   7]
            [ 7   9  10]]

In[42]:    mask = np.array([1, 0, 1], dtype=np.bool_)
           # mask 是一个布尔数组，用它索引第 0、2 行中第 2 列的元素
           print('索引结果: ', arr[mask, 2])

Out[42]:   索引结果: [3 9]
```

2.1.4　变换数组的形状

在对数组进行操作时，经常需要改变数组的形状。在 NumPy 中，reshape 函数常被用于改变数组的形状，改变数组的形状也将改变数组的轴。reshape 函数的基本使用格式如下。

```
numpy.reshape(a, newshape, order='C')
```

reshape 函数的常用参数及其说明如表 2-8 所示。

表 2-8　reshape 函数的常用参数及其说明

参数名称	参数说明
a	接收 array_like，表示需要变换形状的数组。无默认值
newshape	接收 int 或 int 型元组，表示变化后的数组形状。无默认值

reshape 函数在改变原始数组的形状时不改变原始数组元素的值。如果指定的形状和数组的元素数目不匹配，那么函数将抛出异常。使用 reshape 函数改变数组形状，如代码 2-21 所示。

代码 2-21　使用 reshape 函数改变数组形状

```
In[43]:    arr = np.arange(12)    # 创建一维数组
           print('创建的一维数组: ', arr)

Out[43]:   创建的一维数组: [ 0  1  2  3  4  5  6  7  8  9 10 11]

In[44]:    print('新的数组形状: \n', arr.reshape(3, 4))   # 设置数组的形状

Out[44]:   新的数组形状:
           [[ 0  1  2  3]
            [ 4  5  6  7]
            [ 8  9 10 11]]

In[45]:    print('数组的轴: ', arr.reshape(3, 4).ndim)   # 查看数组的轴

Out[45]:   数组的轴: 2
```

在 NumPy 中，ravel 函数可以展平数组，如代码 2-22 所示。

代码 2-22　使用 ravel 函数展平数组

```
In[46]:     arr = np.arange(12).reshape(3, 4)
            print('创建的二维数组: \n', arr)

Out[46]:    创建的二维数组:
            [[ 0  1  2  3]
             [ 4  5  6  7]
             [ 8  9 10 11]]

In[47]:     print('数组展平结果: ', arr.ravel())

Out[47]:    数组展平结果: [ 0  1  2  3  4  5  6  7  8  9 10 11]
```

flatten 函数也可以展平数组。flatten 函数与 ravel 函数的区别在于，flatten 函数可以横向或纵向展平数组，如代码 2-23 所示。

代码 2-23　使用 flatten 函数展平数组

```
In[48]:     print('数组展平结果: ', arr.flatten())  # 横向展平

Out[48]:    数组展平: [ 0  1  2  3  4  5  6  7  8  9 10 11]

In[49]:     print('数组展平结果: ', arr.flatten('F'))  # 纵向展平

Out[49]:    数组展平结果: [ 0  4  8  1  5  9  2  6 10  3  7 11]
```

除了可以改变数组形状，NumPy 也可以对数组进行组合。组合主要分为横向组合与纵向组合两种类型。hstack 函数、vstack 函数和 concatenate 函数可完成数组的组合。

横向组合是将由 ndarray 对象构成的元组作为参数传给 hstack 函数，如代码 2-24 所示。

代码 2-24　使用 hstack 函数实现数组横向组合

```
In[50]:     arr1 = np.arange(12).reshape(3, 4)
            print('创建的数组 arr1: \n', arr1)

Out[50]:    创建的数组 arr1:
            [[ 0  1  2  3]
             [ 4  5  6  7]
             [ 8  9 10 11]]

In[51]:     arr2 = arr1 * 3
            print('创建的数组 arr2: \n', arr2)

Out[51]:    创建的数组 arr2:
            [[ 0  3  6  9]
             [12 15 18 21]
             [24 27 30 33]]

In[52]:     # 使用 hstack 函数横向组合数组
            print('横向组合后的数组: \n', np.hstack((arr1, arr2)))

Out[52]:    横向组合后的数组:
            [[ 0  1  2  3  0  3  6  9]
             [ 4  5  6  7 12 15 18 21]
             [ 8  9 10 11 24 27 30 33]]
```

纵向组合是将由 ndarray 对象构成的元组作为参数传给 vstack 函数，如代码 2-25
所示。

代码 2-25　使用 vstack 函数实现数组纵向组合

```
In[53]:   # 使用 vstack 函数纵向组合数组
          print('纵向组合后的数组: \n', np.vstack((arr1, arr2)))

Out[53]:  纵向组合后的数组:
          [[ 0  1  2  3]
           [ 4  5  6  7]
           [ 8  9 10 11]
           [ 0  3  6  9]
           [12 15 18 21]
           [24 27 30 33]]
```

concatenate 函数可以实现数组的横向组合或纵向组合，当参数 axis=1 时，横向组合数
组；当参数 axis=0 时，纵向组合数组，如代码 2-26 所示。

代码 2-26　使用 concatenate 函数组合数组

```
In[54]:   # 使用 concatenate 函数横向组合数组
          print('横向组合后的数组: \n', np.concatenate((arr1, arr2), axis=1))

Out[54]:  横向组合后的数组:
          [[ 0  1  2  3  0  3  6  9]
           [ 4  5  6  7 12 15 18 21]
           [ 8  9 10 11 24 27 30 33]]

In[55]:   # 使用 concatenate 函数纵向组合数组
          print('纵向组合后的数组: \n', np.concatenate((arr1, arr2), axis=0))

Out[55]:  纵向组合后的数组:
          [[ 0  1  2  3]
           [ 4  5  6  7]
           [ 8  9 10 11]
           [ 0  3  6  9]
           [12 15 18 21]
           [24 27 30 33]]
```

除了可以对数组进行横向或纵向的组合，NumPy 还可以对数组进行分割，hsplit、vsplit、
split 等函数可以将数组分割成相同大小的子数组，用户可以指定原数组中需要分割的位置。

hsplit 函数可以对数组进行横向分割，以由 ndarray 对象构成的元组为参数，如代码 2-27
所示。

代码 2-27　使用 hsplit 函数实现数组横向分割

```
In[56]:   arr = np.arange(16).reshape(4, 4)
          print('创建的二维数组: \n', arr)

Out[56]:  创建的二维数组:
          [[ 0  1  2  3]
           [ 4  5  6  7]
           [ 8  9 10 11]
           [12 13 14 15]]

In[57]:   # 使用 hsplit 函数横向分割数组
          print('横向分割后的数组: \n', np.hsplit(arr, 2))
```

```
Out[57]:  横向分割后的数组：
          [array([[ 0,  1],
                  [ 4,  5],
                  [ 8,  9],
                  [12, 13]]), array([[ 2,  3],
                  [ 6,  7],
                  [10, 11],
                  [14, 15]])]
```

vsplit 函数可以对数组进行纵向分割，以由 ndarray 对象构成的元组为参数，如代码 2-28 所示。

代码 2-28　使用 vsplit 函数实现数组纵向分割

```
In[58]:   # 使用 vsplit 函数纵向分割数组
          print('纵向分割后的数组：\n', np.vsplit(arr, 2))

Out[58]:  纵向分割后的数组：
          [array([[0, 1, 2, 3],
                  [4, 5, 6, 7]]), array([[ 8,  9, 10, 11],
                  [12, 13, 14, 15]])]
```

split 函数同样可以实现数组分割。当参数 axis=1 时，对数组进行横向分割；当参数 axis=0 时，对数组进行纵向分割，如代码 2-29 所示。

代码 2-29　使用 split 函数分割数组

```
In[59]:   # 使用 split 函数横向分割数组
          print('横向分割后的数组：\n', np.split(arr, 2, axis=1))

Out[59]:  横向分割后的数组：
          [array([[ 0,  1],
                  [ 4,  5],
                  [ 8,  9],
                  [12, 13]]), array([[ 2,  3],
                  [ 6,  7],
                  [10, 11],
                  [14, 15]])]

In[60]:   # 使用 split 函数纵向分割数组
          print('纵向分割后的数组：\n', np.split(arr, 2, axis=0))

Out[60]:  纵向分割后的数组：
          [array([[0, 1, 2, 3],
                  [4, 5, 6, 7]]), array([[ 8,  9, 10, 11],
                  [12, 13, 14, 15]])]
```

2.2 NumPy 矩阵与通用函数

2.2 NumPy 矩阵与通用函数

对于多维数组，NumPy 默认情况下并不进行矩阵运算。如果需要对数组进行矩阵运算，可以调用相应的函数，如通过 mat、matrix 或 bmat 函数创建矩阵，对创建的矩阵进行运算，使用通用函数对数组进行矩阵运算并对数组应用广播机制。

2.2.1　创建 NumPy 矩阵

在 NumPy 中，矩阵是 ndarray 的子类，且数组和矩阵有重要的区别。NumPy 提供了两个基本的对象，分别是 *N* 维数组对象和通用函数对象，其他对象都继承自它们。矩阵继承自 NumPy 数组对象的二维数组对象。与数学概念中的矩阵一样，NumPy 中的矩阵也是二维的。可使用 mat、matrix 和 bmat 函数创建矩阵。

使用 mat 函数创建矩阵时，如果输入 matrix 或 ndarray 对象，则不会创建相应的副本。因此，调用 mat 函数和调用 matrix 函数等价，如代码 2-30 所示。

代码 2-30　使用 mat 函数、matrix 函数创建矩阵

```
In[1]:    import numpy as np  # 导入 NumPy 库
          matr1 = np.mat('1 2 3; 4 5 6; 7 8 9')  # 使用分号隔开数据
          print('创建的矩阵: \n', matr1)

Out[1]:   创建的矩阵:
          [[1 2 3]
           [4 5 6]
           [7 8 9]]

In[2]:    matr2 = np.matrix([[1, 2, 3], [4, 5, 6], [7, 8, 9]])
          print('创建的矩阵: \n', matr2)

Out[2]:   创建的矩阵:
          [[1 2 3]
           [4 5 6]
           [7 8 9]]
```

在大多数情况下，用户会根据小的矩阵来创建大的矩阵，即将小矩阵组合成大矩阵。在 NumPy 中，这可以使用 bmat 分块矩阵（Block Matrix）函数实现，如代码 2-31 所示。

代码 2-31　使用 bmat 函数创建矩阵

```
In[3]:    arr1 = np.eye(3)
          print('创建的小矩阵 arr1: \n', arr1)

Out[3]:   创建的小矩阵 arr1:
          [[ 1.  0.  0.]
           [ 0.  1.  0.]
           [ 0.  0.  1.]]

In[4]:    arr2 = 3 * arr1
          print('创建的小矩阵 arr2: \n', arr2)

Out[4]:   创建的小矩阵 arr2:
          [[ 3.  0.  0.]
           [ 0.  3.  0.]
           [ 0.  0.  3.]]

In[5]:    print('创建的矩阵: \n', np.bmat('arr1 arr2; arr1 arr2'))

Out[5]:   创建的矩阵:
          [[ 1.  0.  0.  3.  0.  0.]
           [ 0.  1.  0.  0.  3.  0.]
           [ 0.  0.  1.  0.  0.  3.]
           [ 1.  0.  0.  3.  0.  0.]
           [ 0.  1.  0.  0.  3.  0.]
           [ 0.  0.  1.  0.  0.  3.]]
```

在 NumPy 中，矩阵运算是针对整个矩阵中的每个元素进行的。与使用 for 循环相比，

其运算速度更快。在 NumPy 中进行矩阵运算，如代码 2-32 所示。

代码 2-32　矩阵运算

```
In[6]:    matr1 = np.mat('1 2 3; 4 5 6; 7 8 9')  # 创建矩阵
          print('创建的矩阵: \n', matr1)

Out[6]:   创建的矩阵:
          [[1 2 3]
           [4 5 6]
           [7 8 9]]

In[7]:    matr2 = matr1 * 3  # 矩阵与数相乘
          print('矩阵与数相乘的结果: \n', matr2)

Out[7]:   矩阵与数相乘的结果:
          [[ 3  6  9]
           [12 15 18]
           [21 24 27]]

In[8]:    print('矩阵相加结果: \n', matr1 + matr2)  # 矩阵相加

Out[8]:   矩阵相加结果:
          [[ 4  8 12]
           [16 20 24]
           [28 32 36]]

In[9]:    print('矩阵相减结果: \n', matr1 - matr2)  # 矩阵相减

Out[9]:   矩阵相减结果:
          [[ -2  -4  -6]
           [ -8 -10 -12]
           [-14 -16 -18]]

In[10]:   print('矩阵相乘结果: \n', matr1 * matr2)  # 矩阵相乘

Out[10]:  矩阵相乘结果:
          [[ 90 108 126]
           [198 243 288]
           [306 378 450]]
```

除了能够进行各类运算，矩阵还有其特有的属性，如表 2-9 所示。

表 2-9　矩阵的特有属性及其说明

属性	属性说明
T	返回自身的转置矩阵
H	返回自身的共轭转置矩阵
I	返回自身的逆矩阵
A	返回自身数据的二维数组

矩阵属性的具体查看方法如代码 2-33 所示。

代码 2-33　查看矩阵属性

```
In[11]:   matr3 = np.mat([[6, 2, 1], [1, 5, 2], [3, 4, 8]])
          print('矩阵的转置矩阵: \n', matr3.T)  # 转置矩阵
```

```
Out[11]:  矩阵的转置矩阵：
          [[6 1 3]
           [2 5 4]
           [1 2 8]]
```

```
In[12]:   # 共轭转置矩阵（实数矩阵的共轭转置矩阵就是其本身）
          print('矩阵的共轭转置矩阵：\n', matr3.H)
```

```
Out[12]:  矩阵的共轭转置矩阵：
          [[6 1 3]
           [2 5 4]
           [1 2 8]]
```

```
In[13]:   print('矩阵的逆矩阵：\n', matr3.I)  # 逆矩阵
```

```
Out[13]:  矩阵的逆矩阵：
          [[ 0.18079096 -0.06779661 -0.00564972]
           [-0.01129944  0.25423729 -0.06214689]
           [-0.06214689 -0.10169492  0.15819209]]
```

```
In[14]:   print('矩阵的二维数组：\n', matr3.A)  # 返回二维数组
```

```
Out[14]:  矩阵的二维数组：
          [[6 2 1]
           [1 5 2]
           [3 4 8]]
```

2.2.2　ufunc 函数

ufunc 函数又称为通用函数，是一种能够对数组中的所有元素进行操作的函数。ufunc 函数是针对数组进行操作的，并且以 NumPy 数组作为输出。当对一个数组进行重复运算时，使用 ufunc 函数比使用 math 库中的函数的效率要高很多，且能有效地减少资源的消耗。

1．常用的 ufunc 函数运算

常用的 ufunc 函数运算有四则运算、比较运算和逻辑运算等。

ufunc 函数支持四则运算，并且保留运算符。ufunc 函数运算和数值运算的使用方法一样。但是需要注意的是，ufunc 函数操作的对象是数组。数组间的四则运算表示对数组中的每个元素分别进行四则运算，因此进行四则运算的两个数组的形状必须相同。数组的四则运算如代码 2-34 所示。

代码 2-34　数组的四则运算

```
In[15]:   x = np.array([1, 2, 3])
          y = np.array([4, 5, 6])
          print('数组相加的结果：', x + y)  # 数组相加
```

```
Out[15]:  数组相加的结果： [5 7 9]
```

```
In[16]:   print('数组相减的结果：', x - y)  # 数组相减
```

```
Out[16]:  数组相减的结果： [-3 -3 -3]
```

```
In[17]:   print('数组相乘的结果：', x * y)  # 数组相乘
```

```
Out[17]:  数组相乘的结果： [ 4 10 18]

In[18]:   print('数组相除的结果：', x / y)  # 数组相除

Out[18]:  数组相除的结果： [ 0.25 0.4   0.5 ]

In[19]:   print('数组的幂运算结果：', x ** y)  # 数组幂运算

Out[19]:  数组的幂运算结果： [  1  32 729]
```

ufunc 函数也支持完整的比较运算：＞、＜、==、＞=、＜=、!=。比较运算返回的结果是一个布尔型数组，其每个元素为数组对应元素的比较结果，如代码 2-35 所示。

代码 2-35　数组的比较运算

```
In[20]:   x = np.array([1, 3, 5])
          y = np.array([2, 3, 4])
          print('数组比较结果：', x < y)

Out[20]:  数组比较结果： [ True False False]

In[21]:   print('数组比较结果：', x > y)

Out[21]:  数组比较结果： [False False True]

In[22]:   print('数组比较结果：', x == y)

Out[22]:  数组比较结果： [False True False]

In[23]:   print('数组比较结果：', x >= y)

Out[23]:  数组比较结果： [False True True]

In[24]:   print('数组比较结果：', x <= y)

Out[24]:  数组比较结果： [ True True False]

In[25]:   print('数组比较结果：', x != y)

Out[25]:  数组比较结果： [ True False True]
```

在 NumPy 逻辑运算中，numpy.all 函数用于测试所有数组元素的计算结果是否为 True，numpy.any 函数用于测试任何数组元素的计算结果是否为 True，如代码 2-36 所示。

代码 2-36　数组的逻辑运算

```
In[26]:   print('数组逻辑运算结果：', np.all(x == y))

Out[26]:  数组逻辑运算结果：False

In[27]:   print('数组逻辑运算结果：', np.any(x == y))

Out[27]:  数组逻辑运算结果：True
```

2．ufunc 函数的广播机制

广播（Broadcasting）机制是指不同形状的数组之间进行算术运算的方式。当使用 ufunc

函数进行数组计算时，ufunc 函数会对两个数组的对应元素进行计算。进行这种运算的前提是两个数组的形状一致。如果两个数组的形状不一致，那么 NumPy 会实行广播机制。NumPy 中的广播机制并不容易理解，特别是在进行高维数组运算的时候。为了更好地使用广播机制，需要遵循以下 4 个原则。

（1）让所有的输入数组向其中 shape 最长的数组看齐，如果数组中 shape 不足，那么通过在前面加 1 补齐。

（2）输出数组的 shape 是输入数组 shape 在各个轴上的最大值的组合。

（3）如果输入数组的某个轴的长度和输出数组的对应轴的长度相等，或输入数组的某个轴的长度为 1，那么这个数组能够用于计算，否则系统将会报错。

（4）当输入数组的某个轴的长度为 1 时，将使用此轴上的第一组值进行运算。

下面以一维数组和二维数组为例说明广播机制的运算方法。一维数组的广播机制如代码 2-37 所示。

代码 2-37　一维数组的广播机制

```
In[28]:   arr1 = np.array([[0, 0, 0], [1, 1, 1], [2, 2, 2], [3, 3, 3]])
          print('创建的数组 arr1: \n', arr1)

Out[28]:  创建的数组 arr1:
          [[0 0 0]
           [1 1 1]
           [2 2 2]
           [3 3 3]]

In[29]:   print('数组 arr1 的形状: ', arr1.shape)

Out[29]:  数组 arr1 的形状: (4, 3)

In[30]:   arr2 = np.array([1, 2, 3])
          print('创建的数组 arr2: ', arr2)

Out[30]:  创建的数组 arr2: [1 2 3]

In[31]:   print('数组 arr2 的形状: ', arr2.shape)

Out[31]:  数组 arr2 的形状: (3,)

In[32]:   print('数组相加结果: \n', arr1 + arr2)

Out[32]:  数组相加结果:
          [[1 2 3]
           [2 3 4]
           [3 4 5]
           [4 5 6]]
```

为了更好地说明代码 2-37 中的原理，将计算两个数组的和的过程用图 2-1 表示。

图 2-1　一维数组的广播机制原理

二维数组的广播机制如代码 2-38 所示。

代码 2-38　二维数组的广播机制

```
In[33]:   arr1 = np.array([[0, 0, 0], [1, 1, 1], [2, 2, 2], [3, 3, 3]])
          print('创建的数组 arr1: \n', arr1)

Out[33]:  创建的数组 arr1:
          [[0 0 0]
           [1 1 1]
           [2 2 2]
           [3 3 3]]

In[34]:   print('数组 arr1 的形状: ', arr1.shape)

Out[34]:  数组 arr1 的形状: (4, 3)

In[35]:   arr2 = np.array([1, 2, 3, 4]).reshape((4, 1))
          print('创建的数组 arr2: \n', arr2)

Out[35]:  创建的数组 arr2:
          [[1]
           [2]
           [3]
           [4]]

In[36]:   print('数组 arr2 的形状: ', arr2.shape)

Out[36]:  数组 arr2 的形状: (4, 1)

In[37]:   print('数组相加结果: \n', arr1 + arr2)

Out[37]:  数组相加结果:
          [[1 1 1]
           [3 3 3]
           [5 5 5]
           [7 7 7]]
```

二维数组的广播机制原理如图 2-2 所示。

图 2-2　二维数组的广播机制原理

2.3 利用 NumPy
进行统计分析

2.3　利用 NumPy 进行统计分析

在 NumPy 中，数组运算更为简捷和快速，通常比等价的 Python 数组运算快几倍，特别是在进行数组统计计算与分析时。利用 NumPy 可以实现对二进制文件的读/写，此外，利用常见的统计函数还可以对数据进行排序、去重等操作。

2.3.1　读/写文件

NumPy 的文件读/写主要有二进制文件读/写和文本文件读/写两种形式。学会读/写文件是利用 NumPy 进行数据处理的基础。NumPy 提供了若干函数，可以将结果保存到二进制文件或文本文件中。除此之外，NumPy 还提供了许多从文件读取数据并将其转换为数组的方法。

save 函数以二进制的格式保存数据，load 函数从二进制文件中读取数据。save 函数的基本使用格式如下。

```
numpy.save(file, arr, allow_pickle=True, fix_imports=True)
```

参数 file 接收 str，表示要保存的文件的名称，用户需要指定文件保存的路径，如果未设置，文件将会保存到默认路径；参数 arr 接收 array_like，表示需要保存的数组。简而言之，就是将数组 arr 保存至名称为 file 的文件中，文件的扩展名.npy 是系统自动添加的。使用 save 函数将二进制数据存储到文件中，如代码 2-39 所示。

代码 2-39　二进制数据的存储

```
In[1]:    import numpy as np  # 导入 NumPy 库
          arr = np.arange(100).reshape(10, 10)   # 创建数组
          np.save('../tmp/save_arr', arr)  # 保存数组
          print('保存的数组: \n', arr)

Out[1]:   保存的数组:
          [[ 0  1  2 ...  7  8  9]
          [10 11 12 ... 17 18 19]
          ...
          [80 81 82 ... 87 88 89]
          [90 91 92 ... 97 98 99]]
```

注：此处部分结果已省略。

如果要将多个数组保存到一个文件中，那么可以使用 savez 函数，文件的扩展名为.npz，如代码 2-40 所示。

代码 2-40　多个数组的存储

```
In[2]:    arr1 = np.array([[1, 2, 3], [4, 5, 6]])
          arr2 = np.arange(0, 1.0, 0.1)
          np.savez('../tmp/savez_arr', arr1, arr2)
          print('保存的数组 arr1: \n', arr1)

Out[2]:   保存的数组 arr1:
          [[1 2 3]
           [4 5 6]]

In[3]:    print('保存的数组 arr2: ', arr2)

Out[3]:   保存的数组 arr2: [ 0.   0.1 0.2 0.3 0.4 0.5 0.6 0.7 0.8 0.9]
```

当需要读取二进制文件时，可以使用 load 函数，用文件名作为参数，如代码 2-41 所示。

代码 2-41　二进制文件的读取

```
In[4]:    # 读取含有一个数组的文件
          loaded_data = np.load('../tmp/save_arr.npy')
          print('读取的数组: \n', loaded_data)

Out[4]:   读取的数组:
          [[ 0  1  2 ...  7  8  9]
          [10 11 12 ... 17 18 19]
          ...
          [80 81 82 ... 87 88 89]
```

```
            [90 91 92 ... 97 98 99]]
```

In[5]:	`# 读取含有多个数组的文件`
	`loaded_data1 = np.load('../tmp/savez_arr.npz')`
	`print('读取的数组1: \n', loaded_data1['arr_0'])`

Out[5]:	读取的数组1:
	`[[1 2 3]`
	`  [4 5 6]]`

In[6]:	`print('读取的数组2: ', loaded_data1['arr_1'])`
Out[6]:	读取的数组2: [0. 0.1 0.2 0.3 0.4 0.5 0.6 0.7 0.8 0.9]

注：此处部分结果已省略。

需要注意的是，存储时可以省略扩展名，但读取时不能省略扩展名。

在实际的数据分析任务中，更多使用文本格式的数据，如 TXT 或 CSV 格式。因此通常会使用 savetxt 函数、loadtxt 函数和 genfromtxt 函数执行对文本格式数据的读取任务。

savetxt 函数可将数组写到以某种分隔符隔开的文本文件中，其基本使用格式如下。

```
numpy.savetxt(fname, X, fmt='%.18e', delimiter=' ', newline='\n', header='',
footer='', comments='# ', encoding=None)
```

参数 fname 接收 str，表示文件名；参数 X 接收 array_like，表示数组数据；参数 delimiter 接收 str，表示数据分隔符。

loadtxt 函数执行的是相反的操作，即将文件中的数据加载到一个二维数组中，其基本使用格式如下。

```
numpy.loadtxt(fname, dtype=<class 'float'>, comments='#', delimiter=None, converters=
None, skiprows=0, usecols=None, unpack=False, ndmin=0, encoding='bytes', max_rows=
None, *, quotechar=None, like=None)
```

loadtxt 函数的常用参数有两个，分别是 fname 和 delimiter。参数 fname 接收 str，表示需要读取的文件或生成器；参数 delimiter 接收 str，表示用于在文件中分隔数值的分隔符。

对文件进行存储与读取，如代码 2-42 所示。

代码 2-42　文件的存储与读取

In[7]:	`arr = np.arange(0, 12, 0.5).reshape(4, -1)` `print('创建的数组: \n', arr)`

Out[7]:	创建的数组:
	`[[ 0.   0.5  1.   1.5  2.   2.5]`
	`  [ 3.   3.5  4.   4.5  5.   5.5]`
	`  [ 6.   6.5  7.   7.5  8.   8.5]`
	`  [ 9.   9.5 10.  10.5 11.  11.5]]`

In[8]:	`# fmt='%d'表示保存为整数`
	`np.savetxt('../tmp/arr.txt', arr, fmt='%d', delimiter=',')`
	`# 读取的时候也需要指定文件中的逗号作为分隔符`
	`loaded_data = np.loadtxt('../tmp/arr.txt', delimiter=',')`
	`print('读取的数组: \n', loaded_data)`

Out[8]:	读取的数组:
	`[[ 0.  0.  1.  1.  2.  2.]`
	`  [ 3.  3.  4.  4.  5.  5.]`
	`  [ 6.  6.  7.  7.  8.  8.]`
	`  [ 9.  9. 10. 10. 11. 11.]]`

genfromtxt 函数和 loadtxt 函数相似，只不过 genfromtxt 函数面向的是结构化数组和缺失数据。genfromtxt 函数通常使用的参数有 3 个，即用于存放数据的文件参数 fname、用于分隔数据的字符参数 delimiter 和指定是否含有列标题的参数 names。使用 genfromtxt 函数读取数组，如代码 2-43 所示。

代码 2-43　使用 genfromtxt 函数读取数组

```
In[9]:    loaded_data = np.genfromtxt('../tmp/arr.txt', delimiter=',' names=None)
          print('读取的数组: \n', loaded_data)

Out[9]:   读取的数组:
          [[ 0.   0.   1.   1.   2.   2.]
           [ 3.   3.   4.   4.   5.   5.]
           [ 6.   6.   7.   7.   8.   8.]
           [ 9.   9.  10.  10.  11.  11.]]
```

在代码 2-43 中，输出结果是一组结构化数据（可以用 dtype 参数指定一系列用逗号隔开的说明符，以指明构成结构体的元素以及它们的数据类型和顺序）。因为 names 参数默认第一行为数据的列名，所以数据从第二行开始。

2.3.2　使用函数进行简单的统计分析

在 NumPy 中，除了可以使用通用函数对数组进行比较、逻辑等运算，还可以使用统计函数对数组进行排序、去重与重复、求最大值和最小值，以及求均值等操作。

1．排序

NumPy 的排序方式主要分为直接排序和间接排序两种。直接排序指对数值直接进行排序；间接排序是指根据一个或多个键对数据集进行排序。在 NumPy 中，直接排序通常使用 sort 函数实现，间接排序通常使用 argsort 函数和 lexsort 函数实现。

sort 函数是较为常用的排序函数，无返回值。如果目标数据是视图，那么原始数据将被修改。当使用 sort 函数排序时，用户可以指定 axis 参数，使 sort 函数沿指定轴对数据集进行排序，如代码 2-44 所示。

代码 2-44　使用 sort 函数进行排序

```
In[10]:   np.random.seed(42)  # 设置随机种子
          arr = np.random.randint(1, 10, size=10)  # 生成随机数数组
          print('创建的数组: ', arr)

Out[10]:  创建的数组: [7 4 8 5 7 3 7 8 5 4]

In[11]:   arr.sort()  # 直接排序
          print('排序后的数组: ', arr)

Out[11]:  排序后的数组: [3 4 4 5 5 7 7 7 8 8]

In[12]:   np.random.seed(42)  # 设置随机种子
          arr = np.random.randint(1, 10, size=(3, 3))  # 生成 3 行 3 列的随机数数组
          print('创建的数组: \n', arr)

Out[12]:  创建的数组:
          [[7 4 8]
           [5 7 3]
```

```
                      [7 8 5]]
In[13]:    arr.sort(axis=1)   # 沿横轴排序
           print('排序后的数组：\n', arr)
```

```
Out[13]: 排序后的数组：
          [[4 7 8]
           [3 5 7]
           [5 7 8]]
```

```
In[14]:    arr.sort(axis=0)    # 沿纵轴排序
           print('排序后的数组：\n', arr)
```

```
Out[14]: 排序后的数组：
          [[3 5 7]
           [4 7 8]
           [5 7 8]]
```

注：每次运行代码后生成的随机数数组都不一样，此处以数组[7 4 8 5 7 3 7 8 5 4]为例。

argsort 函数和 lexsort 函数可以在给定一个或多个键时，得到一个由整数构成的索引数组，索引表示数据在新的序列中的位置。

使用 argsort 函数对数组进行排序，如代码 2-45 所示。

代码 2-45　使用 argsort 函数进行排序

```
In[15]:    arr = np.array([2, 3, 6, 8, 0, 7])
           print('创建的数组：', arr)
```

```
Out[15]:   创建的数组：[2 3 6 8 0 7]
```

```
In[16]:    print('排序后的索引数组：', arr.argsort())   # 返回排序后的索引数组
```

```
Out[16]:   排序后的索引数组：[4 0 1 2 5 3]
```

lexsort 函数可以一次性对满足多个键的数组进行间接排序。使用 lexsort 函数对数组进行排序，如代码 2-46 所示。

代码 2-46　使用 lexsort 函数进行排序

```
In[17]:    a = np.array([3, 2, 6, 4, 5])
           b = np.array([50, 30, 40, 20, 10])
           c = np.array([400, 300, 600, 100, 200])
           d = np.lexsort((a, b, c))   # lexsort 函数只接收一个参数，即 (a, b, c)
           # 使用多个键进行排序时是按照最后一个传入的键计算的
           print('排序后的数组：\n', list(zip(a[d], b[d], c[d])))
```

```
Out[17]:   排序后的数组：
           [(4, 20, 100), (5, 10, 200), (2, 30, 300), (3, 50, 400), (6, 40, 600)]
```

2. 去重与重复

在统计分析中，难免会出现"脏"数据，重复数据就是"脏"数据之一。一个一个地手动删除重复数据耗时、费力且效率低。在 NumPy 中，可以通过 unique 函数查找出数组中的唯一值并返回已排序的结果，如代码 2-47 所示。

代码 2-47　数组内数据去重

| In[18]: | ```names = np.array(['小明', '小黄', '小花', '小明', '小花', '小兰', '小白'])
print('创建的数组: ', names)``` |
|---|---|
| Out[18]: | 创建的数组: ['小明' '小黄' '小花' '小明' '小花' '小兰' '小白'] |
| In[19]: | ```print('去重后的数组: ', np.unique(names))``` |
| Out[19]: | 去重后的数组: ['小兰' '小明' '小白' '小花' '小黄'] |
| In[20]: | ```# 与 np.unique 函数等价的 Python 代码实现过程
print('去重后的数组: ', sorted(set(names)))``` |
| Out[20]: | 去重后的数组: ['小兰', '小明', '小白', '小花', '小黄'] |
| In[21]: | ```# 创建 int 型数组
ints = np.array([1, 2, 3, 4, 4, 5, 6, 6, 7, 8, 8, 9, 10])
print('创建的数组: ', ints)``` |
Out[21]:	创建的数组: [1 2 3 4 4 5 6 6 7 8 8 9 10]
In[22]:	```print('去重后的数组: ', np.unique(ints))```
Out[22]:	去重后的数组: [1 2 3 4 5 6 7 8 9 10]

在统计分析中也经常需要将一个数据重复若干次的情况。在 NumPy 中主要使用 tile 函数和 repeat 函数实现数据的重复。

tile 函数的基本使用格式如下。

```
numpy.tile(A, reps)
```

tile 函数主要有两个参数，参数 A 接收 array_like，表示输入的数组；参数 reps 接收 array_like，表示数组的重复次数。使用 tile 函数实现数据的重复，如代码 2-48 所示。

代码 2-48　使用 tile 函数实现数据的重复

| In[23]: | ```arr = np.arange(5)
print('创建的数组: ', arr)``` |
|---|---|
| Out[23]: | 创建的数组: [0 1 2 3 4] |
| In[24]: | ```print('重复后的数组: ', np.tile(arr, 3)) # 对数组进行重复``` |
| Out[24]: | 重复后的数组: [0 1 2 3 4 0 1 2 3 4 0 1 2 3 4] |

repeat 函数的基本使用格式如下。

```
numpy.repeat(a, repeats, axis=None)
```

repeat 函数主要有 3 个参数，参数 a 接收 array_like，表示输入的数组；参数 repeats 接收 int 或 int 型数组，表示每个元素的重复次数；参数 axis 接收 int，用于指定沿哪个轴进行重复。使用 repeat 函数实现数据重复，如代码 2-49 所示。

代码 2-49　使用 repeat 函数实现数据重复

| In[25]: | ```np.random.seed(42) # 设置随机种子
arr = np.random.randint(0, 10, size=(3, 3))
print('创建的数组: \n', arr)``` |
|---|---|

```
Out[25]:  创建的数组：
          [[6 3 7]
           [4 6 9]
           [2 6 7]]
```

```
In[26]:   print('重复后的数组：\n', arr.repeat(2, axis=0))    # 沿横轴进行元素重复
```

```
Out[26]:  重复后的数组：
          [[6 3 7]
           [6 3 7]
           [4 6 9]
           [4 6 9]
           [2 6 7]
           [2 6 7]]
```

```
In[27]:   print('重复后的数组：\n', arr.repeat(2, axis=1))    # 沿纵轴进行元素重复
```

```
Out[27]:  重复后的数组：
          [[6 6 3 3 7 7]
           [4 4 6 6 9 9]
           [2 2 6 6 7 7]]
```

tile 函数和 repeat 函数的主要区别在于，tile 函数对数组进行重复操作，repeat 函数对数组中的每个元素进行重复操作。

3. 常用的统计函数

在 NumPy 中，有许多可以用于统计分析的函数。常见的统计函数有 sum、mean、std、var、min、max、argmin 和 argmax 等。使用统计函数对二维数组进行计算时需要注意轴的概念。当参数 axis 为 0 时，表示沿纵轴进行计算。当 axis 为 1 时，表示沿横轴进行计算。但在默认情况下，函数并不按照任一轴进行计算，而是计算总值。NumPy 中常用统计函数的使用如代码 2-50 所示。

代码 2-50　NumPy 中常用统计函数的使用

```
In[28]:   arr = np.arange(20).reshape(4, 5)
          print('创建的数组：\n', arr)
```

```
Out[28]:  创建的数组：
          [[ 0  1  2  3  4]
           [ 5  6  7  8  9]
           [10 11 12 13 14]
           [15 16 17 18 19]]
```

```
In[29]:   print('数组的和：', np.sum(arr))    # 计算数组的和
```

```
Out[29]:  数组的和：190
```

```
In[30]:   print('数组沿纵轴计算的和：', arr.sum(axis=0))    # 沿纵轴求和
```

```
Out[30]:  数组沿纵轴计算的和：[30 34 38 42 46]
```

```
In[31]:   print('数组沿横轴计算的和：', arr.sum(axis=1))    # 沿横轴求和
```

```
Out[31]:  数组沿横轴计算的和：[10 35 60 85]
```

```
In[32]:   print('数组的均值：', np.mean(arr))    # 计算数组均值
```

```
Out[32]:  数组的均值：9.5
```

```
In[33]:    print('数组沿纵轴计算的均值: ', arr.mean(axis=0))   # 沿纵轴计算数组均值

Out[33]:   数组沿纵轴计算的均值: [ 7.5  8.5  9.5 10.5 11.5]

In[34]:    print('数组沿横轴计算的均值: ', arr.mean(axis=1))   # 沿横轴计算数组均值

Out[34]:   数组沿横轴计算的均值: [ 2.  7. 12. 17.]

In[35]:    print('数组的标准差: ', np.std(arr))   # 计算数组标准差

Out[35]:   数组的标准差: 5.766281297335398

In[36]:    print('数组的方差: ', np.var(arr))   # 计算数组方差

Out[36]:   数组的方差: 33.25

In[37]:    print('数组的最小值: ', np.min(arr))   # 求数组中的最小值

Out[37]:   数组的最小值: 0

In[38]:    print('数组的最大值: ', np.max(arr))   # 求数组中的最大值

Out[38]:   数组的最大值: 19

In[39]:    print('数组的最小元素的索引: ', np.argmin(arr))   # 返回数组中最小元素的索引

Out[39]:   数组的最小元素的索引: 0

In[40]:    print('数组的最大元素的索引: ', np.argmax(arr))   # 返回数组中最大元素的索引

Out[40]:   数组的最大元素的索引: 19
```

代码 2-50 中的计算均为聚合计算，直接显示计算的最终结果。在 NumPy 中，cumsum 函数和 cumprod 函数采用不聚合计算，产生一个由中间结果组成的数组，如代码 2-51 所示。

代码 2-51　cumsum 函数和 cumprod 函数的使用

```
In[41]:    arr = np.arange(2, 10)
           print('创建的数组: ', arr)

Out[41]:   创建的数组: [2 3 4 5 6 7 8 9]

In[42]:    print('数组元素的累计和: ', np.cumsum(arr))   # 计算所有元素的累计和

Out[42]:   数组元素的累计和: [ 2  5  9 14 20 27 35 44]

In[43]:    print('数组元素的累计积: \n', np.cumprod(arr))   # 计算所有元素的累计积

Out[43]:   数组元素的累计积:
           [     2      6     24    120    720   5040  40320 362880]
```

小结

本章主要介绍了 NumPy 数组对象 ndarray 的创建、随机数的生成、数组的访问和数组形状的变换；同时介绍了矩阵的创建方法、使用通用函数对数组进行运算的方法；最后介绍了如何利用 NumPy 读/写文件以及进行统计分析的常用函数，为读者学习其他数据分析库（如 pandas）打下了坚实的基础。

实训

实训 1　使用数组比较运算对超市牛奶价格进行对比

1．训练要点

（1）掌握 NumPy 的数组创建方法。

（2）掌握数组的比较运算方法。

2．需求说明

A、B 两个超市均销售 5 种相同的牛奶产品，为了对比 A、B 两个超市中 5 种牛奶产品的价格，需要创建 milk_a 和 milk_b 两个一维数组，分别存放两个超市的牛奶价格，对两个数组中存放的数据进行比较运算。

3．实现思路及步骤

（1）创建 A 超市的牛奶价格数组 milk_a，为[19.9,25,29.9,45,39.9]。

（2）创建 B 超市的牛奶价格数组 milk_b，为[18.9,25,24.9,49,35.9]。

（3）使用大于符号对 milk_a 和 milk_b 进行比较运算。

实训 2　创建 6×6 的简单数独游戏矩阵

1．训练要点

（1）掌握矩阵的创建方法。

（2）掌握数组索引的使用方法。

2．需求说明

数独是一种锻炼数学智力的填空游戏，数独的玩法逻辑简单，数字排列方式多种多样。为了使学生了解数独游戏的玩法，需要创建 6×6 的数独游戏，用于填充 6×6 的矩阵。矩阵每一行的数字均为 1~6 且不能重复，每一列的数字同样为 1~6 且不能重复，如图 2-3 所示。

1	2	3	4	5	6
2	3	4	5	6	1
3	4	5	6	1	2
4	5	6	1	2	3
5	6	1	2	3	4
6	1	2	3	4	5

图 2-3　数独游戏示例

3．实现思路及步骤

（1）创建一个 6×6 矩阵。

（2）矩阵第 1 行数据为[1,2,3,4,5,6]，第 2 行数据为[2,3,4,5,6,1]，以此类推，第 6 行数据为[6,1,2,3,4,5]。最终得到每行数据不同、每列数据也不同的矩阵。

课后习题

1．选择题

（1）下列对 Python 中的 NumPy 描述不正确的是（　　　）。

    A．NumPy 是用于数据科学计算的基础模块

    B．NumPy 的数据容器能够保存任意类型的数据

C．NumPy 提供了 ndarray 和 array 两种基本的对象

D．NumPy 能够对多维数组进行数值运算

（2）下列选项中表示数组维度的是（　　　）。

　　A．ndim　　　　　　B．shape　　　　　　C．size　　　　　　D．dtype

（3）代码"np.arange(0,1,0.2)"的运行结果为（　　　）。

　　A．[0. , 0.2, 0.4, 0.6, 0.8]　　　　　　B．[0. , 0.2, 0.4, 0.6, 0.8, 1.0]

　　C．[0.2, 0.4, 0.6, 0.8]　　　　　　　　D．[0.2, 0.4, 0.6, 0.8, 1.0]

（4）代码"np.linspace(0,10,5)"的运行结果为（　　　）。

　　A．[0, 2.5, 5, 7.5]　　　　　　　　　　B．[0, 2.5, 5, 7.5, 10]

　　C．[0., 2.5., 5., 7.5.]　　　　　　　　D．[0., 2.5., 5., 7.5., 10.]

（5）下列用于横向组合数组的函数是（　　　）。

　　A．hstack　　　　　B．hsplit　　　　　　C．vstack　　　　　D．vsplit

2．操作题

（1）创建 4 个相同的 3×3 对角矩阵，对角线上的元素均为[1,2,3]，再使用 bmat 函数将 4 个对角矩阵合并为 1 个 6×6 的新矩阵。

（2）返回操作题（1）中的 6×6 矩阵的转置矩阵。

3．实践题

随着人们环境保护意识的提升，新能源汽车市场迎来了快速发展期。各大汽车制造商纷纷投入巨资研发新能源汽车，希望通过技术创新占领市场高地。在此背景下，某机构收集了国内主要城市近年来新能源汽车的销售数据，包括成交额数、成交商品件数、成交金额等，数据保存在"新能源汽车销售数据.csv"文件中，其中部分数据如表 2-10 所示。

表 2-10　新能源汽车销售数据（部分）

商品 ID	成交客户数/人	成交商品件数/件	成交金额/元	访客数/人	加购商品件数/件	下单客户数/人	最近上架时间
10067932290122	507	534	0	227	16	596	2023/2/13 10:21
10070160665567	429	453	319	308	18	503	2023/3/5 17:19
10023968092031	218	243	0	153	9	262	2021/9/14 12:35
10037438068759	190	194	34,298.23	4,594	439	223	2023/3/7 16:10
55554746726	160	268	6,595.18	440	121	176	2022/8/30 19:50

使用 NumPy 对新能源汽车销售数据进行初步的统计分析，了解新能源汽车销售的基本情况，具体操作步骤如下。

（1）读取"新能源汽车销售数据.csv"文件。

（2）计算成交商品件数和成交金额的平均值、标准差、最小值和最大值。

（3）基于成交金额和成交商品件数，计算每件商品的平均成交金额。

第 ❸ 章 pandas 统计分析基础

统计分析是数据分析的重要组成部分，几乎贯穿数据分析的整个流程。运用统计方法，将定量问题与定性问题结合并进行的研究活动叫作统计分析。统计分析除了包含单一数值型特征的数据集中趋势、离散趋势和峰度与偏度等统计知识，还包含多个特征间的比较计算等知识。本章将介绍使用 pandas 进行统计分析需要掌握的基本知识。

学习目标

（1）掌握常见的数据读取方法。
（2）掌握 DataFrame 的常用属性与常用操作。
（3）掌握时间序列数据的转换与处理方法。
（4）掌握分组聚合的计算方法。

素养目标

（1）通过读取与分析工业制品销售数据表，了解某工业制品的销售情况，提高个人的数据分析能力。
（2）通过了解 MySQL 数据库连接时的注意事项，确保操作的准确性和可靠性，培养严谨的工作态度。

思维导图

3.1　读/写不同数据源的数据

数据读取是进行数据预处理、分析与建模的前提。不同的数据源需要使用不同的函数来读取。pandas 内置了 10 余种数据源读取函数和对应的数据源写入函数。常见的数据源有 3 种，分别是文本文件（包括一般文本文件和 CSV 文件）、Excel 文件和数据库。掌握了这 3 种数据源的读取方法，便能够实现大部分的数据读取工作。

3.1　读/写不同
数据源的数据

3.1.1　认识 pandas

pandas 是 Python 的核心数据分析支持库，提供了快速、灵活、明确的数据结构，旨在帮助用户简单、直观地处理关系数据、标记数据。因为 pandas 建造在 NumPy 的基础之上，所以在以 NumPy 为中心的应用中，pandas 易于使用，而且 pandas 在与其他第三方科学计算支持库结合时也能够较完美地进行集成。

在 Python 中，pandas 的功能十分强大，它可提供高性能的矩阵运算；可用于数据挖掘和数据分析，同时提供数据清洗功能；支持类似 SQL（Structure Query Language，结构查询语言）数据的增、删、查、改等操作，并且带有丰富的数据处理函数；支持时间序列数据分析功能；支持灵活处理缺失数据等。

pandas 有两个强大的利器：Series（一维数据）与 DataFrame（二维数据）。Series 是一种类似于一维数组的对象，由一组数据（使用各种 NumPy 数据类型）以及一组与之相关的数据标签（即索引）组成，而仅由一组数据也可产生简单的 Series 对象。DataFrame 是 pandas 中的一个表格型的数据结构，包含一组有序的列，这些列可以使用不同类型的数据（数值、字符串、布尔值等），DataFrame 既有行索引也有列索引，可以看作由 Series 组成的字典。

Series 和 DataFrame 还是 pandas 中常用的数据结构，运用这两种数据结构足以解决金融、统计、社会科学、工程等领域的大多数典型问题。

3.1.2　读/写文本文件

文本文件是一种由若干行字符构成的计算机文件，是一种典型的顺序文件。CSV 是一种用分隔符分隔的文件格式，因为其分隔符不一定是逗号，所以又称为字符分隔文件格式。文本文件以纯文本形式存储表格数据（数字和文本），是一种通用的、相对简单的文件格式，广泛应用于在格式不兼容的程序之间转移表格数据，因为大量程序都支持 CSV 格式或其变体，所以 CSV 格式或其变体可以作为大多数程序的输入和输出格式。

1．读取文本文件

CSV 文件也是一种文本文件。在数据读取过程中可以使用文本文件的读取函数对 CSV 文件进行读取。同时，如果文本文件是字符分隔文件，那么可以使用读取 CSV 文件的函数进行读取。pandas 提供了 read_table 函数来读取文本文件，并提供了 read_csv 函数来读取 CSV 文件。

read_table 函数和 read_csv 函数的基本使用格式如下。

```
pandas.read_table(filepath_or_buffer, *, sep=_NoDefault.no_default, delimiter=None,
header='infer', names=_NoDefault.no_default, index_col=None, usecols=None, dtype=
None, engine=None, converters=None, true_values=None, false_values=None,
skipinitialspace=False, skiprows=None, skipfooter=0, nrows=None, na_values=None,
keep_default_na=True, na_filter=True, verbose=_NoDefault.no_default, skip_blank_
lines=True, parse_dates=False, infer_datetime_format=_NoDefault.no_default,
keep_date_col=_NoDefault.no_default, date_parser=_NoDefault.no_default,
date_format=None, dayfirst=False, cache_dates=True, iterator=False, chunksize=None,
compression='infer', thousands=None, decimal='.', lineterminator=None,
quotechar='"', quoting=0, doublequote=True, escapechar=None, comment=None,
encoding=None, encoding_errors='strict', dialect=None, on_bad_lines='error',
delim_whitespace=_NoDefault.no_default, low_memory=True, memory_map=False,
float_precision=None, storage_options=None, dtype_backend=_NoDefault.no_default)
```

```
pandas.read_csv(filepath_or_buffer, *, sep=_NoDefault.no_default, delimiter=None,
header='infer', names=_NoDefault.no_default, index_col=None, usecols=None, dtype=
None, engine=None, converters=None, true_values=None, false_values=None,
skipinitialspace=False, skiprows=None, skipfooter=0, nrows=None, na_values=None,
keep_default_na=True, na_filter=True, verbose=_NoDefault.no_default, skip_blank_
lines=True, parse_dates=None, infer_datetime_format=_NoDefault.no_default, keep_
date_col=_NoDefault.no_default, date_parser=_NoDefault.no_default, date_format=
None, dayfirst=False, cache_dates=True, iterator=False, chunksize=None,
compression='infer', thousands=None, decimal='.', lineterminator=None,
quotechar='"', quoting=0, doublequote=True, escapechar=None, comment=None,
encoding=None, encoding_errors='strict', dialect=None, on_bad_lines='error',
delim_whitespace=_NoDefault.no_default, low_memory=True, memory_map=False,
float_precision=None, storage_options=None, dtype_backend=_NoDefault.no_default)
```

read_table 函数和 read_csv 函数的多数参数相同，它们的常用参数及其说明如表 3-1 所示。

表 3-1　read_table 函数和 read_csv 函数的常用参数及其说明

参数名称	参数说明
filepath_or_buffer	接收 str。表示文件路径。无默认值
sep	接收 str。表示分隔符。read_csv 函数默认的分隔符为 "，"，read_table 函数默认的分隔符为制表符
header	接收 int 或 int 型 list。表示将某行数据作为列名。默认为 infer
names	接收 array。表示列名。无默认值
index_col	接收 int、sequence 或 False。表示索引列的位置，若取值为 sequence 则代表多重索引。默认为 None
dtype	接收字典形式的列名或类型名称。表示写入的数据类型（列名为键，数据类型为值）。默认为 None
engine	接收 C 语言代码或 Python 代码。表示要使用的数据解析引擎。默认为 None
nrows	接收 int。表示要读取的文件行数。默认为 None
skiprows	接收 list、int 或 callable。表示读取数据时开头跳过的行数。默认为 None

为了坚持把发展经济的着力点放在实体经济上，推进新型工业化，加快建设制造强国，某公司收集了工业制品销售数据，部分数据如表 3-2 所示。

表 3-2　工业制品销售数据（部分）

商品 ID	商品类别	订单时间	销售量/个	销售价格/元
10004328	类别 A	2023/3/11 4:51	3	147
10000346	类别 A	2023/3/9 4:16	8	239
10004116	类别 B	2023/10/9 17:27	3	116
10000836	类别 B	2023/9/24 15:31	3	108

根据工业制品销售数据表，分别使用 read_table 和 read_csv 这两个函数读取数据，如代码 3-1 所示。

代码 3-1　分别使用 read_table 函数和 read_csv 函数读取工业制品销售数据表

```
In[1]:    import pandas as pd
          # 使用 read_table 函数读取工业制品销售数据表
          salesdata = pd.read_table('../data/salesdata.csv', sep=',',
                          encoding='UTF-8')
          print('使用 read_table 函数读取工业制品销售数据表，表的长度：',
              len(salesdata))

Out[1]:   使用 read_table 函数读取工业制品销售数据表，表的长度：1351

In[2]:    # 使用 read_csv 函数读取工业制品销售数据表
          salesdata1 = pd.read_csv('../data/salesdata.csv', encoding='UTF-8')
          print('使用 read_csv 函数读取工业制品销售数据表，表的长度：',
              len(salesdata1))

Out[2]:   使用 read_csv 函数读取工业制品销售数据表，表的长度：1351
```

read_table 函数和 read_csv 函数中的 sep 参数用于指定文件中文本的分隔符，如果分隔符指定错误，那么在读取数据的时候，一行数据将连成一片。header 参数用于指定列名，如果 header 参数值是 None，那么将会添加一个默认的列名。encoding 表示文件的编码格式，常用的编码格式有 UTF-8、UTF-16、GBK、GB 2312、GB 18030 等。如果编码格式指定错误，那么将无法读取数据。更改参数并读取工业制品销售数据表，如代码 3-2 所示。

代码 3-2　更改参数并读取工业制品销售数据表

```
In[3]:    # 使用 read_table 函数读取工业制品销售数据表，sep=';'
          salesdata2 = pd.read_table('../data/salesdata.csv', sep=';',
                        encoding='UTF-8')
          print('当分隔符为;时，工业制品销售数据表：\n', salesdata2)
```

```
Out[3]:   当分隔符为;时，工业制品销售数据表：
                 商品 ID，商品类别，订单时间，销售量/个,销售价格/元
          0       10004328，类别 A，2023/3/11 4:51，3，147
          1       10000346，类别 A，2023/3/9 4:16，8，239
          2       10001192，类别 A，2023/3/8 22:21，4，53
          3       10003708，类别 A，2023/2/25 1:22，3，43
          4       10002570，类别 A，2023/2/21 18:47，1，13
          ...                            ...
          1346    10004017，类别 B，2023/12/8 3:10，11，359
          1347    10003760，类别 B，2023/11/21 1:50，3，96
          1348    10004368，类别 B，2023/10/12 16:06，3，109
          1349    10004116，类别 B，2023/10/9 17:27，3，116
          1350    10000836，类别 B，2023/9/24 15:31，3，108

          [1351 rows x 1 columns]
```

```
In[4]:    # 使用 read_csv 函数读取工业制品销售数据表，header=None
          salesdata3 = pd.read_csv('../data/salesdata.csv', sep=',',
                        header=None, encoding='UTF-8')
          print('当 header 为 None 时，工业制品销售数据表：\n', salesdata3)
```

```
Out[4]:   当 header 为 None 时，工业制品销售数据表：
                 0            1          2                   3           4
          0      商品 ID      商品类别     订单时间              销售量/个    销售价格/元
          1      10004328    类别 A      2023/3/11 4:51      3           147
          2      10000346    类别 A      2023/3/9 4:16       8           239
          3      10001192    类别 A      2023/3/8 22:21      4           53
          4      10003708    类别 A      2023/2/25 1:22      3           43
          ...    ...         ...        ...                 ...         ...
          1347   10004017    类别 B      2023/12/8 3:10      11          359
          1348   10003760    类别 B      2023/11/21 1:50     3           96
          1349   10004368    类别 B      2023/10/12 16:06    3           109
          1350   10004116    类别 B      2023/10/9 17:27     3           116
          1351   10000836    类别 B      2023/9/24 15:31     3           108

          [1352 rows x 5 columns]
```

```
In[5]:    # 使用 gbk 编码格式读取工业制品销售数据表
          salesdata4 = pd.read_csv('../data/salesdata.csv', sep=',',
                        encoding='gbk')
          print('encoding 为 "gbk" 时，工业制品销售数据表：\n', salesdata4)
```

```
Out[5]:    UnicodeDecodeError: 'gbk' codec can't decode byte 0x81 in position 8:
           illegal multibyte sequence
```

注：此处部分结果已省略。

2. 写入文本文件

文本文件的写入和读取类似。对于结构化数据，可以使用 pandas 中的 to_csv()方法以 CSV 格式写入文件。to_csv()方法的基本使用格式如下。

```
DataFrame.to_csv(path_or_buf=None, sep=',', na_rep='', float_format=None,
columns=None, header=True, index=True, index_label=None, mode='w', encoding=None,
compression='infer', quoting=None, quotechar='"', line_terminator=None,
chunksize=None, date_format=None, doublequote=True, escapechar=None, decimal='.',
errors='strict', storage_options=None)
```

to_csv()方法的常用参数及其说明如表 3-3 所示。

表 3-3　to_csv()方法的常用参数及其说明

参数名称	参数说明
path_or_buf	接收 str。表示文件路径。默认为 None
sep	接收 str。表示分隔符。默认为 ","
na_rep	接收 str。表示缺失值。默认为空字符串
columns	接收 list。表示写出的列名。默认为 None
header	接收 bool 或 str 型 list。表示是否将列名写出。默认为 True
index	接收 bool。表示是否将行名（索引）写出。默认为 True
index_label	接收 sequence、str 或 false。表示索引。默认为 None
mode	接收特定 str。表示数据写入模式。默认为 w
encoding	接收特定 str。表示写入文件的编码格式。默认为 None

使用 to_csv()方法将工业制品销售数据表写入 CSV 文件，如代码 3-3 所示。

代码 3-3　使用 to_csv()方法将数据写入 CSV 文件

```
In[6]:    import os
          print('将工业制品销售数据表写入 CSV 文件前，目录内的文件列表：\n',
              os.listdir('../tmp'))
          # 将 salesdata 以 CSV 格式写入文件
          salesdata.to_csv('../tmp/salesdataInfo.csv', sep=';', index=False)
          print('将工业制品销售数据表写入 CSV 文件后，目录内的文件列表：\n',
              os.listdir('../tmp'))

Out[6]:   将工业制品销售数据表写入 CSV 文件前，目录内的文件列表：
          []
          将工业制品销售数据表写入 CSV 文件后，目录内的文件列表：
          ['salesdataInfo.csv']
```

3.1.3　读/写 Excel 文件

Excel 是微软公司的办公软件 Microsoft Office 的组件之一，可以对数据进行处理、统计分析等操作，被广泛地应用于管理、财经和金融等领域，其文件扩展名按照程序版本的不同分为以下两种。

（1）Microsoft Office Excel 2007 之前的版本（不包括 2007）默认保存的文件扩展名为.xls。

（2）Microsoft Office Excel 2007 之后的版本默认保存的文件扩展名为.xlsx。

1. 读取 Excel 文件

pandas 提供了 read_excel 函数来读取.xls 文件和.xlsx 文件，其基本使用格式如下。

```
pandas.read_excel(io, sheet_name=0, *, header=0, names=None, index_col=None,
usecols=None, dtype=None, engine=None, converters=None, true_values=None,
false_values=None, skiprows=None, nrows=None, na_values=None, keep_default_na=True,
na_filter=True, verbose=False, parse_dates=False, date_parser=_NoDefault.
no_default, date_format=None, thousands=None, decimal='.', comment=None,
skipfooter=0, storage_options=None, dtype_backend=_NoDefault.no_default,
engine_kwargs=None)
```

read_excel 函数的常用参数及其说明如表 3-4 所示。

表 3-4　read_excel 函数的常用参数及其说明

参数名称	参数说明
io	接收 str。表示文件路径。无默认值
sheet_name	接收 str、int、list 或 None。表示要读取的工作表。默认为 0
header	接收 int 或 int 型 list。表示将某行数据作为列名。如果传递 int 型 list，那么行位置将合并为多重索引。如果没有列名，那么使用 None。默认为 0
names	接收 array。表示要使用的列名列表。默认为 None
index_col	接收 int 或 int 型 list。表示将列索引用作 DataFrame 的行索引。默认为 None
dtype	接收 dict。表示写入的数据类型（列名为键，数据类型为值）。默认为 None
skiprows	接收 list、int 或 callable。表示读取数据时开头跳过的行数。默认为 None

当工业制品销售数据表存储为.xlsx 文件时，使用 read_excel 函数读取数据，如代码 3-4 所示。

代码 3-4　使用 read_excel 函数读取工业制品销售数据表

```
In[7]:     # 读取 salesdata.xlsx 文件
           salesdata = pd.read_excel('../data/salesdata.xlsx')
           print('工业制品销售数据表的长度: ', len(salesdata))

Out[7]:    工业制品销售数据表的长度：1351
```

2. 写入 Excel 文件

将数据写入 Excel 文件可以使用 to_excel()方法，其基本使用格式如下。

```
DataFrame.to_excel(excel_writer, *, sheet_name='Sheet1', na_rep='', float_format=
None, columns=None, header=True, index=True, index_label=None, startrow=0,
startcol=0, engine=None, merge_cells=True, inf_rep='inf', freeze_panes=None,
storage_options=None, engine_kwargs=None)
```

to_excel()方法的常用参数及其说明如表 3-5 所示。

表 3-5　to_excel()方法的常用参数及其说明

参数名称	参数说明
excel_writer	接收 str。表示文件路径。无默认值
sheet_name	接收 str。表示要写入的工作表。默认为 Sheet1
na_rep	接收 str。表示缺失值。默认为空字符串
columns	接收 str 或 sequence 型 list。表示写出的列名。默认为 None
header	接收 bool 或 str 型 list。表示是否将列名写出。默认为 True
index	接收 bool。表示是否将行名（索引）写出。默认为 True
index_label	接收 sequence 或 str。表示索引。默认为 None

使用 to_excel()方法将工业制品销售数据表写入 Excel 文件，如代码 3-5 所示。

代码 3-5　使用 to_excel()方法将工业制品销售数据表写入 Excel 文件

```
In[8]:   print('将工业制品销售数据表写入 Excel 文件前，目录内的文件列表：\n',
             os.listdir('../tmp'))
         salesdata.to_excel('../tmp/salesdata.xlsx')
         print('将工业制品销售数据表写入 Excel 文件后，目录内的文件列表：\n',
             os.listdir('../tmp'))
```

```
Out[8]:  将工业制品销售数据表写入 Excel 文件前，目录内的文件列表：
         ['salesdataInfo.csv']
         将工业制品销售数据表写入 Excel 文件后，目录内的文件列表：
         ['salesdata.xlsx', 'salesdataInfo.csv']
```

3.1.4　读/写数据库

在实际生产环境中，绝大多数的数据存储在数据库中。pandas 提供了读/写关系数据库数据的函数与方法。除了 pandas，还需要使用 SQLAlchemy 库建立对应的数据库连接。SQLAlchemy 是配合相应数据库的 Python 连接工具（如使用 MySQL 数据库时需要安装 mysqlclient 或 pymysql 库，使用 Oracle 数据库时需要安装 cx_oracle 库），使用 create_engine 函数建立数据库连接。pandas 支持 MySQL、PostgreSQL、Oracle、SQL Server 和 SQLite 等主流数据库。下面以 MySQL 数据库为例，介绍使用 pandas 对数据库数据进行读/写的方法。

1.　读取数据库

pandas 可实现对数据库的读取，但前提是在进行读取操作前已安装数据库，并且数据库可以正常打开与使用。对数据库数据的读取可使用 3 种函数实现，分别是 read_sql_query 函数、read_sql_table 函数和 read_sql 函数。read_sql_query 函数只能实现查询操作，不能直接读取数据库中的某个表。read_sql_table 函数只能读取数据库中的某个表格，不能实现查询操作。read_sql 函数是两者的综合，既能够读取数据库中的某个表，也能够实现查询操作。这 3 个函数的基本使用格式如下。

```
pandas.read_sql_query(sql, con, index_col=None, coerce_float=True, params=None,
parse_dates=None, chunksize=None, dtype=None, dtype_backend=_NoDefault.no_default)

pandas.read_sql_table(table_name, con, schema=None, index_col=None, coerce_float=
True, parse_dates=None, columns=None, chunksize=None, dtype_backend=_NoDefault.
no_default)
```

```
pandas.read_sql( sql, con, index_col=None, coerce_float=True, params=None,
parse_dates=None, columns=None, chunksize=None, dtype_backend=_NoDefault.
no_default, dtype=None)
```

pandas 的 3 个数据库数据读取函数的参数几乎完全一致，唯一的区别在于传入的是语句还是表名。3 个函数的常用参数及其说明如表 3-6 所示。

表 3-6　read_sql_query、read_sql_table、read_sql 函数的常用参数及其说明

参数名称	参数说明
sql、table_name	接收 str。表示读取的数据的表名或 SQL 语句。无默认值
con	接收数据库连接或 str。表示数据库连接信息。无默认值
index_col	接收 str 或 str 型 list。表示将列设置为索引。默认为 None
coerce_float	接收 bool。表示是否将非字符串、非数字对象（如十进制数）的值转换为浮点数。默认为 True
columns	接收 list。表示要从 SQL 表中选择的列名列表。默认为 None

在读取数据库数据前，需要先创建数据库连接。Python 提供的 SQLAlchemy 的 create_engine 函数用于创建数据库连接，create_engine 函数的参数是一个连接字符串。使用 Python 的 SQLAlchemy 时，MySQL 和 Oracle 数据库的连接字符串的格式如下。

数据库产品名+连接工具名://用户名:密码@数据库 IP 地址:数据库端口号/数据库名称?charset=数据库数据编码格式

使用 SQLAlchemy 连接 MySQL 数据库，如代码 3-6 所示。

代码 3-6　使用 SQLAlchemy 连接 MySQL 数据库

```
In[9]:    from sqlalchemy import create_engine
          # 创建一个 MySQL 连接，用户名为 root，密码为 123456
          # IP 地址为 127.0.0.1，数据库名称为 testdb，编码格式为 UTF-8
          engine =
          create_engine('mysql+pymysql://root:123456@127.0.0.1:3306/testdb?ch
          arset=utf8')
          print(engine)

Out[9]:   Engine(mysql+pymysql://root:***@127.0.0.1:3306/testdb?charset=utf8)
```

注：操作时用户名、密码、IP 地址、数据库名称、编码格式需要以实际的为准，以确保操作的准确性和可靠性。

数据库连接创建完成后，可使用 read_sql_query、read_sql_table、read_sql 函数读取数据库中的数据，如代码 3-7 所示。

代码 3-7　使用 read_sql_query、read_sql_table、read_sql 函数读取数据库中的数据

```
In[10]:   # 使用 read_sql_query 函数查看 testdb 中的数据表清单
          salesdatalist = pd.read_sql_query('show tables', con=engine)
          print('testdb 数据库中的数据表清单: \n', salesdatalist)

Out[10]:  testdb 数据库中的数据表清单:
              Tables_in_testdb
          0        salesdata

In[11]:   # 使用 read_sql_table 函数读取工业制品销售数据表
          salesdata_df = pd.read_sql_table("salesdata",
                              con=engine)
```

```
print('使用 read_sql_table 函数读取工业制品销售数据表，表的长度:\n',
    len(salesdata_df))
```

Out[11]:　使用 read_sql_table 函数读取工业制品销售数据表，表的长度：
　　　　　1351

In[12]:
```
# 使用 read_sql 函数读取工业制品销售数据表
salesdata = pd.read_sql("SELECT * FROM salesdata;", con=engine)
print('使用 read_sql 函数读取工业制品销售数据表，表的长度:\n',
    len(salesdata))
```

Out[12]:　使用 read_sql 函数读取工业制品销售数据表，表的长度：
　　　　　1351

2. 写入数据库

将 DataFrame 写入数据库时，同样要使用 SQLAlchemy 的 create_engine 函数创建数据库连接。数据库数据的读取函数有 3 个，但写入数据时只有一个 to_sql() 方法。to_sql() 方法的基本使用格式如下。

```
DataFrame.to_sql(name, con, schema=None, if_exists='fail', index=True,
index_label=None, chunksize=None, dtype=None, method=None)
```

to_sql() 方法的常用参数及其说明如表 3-7 所示。

表 3-7　to_sql() 方法的常用参数及其说明

参数名称	参数说明
name	接收 str。表示数据库的表名。无默认值
con	接收数据库连接。表示数据库连接信息。无默认值
if_exists	接收 str。表示对表进行操作的方式，可选 fail、replace、append。fail 表示如果表名存在，则不执行写入操作；replace 表示如果表名存在，则将原数据库表删除，再重新创建；append 表示在原数据库表的基础上追加数据。默认为 fail
index	接收 bool。表示是否将 DataFrame 索引写入列并使用 index_label 作为表中的列名。默认为 True
index_label	接收 str 或 sequence。表示索引列的列标签。如果没有给定（默认）且 index 的值为 True，那么使用索引。如果 DataFrame 使用多重索引，那么应该给出序列。默认为 None
dtype	接收 dict 或 scalar。表示指定列的数据类型。默认为 None

使用 to_sql() 方法写入数据，如代码 3-8 所示。

代码 3-8　使用 to_sql() 方法写入数据

In[13]:
```
# 使用 to_sql() 方法写入 salesdata 数据
salesdata.to_sql('test1', con=engine, index=False,
            if_exists='replace')
# 使用 read_sql_query 函数读取 testdb 数据库
formlist1 = pd.read_sql_query('show tables', con=engine)
print('新增一个表格后，testdb 数据库的数据表清单: \n', formlist1)
```

Out[13]:　新增一个表格后，testdb 数据库的数据表清单：
　　　　　　　Tables_in_testdb
　　　　0　　　salesdata
　　　　1　　　test1

3.2 DataFrame 的常用操作

DataFrame 是较为常用的 pandas 对象，类似于 Excel 表格。完成数据读取后，数据将以 DataFrame 数据结构存储在内存中。但此时并不能直接开始进行统计分析，而需要使用 DataFrame 的属性与方法对数据的分布、大小等基本状况进行了解。只有对数据基本状况有了深度的了解，才能够进行合理、正确的统计分析。

3.2.1 查看 DataFrame 的常用属性

DataFrame 的常用属性有 values、index、columns 和 dtypes，分别用于获取元素、索引、列名和数据类型。查看工业制品销售数据表的 4 个基本属性，如代码 3-9 所示。

代码 3-9　查看工业制品销售数据表的 4 个基本属性

```
In[1]:    import pandas as pd
          salesdata = pd.read_csv('../data/salesdata.csv', sep=',',
                          encoding='UTF-8')
          print('工业制品销售数据表的索引: ', salesdata.index)

Out[1]:   工业制品销售数据表的索引: RangeIndex(start=0, stop=1351, step=1)

In[2]:    print('工业制品销售数据表的所有值: \n', salesdata.values)

Out[2]:   工业制品销售数据表的所有值:
          [[10004328 '类别A' '2023/3/11 4:51' 3 147]
           [10000346 '类别A' '2023/3/9 4:16' 8 239]
           [10001192 '类别A' '2023/3/8 22:21' 4 53]
           ...
           [10004368 '类别B' '2023/10/12 16:06' 3 109]
           [10004116 '类别B' '2023/10/9 17:27' 3 116]
           [10000836 '类别B' '2023/9/24 15:31' 3 108]]

In[3]:    print('工业制品销售数据表的列名: \n', salesdata.columns)

Out[3]:   工业制品销售数据表的列名:
          Index(['商品ID', '商品类别', '订单时间', '销售量/个', '销售价格/元'],
          dtype='object')

In[4]:    print('工业制品销售数据表的数据类型: \n', salesdata.dtypes)

Out[4]:   工业制品销售数据表的数据类型:
          商品ID        int64
          商品类别        object
          订单时间        object
          销售量/个       int64
          销售价格/元      int64
          dtype: object
```

除了上述 4 个基本属性，还可以通过 size、ndim 和 shape 属性获取 DataFrame 的元素个数、维度和形状，如代码 3-10 所示。

代码 3-10　size、ndim 和 shape 属性的使用

```
In[5]:    # 查看 DataFrame 的元素个数、维度、形状
          print('工业制品销售数据表的元素个数: ', salesdata.size)
```

```
print('工业制品销售数据表的维度: ', salesdata.ndim)
print('工业制品销售数据表的形状: ', salesdata.shape)
```

Out[5]:　工业制品销售数据表的元素个数: 6755
　　　　工业制品销售数据表的维度: 2
　　　　工业制品销售数据表的形状: (1351, 5)

另外，T 属性能够实现 DataFrame 的转置（行、列的转换）。在某些特殊场景下，某些函数或方法只能作用于列或行，此时可尝试用转置来解决这一问题。使用 T 属性进行转置，如代码 3-11 所示。

代码 3-11　使用 T 属性进行转置

In[6]:
```
print('工业制品销售数据表转置前的形状: ', salesdata.shape)
print('工业制品销售数据表转置后的形状: ', salesdata.T.shape)
```

Out[6]:　工业制品销售数据表转置前的形状: (1351, 5)
　　　　工业制品销售数据表转置后的形状: (5, 1351)

3.2.2　查、改、增、删 DataFrame 数据

学习过数据库相关知识的读者应该知道，在数据库中较常使用的操作为查、改、增、删。DataFrame 作为二维数据结构，能够像数据表一样实现查、改、增、删操作，如添加一行、删除一行、添加一列、删除一列、修改某个值、对某个区间的值进行替换等。

1．查看 DataFrame 数据

除了可以使用基本的查看方式查看 DataFrame 数据，还可以通过 loc()方法和 iloc()方法查看 DataFrame 数据。

（1）DataFrame 数据的基本查看方式。

DataFrame 的一列数据为一个 Series。根据 DataFrame 的定义可知，DataFrame 是一个带有标签的二维数组，每个标签相当于每一列的名称。只要以字典查看内部数据的方式时使用对应的列名，即可实现对相应列数据的查看，如代码 3-12 所示。

代码 3-12　以字典查看内部数据的方式查看 DataFrame 某列数据

In[7]:
```
# 以字典查看内部数据的方式取出 salesdata 中的某一列
quantity = salesdata['销售量/个']
print('工业制品销售数据表中的"销售量/个"列的形状: ', quantity.shape)
```

Out[7]:　工业制品销售数据表中的"销售量/个"列的形状: (1351,)

当查看 DataFrame 中某一列的某几行数据时，DataFrame 的列可以视为一个 Series，而查看 Series 的方法和查看一维的 ndarray 的方法类似。查看 DataFrame 一列的多行数据，如代码 3-13 所示。

代码 3-13　访问 DataFrame 一列的多行数据

In[8]:
```
salesdata5 = salesdata['销售价格/元'][:5]
print('工业制品销售数据表中的"销售价格/元"列的前 5 行数据: \n',
    salesdata5)
```

```
Out[8]:    工业制品销售数据表中的"销售价格/元"列的前5行数据：
           0    147
           1    239
           2     53
           3     43
           4     13
           Name: 销售价格/元, dtype: int64
```

查看 DataFrame 多列数据时可以将多个列名放入同一个列表。查看 DataFrame 多列数据中的多行数据和查看一列数据的多行数据的方法基本相同。查看工业制品销售数据表中"销售量/个"列和"销售价格/元"列的前5行数据，如代码3-14所示。

代码 3-14　查看 DataFrame 多列的多行数据

```
In[9]:    quantity_sales = salesdata[['销售量/个', '销售价格/元']][:5]
          print('工业制品销售数据表中的"销售价格/元"列和"销售价格/元"列的前5行数据：
          \n', quantity_sales)

Out[9]:   工业制品销售数据表中的"销售价格/元"列和"销售价格/元"列的前5行数据：
                  销售量/个   销售价格/元
          0       3         147
          1       8         239
          2       4          53
          3       3          43
          4       1          13
```

如果只需要查看 DataFrame 的某几行数据，那么实现方式和上述查看多列的多行数据的方式相似，选择所有列，并使用":"即可，如代码3-15所示。

代码 3-15　查看 DataFrame 的多行数据

```
In[10]:   salesdata5 = salesdata[:][1:6]
          print('工业制品销售数据表的第1~5行数据：\n', salesdata5)

Out[10]:  工业制品销售数据表的第1~5行数据：
                商品ID      商品类别      订单时间           销售量/个   销售价格/元
          1    10000346    类别A    2023/3/9 4:16       8         239
          2    10001192    类别A    2023/3/8 22:21      4          53
          3    10003708    类别A    2023/2/25 1:22      3          43
          4    10002570    类别A    2023/2/21 18:47     1          13
          5    10002738    类别A    2023/2/18 19:48     2          16
```

除了可以使用上述方法得到多行数据，使用 DataFrame 提供的 head()和 tail()方法也可以得到多行数据，但是用这两种方法得到的数据都是从开头或末尾获取的连续数据，如代码3-16所示。

代码 3-16　使用 DataFrame 的 head()方法和 tail()方法获取多行数据

```
In[11]:   print('工业制品销售数据表中前5行数据：\n', salesdata.head())

Out[11]:  工业制品销售数据表中前5行数据：
                商品ID      商品类别      订单时间           销售量/个   销售价格/元
          0    10004328    类别A    2023/3/11 4:51     3         147
          1    10000346    类别A    2023/3/9 4:16      8         239
          2    10001192    类别A    2023/3/8 22:21     4          53
```

3	10003708	类别 A	2023/2/25 1:22	3	43
4	10002570	类别 A	2023/2/21 18:47	1	13

In[12]: `print('工业制品销售数据表中后 5 行数据: \n', salesdata.tail())`

Out[12]:　工业制品销售数据表中后 5 行数据:

	商品 ID	商品类别	订单时间	销售量/个	销售价格/元
1346	10004017	类别 B	2023/12/8 3:10	11	359
1347	10003760	类别 B	2023/11/21 1:50	3	96
1348	10004368	类别 B	2023/10/12 16:06	3	109
1349	10004116	类别 B	2023/10/9 17:27	3	116
1350	10000836	类别 B	2023/9/24 15:31	3	108

在代码 3-16 中，因为 head()方法和 tail()方法使用的都是默认参数，所以查看的分别是前 5 行、后 5 行的数据。只要在方法后的 "()" 中输入查看行数，即可实现目标行数的查看。

（2）查看 DataFrame 数据的 loc()、iloc()方法。

pandas 提供了 loc()和 iloc()两种更加灵活的方法来实现数据的查看。

loc()方法是针对 DataFrame 索引名称的切片方法，如果传入的不是索引名称，那么切片操作将无法执行。利用 loc()方法能够实现对所有单层索引的切片操作。loc()方法的基本使用格式如下。

`DataFrame.loc[行名或条件, 列名]`

iloc()方法和 loc()方法的区别是，iloc()方法接收的必须是行索引和列索引的位置。iloc()方法的基本使用格式如下。

`DataFrame.iloc[行索引位置, 列索引位置]`

使用 loc()方法和 iloc()方法分别实现单列切片，如代码 3-17 所示。

代码 3-17　使用 loc()方法和 iloc()方法分别实现单列切片

In[13]:
```
sales1 = salesdata.loc[:, '销售价格/元']
print('使用 loc()方法提取 "销售价格/元" 列的 size 属性值: ', sales1.size)
```

Out[13]:　使用 loc()方法提取 "销售价格/元" 列的 size 属性值: 1351

In[14]:
```
sales2 = salesdata.iloc[:, 3]
print('使用 iloc()方法提取第 3 列的 size 属性值: ', sales2.size)
```

Out[14]:　使用 iloc()方法提取第 3 列的 size 属性值: 1351

还可以使用 loc()方法和 iloc()方法实现多列切片，其原理是将多列的名称或位置作为列表数据传入，如代码 3-18 所示。

代码 3-18　使用 loc()方法、iloc()方法分别实现多列切片

In[15]:
```
quantity_sales1 = salesdata.loc[:, ['销售量/个', '销售价格/元']]
print('使用 loc()方法提取 "销售价格/元" 列和 "销售价格/元" 列的 size 属性值: ',
quantity_sales1. size)
```

Out[15]:　使用 loc()方法提取 "销售价格/元" 列和 "销售价格/元" 列的 size 属性值: 2702

In[16]:
```
quantity_sales2 = salesdata.iloc[:, [1, 3]]
print('使用 iloc()方法提取第 1 列和第 3 列的 size 属性值: ',
        quantity_sales2.size)
```

Out[16]:	使用 iloc() 方法提取第 1 列和第 3 列的 size 属性值：2702

使用 loc() 方法、iloc() 方法可以取出 DataFrame 中的任意数据，即任意切片，如代码 3-19 所示。

代码 3-19　使用 loc() 方法、iloc() 方法分别实现任意切片

| In[17]: | ```print('列名为"销售量/个"和"销售价格/元"且行名为 3 的数据：\n',
    salesdata.loc[3, ['销售量/个', '销售价格/元']])``` |
|---|---|
| Out[17]: | 列名为"销售量/个"和"销售价格/元"且行名为 3 的数据：
　销售量/个　　　3
销售价格/元　　43
Name: 3, dtype: object |
| In[18]: | ```print('列名为"销售量/个"和"销售价格/元"且行名为 2、3、4、5、6 的数据：\n',salesdata.loc[2: 6, ['销售量/个', '销售价格/元']])``` |
| Out[18]: | 列名为"销售量/个"和"销售价格/元"且行名为 2、3、4、5、6 的数据：
　　销售量/个　销售价格/元
2　　　4　　　　　53
3　　　3　　　　　43
4　　　1　　　　　13
5　　　2　　　　　16
6　　　2　　　　　14 |
| In[19]: | ```print('列索引位置为 1 和 3，行位置为 3 的数据：\n',
    salesdata.iloc[3, [1, 3]])``` |
| Out[19]: | 列索引位置为 1 和 3，行位置为 3 的数据：
　商品类别　　　类别 A
销售量（个）　　　3
Name: 3, dtype: object |
| In[20] | ```print('列索引位置为 1 和 3，行位置为 2、3、4、5、6 的数据：\n',
    salesdata.iloc[2: 7, [1, 3]])``` |
| Out[20]: | 列索引位置为 1 和 3，行位置为 2、3、4、5、6 的数据：
　商品类别　销售量/个
2　类别 A　　　4
3　类别 A　　　3
4　类别 A　　　1
5　类别 A　　　2
6　类别 A　　　2 |

从代码 3-19 可以看出，在使用 loc() 方法的时候，如果内部传入的行索引名称为区间，那么前后均为闭区间；使用 iloc() 方法时，如果内部传入的行索引位置或列索引位置为区间，那么为前闭后开区间。

还可以向 loc() 方法传入表达式，将返回满足表达式的所有值，即实现条件切片，如代码 3-20 所示。

代码 3-20　使用 loc() 方法和 iloc() 方法分别实现条件切片

| In[21]: | ```# 传入表达式
print('salesdata 中"商品 ID"列值为"10000019"的"销售价格/元"列和"销售价``` |
|---|---|

```
                格/元"列的数据：\n',
                    salesdata.loc[salesdata['商品 ID'] == 10000019,
                ['销售量/个', '销售价格/元']])
```

Out[21]: salesdata 中"商品 ID"列值为"10000019"的"销售价格/元"列和"销售价格/元"
列的数据：

	销售量/个	销售价格/元
815	2	25
997	3	38

```
In[22]:  print('salesdata 中"商品 ID"列值为"10000019"的第 3、4 列数据：\n',
                salesdata.iloc[salesdata['商品 ID'] == '10000019', [3, 4]])
```

Out[22]: NotImplementedError: iLocation based bool indexing on an integer type
is not available

注：此处部分结果已省略。

此处的 iloc()方法不能直接接收表达式。原因在于，此处条件表达式返回的是布尔型
Series，而 iloc()方法可以接收的数据类型并不包括 Series。根据 Series 的构成，只需要取出
该 Series 的 values 即可，如代码 3-21 所示。

代码 3-21　使用 iloc()方法实现条件切片

```
In[23]:  print('salesdata 中"商品 ID"列值为"10000019"的第 3、4 列数据：\n',
                salesdata.iloc[(salesdata['商品 ID'] == 10000019).values,
                [3, 4]])
```

Out[23]: salesdata 中"商品 ID"列值为"10000019"的第 3、4 列数据：

	销售量/个	销售价格/元
815	2	25
997	3	38

总体来说，loc()方法更加灵活多变，代码的可读性更高；iloc()方法的代码简洁，但可读性
不高。在数据分析工作中具体使用哪一种方法应根据情况而定，大多数时候建议使用 loc()方法。

2. 更改 DataFrame 中的数据

更改 DataFrame 中的数据的原理是将其中的部分数据提取出来，然后为其重新赋值，
如代码 3-22 所示。

代码 3-22　更改 DataFrame 中的数据

```
In[24]:  # 将"商品类别"列值为"类别 B"的数据更改为"类别 C"
         print('更改前 salesdata 中"商品类别"列值为"类别 B"的数据：\n',
                salesdata.loc[salesdata['商品类别'] == '类别 B', '商品类别'])
         salesdata.loc[salesdata['商品类别'] == '类别 B', '商品类别']='类别 C'
         print('更改后 salesdata 中"商品类别"列值为"类别 C"的数据：\n',
                salesdata.loc[salesdata['商品类别'] == '类别 C', '商品类别'])
```

Out[24]: 更改前 salesdata 中"商品类别"列值为"类别 B"的数据：

627	类别 B
628	类别 B
...	
1349	类别 B
1350	类别 B

```
Name: 商品类别, Length: 724, dtype: object
更改后 salesdata 中 "商品类别" 列值为 "类别 C" 的数据:
627      类别 C
628      类别 C
         ...
1349     类别 C
1350     类别 C
Name: 商品类别, Length: 724, dtype: object
```

注：此处部分结果已省略。

需要注意的是，数据更改是直接对 DataFrame 原数据进行更改，该操作无法撤销。如果不希望直接对原数据做出更改，那么需要对更改条件进行确认或对数据进行备份。

3. 为 DataFrame 新增数据

为 DataFrame 新增一列数据的方法非常简单，只需要新建一个列索引，并对该索引下的数据进行赋值操作即可，如代码 3-23 所示。

代码 3-23　为 DataFrame 新增一列非定值

```
In[25]:    # 转换为时间序列数据
           dates = pd.to_datetime(salesdata['订单时间'])
           # 建立 "月份" 列
           salesdata['月份'] = dates.map(lambda x: x.month)
           # 查看前 5 行数据
           print('salesdata 新增 "月份" 列的前 5 行数据:\n', salesdata['月份'].head())

Out[25]:   salesdata 新增 "月份" 列的前 5 行数据:
           0    3
           1    3
           2    3
           3    2
           4    2
           Name: 月份, dtype: int64
```

如果新增的一列值是相同的，那么直接为其赋予一个常量即可，如代码 3-24 所示。

代码 3-24　为 DataFrame 新增一列定值

```
In[26]:    salesdata['日'] = 15
           print('salesdata 新增 "日" 列的前 5 行数据: \n', salesdata['日'].head())

Out[26]:   salesdata 新增 "日" 列的前 5 行数据:
           0    15
           1    15
           2    15
           3    15
           4    15
           Name: 日, dtype: int64
```

4. 删除某列或某行数据

删除某列或某行数据需要用到 pandas 提供的 drop() 方法。drop() 方法的基本使用格式如下。

```
DataFrame.drop(labels=None, *, axis=0, index=None, columns=None, level=None,
inplace=False, errors='raise')
```

drop() 方法的常用参数及其说明如表 3-8 所示。

表 3-8　drop()方法的常用参数及其说明

参数名称	参数说明
labels	接收单一标签。表示要删除的列或行的索引。默认为 None
axis	接收 0 或 1。表示操作的轴。默认为 0
inplace	接收 bool。表示操作是否对原数据生效。默认为 False

使用 drop()方法删除工业制品销售数据表中的某列数据，如代码 3-25 所示。

代码 3-25　删除工业制品销售数据表中的某列数据

```
In[27]:    print('删除"日"列前 salesdata 的列索引: \n', salesdata.columns)
           salesdata.drop(labels='日', axis=1, inplace=True)
           print('删除"日"列后 salesdata 的列索引: \n', salesdata.columns)

Out[27]:   删除"日"列前 salesdata 的列索引:
            Index(['商品 ID', '商品类别', '订单时间', '销售量/个', '销售价格/元', '月
           份', '日'], dtype='object')
           删除"日"列后 salesdata 的列索引:
            Index(['商品 ID', '商品类别', '订单时间', '销售量/个', '销售价格/元', '月
           份'], dtype='object')
```

要删除某几行数据，只需要将 drop()方法的 labels 参数换成对应的行索引，将 axis 参数设置为 0 即可，如代码 3-26 所示。

代码 3-26　删除 DataFrame 的某几行数据

```
In[28]:    print('删除第 1～3 行前 salesdata 的长度: ', len(salesdata))
           salesdata.drop(labels=range(1, 4), axis=0, inplace=True)
           print('删除第 1～3 行后 salesdata 的长度: ', len(salesdata))

Out[28]:   删除第 1～3 行前 salesdata 的长度: 1351
           删除第 1～3 行后 salesdata 的长度: 1348
```

3.2.3　描述分析 DataFrame 数据

描述性统计是用于概括、表述事物整体状况，以及事物间关联、类属关系的统计方法，通过几个统计值可简洁地表示一组数据的集中趋势和离散程度等。

1. 数值型特征的描述性统计

数值型特征的描述性统计主要包括计算数值型数据的最小值、均值、中位数、最大值、四分位数、极差、标准差、方差、协方差和变异系数等。

NumPy 提供了不少统计函数，为方便读者查看，将 NumPy 简写为 np，部分描述性统计函数如表 3-9 所示。

表 3-9　NumPy 中的部分描述性统计函数

函数名称	函数说明	函数名称	函数说明
np.min	计算最小值	np.max	计算最大值
np.mean	计算均值	np.ptp	计算极差
np.median	计算中位数	np.std	计算标准差
np.var	计算方差	np.cov	计算协方差

pandas 是基于 NumPy 的，因此也可以使用表 3-9 中的统计函数对数据进行描述性统计。代码 3-27 通过 np.mean 函数求出了销售价格的均值。

代码 3-27　使用 np.mean 函数计算均值

```
In[29]:   import numpy as np
          print('工业制品销售数据表中"销售价格/元"的均值：',
              np.mean(salesdata['销售价格/元']))

Out[29]:  工业制品销售数据表中"销售价格/元"的均值：82.16765578635015
```

同时，pandas 还提供了更加便利的方法来进行数值型数据的统计。例如，计算销售价格的均值也可以通过 pandas 实现，具体实现如代码 3-28 所示。

代码 3-28　通过 pandas 计算销售价格均值

```
In[30]:   print('工业制品销售数据表中"销售价格/元"的均值：',
              salesdata['销售价格/元'].mean())

Out[30]:  工业制品销售数据表中"销售价格/元"的均值：82.16765578635015
```

作为专门为数据分析而生的 Python 库，pandas 还提供了一个 describe() 方法，能够一次性得出 DataFrame 中所有数值型特征的非缺失值数量、均值、标准差、最小值、分位数和最大值等。具体实现代码和结果如代码 3-29 所示。

代码 3-29　使用 describe() 方法实现数值型特征的描述性统计

```
In[31]:   print('工业制品销售数据表中"销售价格/元"的描述性统计：\n',
              salesdata['销售价格/元'].describe())

Out[31]:  工业制品销售数据表中"销售价格/元"的描述性统计：
          count    1348.000000
          mean       82.167656
          std        89.525633
          min         4.000000
          25%        26.000000
          50%        51.000000
          75%       104.000000
          max       846.000000
          Name: 销售价格/元, dtype: float64
```

使用 describe() 方法对 DataFrame 进行描述性统计，比起用 np.mean 函数对每一个统计量分别进行计算无疑要方便很多，也非常实用。pandas 还提供了与描述性统计相关的函数，如表 3-10 所示，这些函数能够胜任绝大多数数据分析所需要的数值型特征的描述性统计工作。

表 3-10　pandas 的描述性统计函数

函数名称	函数说明	函数名称	函数说明
min	计算最小值	ptp	计算极差
mean	计算均值	std	计算标准差
median	计算中位数	cov	计算协方差
var	计算方差	mode	计算众数

函数名称	函数说明	函数名称	函数说明
sem	计算标准误差	kurt	计算样本峰度
skew	计算样本偏度	count	计算非缺失值数量
quantile	计算分位数	mad	计算平均绝对离差
max	计算最大值		

2. 类别型特征的描述性统计

描述类别型特征的分布状况可以使用频数统计。在 pandas 中实现频数统计的方法为 value_counts()。对商品类别进行频数统计，如代码 3-30 所示。

代码 3-30　对商品类别进行频数统计

```
In[32]:   print('对工业制品销售数据表"商品类别"列进行频数统计的结果：\n',
              salesdata['商品类别'].value_counts())

Out[32]:  对工业制品销售数据表"商品类别"列进行频数统计的结果：
          商品类别
          类别C    724
          类别A    624
          Name: count, dtype: int64
```

除了可以使用 value_counts()方法进行频数统计，pandas 还提供了 category 类型，用户可以使用 astype()方法将目标特征的数据转换为 category 类型，如代码 3-31 所示。

代码 3-31　将数据转换为 category 类型

```
In[33]:   salesdata['商品类别'] = salesdata['商品类别'].astype('category')
          print('工业制品销售数据表"商品类别"列数据转换后的类型：',
              salesdata['商品类别'].dtypes)

Out[33]:  工业制品销售数据表"商品类别"列数据转换后的类型：category
```

describe()方法除了支持传统的数值型数据，还支持对 category 类型的数据进行描述性统计，得到的 4 个统计量分别为列非空元素的数目、类别的数目、数目最多的类别和数目最多的类别的数目，如代码 3-32 所示。

代码 3-32　对 category 类型的数据进行描述性统计

```
In[34]:   print('工业制品销售数据表"商品类别"列的描述性统计结果：\n',
              salesdata['商品类别'].describe())

Out[34]:  工业制品销售数据表"商品类别"列的描述性统计结果：
          count      1348
          unique        2
          top        类别C
          freq        724
          Name: 商品类别, dtype: object
```

3.3 转换与处理时间序列数据

数据分析的对象不限于数值型和类别型两种，还包括时间类型。通过时间类型数据能够获取对应的年、月、日和星期等信息。但时间类型数据在读入 Python 后常常以字符串形式出现，无法对其直接进行与时间相关的大部分分析。pandas 继承了 NumPy 的 datetime64 模块和 timedelta64 模块，能够快速地进行时间字符串的转换、信息提取和时间运算等操作。

3.3.1 转换时间字符串为标准时间

在多数情况下，对时间类型数据进行分析的前提是将时间字符串转换为标准时间。pandas 继承了 NumPy 和 datetime 库与时间相关的模块，提供了 6 种与时间相关的类，如表 3-11 所示。

表 3-11 pandas 中与时间相关的类

类名称	说明
Timestamp	基础的时间类，表示某个时间点。绝大多数场景中的时间数据都是 Timestamp 类型
Period	表示某个时间段，如某一天、某一小时等
Timedelta	表示不同单位的时间，如 1d、1.5h、3min、4s 等，而非具体的某个时间段
DatetimeIndex	由 Timestamp 对象构成的索引，可以作为 Series 或 DataFrame 的索引
PeriodIndex	由 Period 对象构成的索引，可以作为 Series 或 DataFrame 的索引
TimedeltaIndex	由 Timedelta 对象构成的索引，可以作为 Series 或 DataFrame 的索引

其中，Timestamp 是时间类中较为基础的，也是较为常用的。在多数情况下，时间相关的字符串会被转换成 Timestamp 类型，可以通过 pandas 提供的 to_datetime 函数实现这一目标。to_datetime 函数的基本使用格式如下。

```
pandas.to_datetime(arg, errors='raise', dayfirst=False, yearfirst=False, utc=False,
format=None, exact=_NoDefault.no_default, unit=None, infer_datetime_format=
_NoDefault.no_default, origin='unix', cache=True)
```

to_datetime 函数的常用参数及其说明如表 3-12 所示。

表 3-12 to_datetime 函数的常用参数及其说明

参数名称	参数说明
arg	接收 str、int、float、list、tuple、datetime 或 array。表示需要转换的时间对象。无默认值
errors	接收 ignore、raise、coerce。表示无效解析。默认为 raise
dayfirst，yearfirst	接收 bool。表示指定日期的解析顺序。默认为 False

将工业制品销售数据表中的订单时间字符串转换为标准时间，如代码 3-33 所示。

代码 3-33 转换时间字符串为标准时间

```
In[1]:    import pandas as pd
          salesdata = pd.read_excel('../data/salesdata.xlsx')
```

```
# 使用 to_datetime 函数将"订单时间"列的数据转换成标准时间类型
salesdata['订单时间'] = pd.to_datetime(salesdata['订单时间'])
print('转换后"订单时间"列的类型: ', salesdata['订单时间'].dtypes)
```

Out[1]:　转换后"订单时间"列的类型: datetime64[ns]

值得注意的是，Timestamp 类型的时间是有限制的，最早只能够表示至 1677 年 9 月 21 日，最晚只能表示至 2262 年 4 月 11 日，如代码 3-34 所示。

代码 3-34　查询 Timestamp 的最早时间和最晚时间

In[2]:
```
print('最早时间: ', pd.Timestamp.min)  # 查询计算机中 Timestamp 能表示的最
早时间
```

Out[2]:　最早时间: 1677-09-21 00:12:43.145224193

In[3]:
```
print('最晚时间: ', pd.Timestamp.max)  # 查询计算机中 Timestamp 能表示的最
晚时间
```

Out[3]:　最晚时间: 2262-04-11 23:47:16.854775807

除了可以将数据从原始 DataFrame 直接转换为 Timestamp 类型，还可以将数据单独提取出来，将其转换为 DatetimeIndex 类型或 PeriodIndex 类型。DatetimeIndex 和 PeriodIndex 在日常使用的过程中并无太大区别。DatetimeIndex 是用于指代一系列时间点的数据结构，而 PeriodIndex 则是用于指代一系列时间段的数据结构。DatetimeIndex 类与 PeriodIndex 类的基本使用格式如下。

```
class pandas.DatetimeIndex(data=None, freq=_NoDefault.no_default, tz=_NoDefault.
no_default, normalize=_NoDefault.no_default, closed=_NoDefault.no_default,
ambiguous='raise', dayfirst=False, yearfirst=False, dtype=None, copy=False,
name=None)
```

```
class pandas.PeriodIndex(data=None, ordinal=None, freq=None, dtype=None,
copy=False, name=None, **fields)
```

DatetimeIndex 与 PeriodIndex 这两个类可以用于转换数据，还可以用于创建时间序列数据，它们的常用参数及其说明如表 3-13、表 3-14 所示。

表 3-13　DatetimeIndex 类的常用参数及其说明

参数名称	参数说明
data	接收数组。表示用可选的类似时间的数据来构造索引。默认为 None
freq	接收 str。表示 pandas 周期字符串或相应的对象。无默认值
tz	接收时区或 str。表示设置数据的时区。默认为 None
dtype	接收 Numpy.dtype、DatetimeTZDtype 或 str。表示数据类型。默认为 None

表 3-14　PeriodIndex 类的常用参数及其说明

参数名称	参数说明
data	接收类数组。表示用可选的类似周期的数据来构造索引。默认为 None
freq	接收 str。表示 pandas 周期字符串或相应的对象。默认为 None
dtype	接收 str 或 PeriodDtype。表示数据类型。默认为 None

将数据类型转换为 PeriodIndex 类型时，需要通过 freq 参数指定时间间隔，常用的时间间隔参数值有 Y（年）、M（月）、D（日）、H（小时）、T（分钟）、S（秒）。

将时间字符串转换为 DatetimeIndex 和 PeriodIndex 类型，如代码 3-35 所示。

代码 3-35　将时间字符串转换为 DatetimeIndex 和 PeriodIndex 类型

In[4]:	```
	# 将 "订单时间" 列的数据转换成 DatetimeIndex 类型
	dateIndex = pd.DatetimeIndex(salesdata['订单时间'])
	print('转换为 DatetimeIndex 类型后，数据的类型：\n', type(dateIndex))
	``

Out[4]:	转换为 DatetimeIndex 类型后，数据的类型： 　　<class 'pandas.core.indexes.datetimes.DatetimeIndex'>

In[5]:	```
	# 将 "订单时间" 列的数据转换成 PeriodIndex 类型
	periodIndex = pd.PeriodIndex(salesdata['订单时间'], freq='S')
	print('转换为 PeriodIndex 类型后，数据的类型：\n', type(periodIndex))
	``

Out[5]:	转换为 PeriodIndex 类型后，数据的类型： 　　<class 'pandas.core.indexes.period.PeriodIndex'>

Period 类用于表示时间上的一个区间或周期，如月份、季度、年份等时间间隔。Period 比 Timestamp 更适于表示一段时间，而不仅仅表示时间点。

3.3.2　提取时间序列数据

在多数与时间相关的数据处理、统计分析过程中，都需要提取时间中的年份、月份等数据。使用对应的 Timestamp 类属性就能够实现这一目的，其常用属性及说明如表 3-15 所示。

表 3-15　Timestamp 类的常用属性及说明

属性名称	属性说明	属性名称	属性说明
year	年	week	周数
month	月	quarter	季度
day	日	weekofyear	周数
hour	小时	dayofyear	一年中的第几天
minute	分钟	dayofweek	一周中的第几天
second	秒	weekday	星期
date	日期	is_leap_year	是否为闰年
time	时间		

结合 Python 列表推导式（能够快速生成一个满足指定需求的列表，其语法格式为[表达式 for 迭代变量 in 序列/可迭代对象[if 条件表达式]]），可以实现对 DataFrame 某一列时间信息数据的提取。对工业制品销售数据表中订单时间的年份、月份、日期进行提取，如代码 3-36 所示。

代码 3-36　提取数据中的年、月、日

In[6]:	```
	# 结合列表推导式，提取 "订单时间" 列中的年份数据
	year1 = [i.year for i in salesdata['订单时间']]
	print(' "订单时间" 列中的前 5 个年份数据: ', year1[:5])
	``

```
# 结合列表推导式，提取 "订单时间" 列中的月份数据
month1 = [i.month for i in salesdata['订单时间']]
print(' "订单时间" 列中的前 5 个月份数据: ', month1[:5])
# 结合列表推导式，提取 "订单时间" 列中的日期数据
day1 = [i.day for i in salesdata['订单时间']]
print(' "订单时间" 列中的前 5 个日期数据: ', day1[:5])
```

Out[6]:　"订单时间" 列中的前 5 个年份数据: [2023, 2023, 2023, 2023, 2023]
　　　　　"订单时间" 列中的前 5 个月份数据: [3, 3, 3, 2, 2]
　　　　　"订单时间" 列中的前 5 个日期数据: [11, 9, 8, 25, 21]

在 DatetimeIndex 和 PeriodIndex 中提取对应信息的方法更加简单，通过访问类属性即可实现，如代码 3-37 所示。

代码 3-37　提取 DatetimeIndex 和 PeriodIndex 中的数据

In[7]:
```
# 提取 DatetimeIndex 中的前 5 个星期数据
print('DatetimeIndex 中的前 5 个星期数据: \n', dateIndex.weekday[:5])
# 提取 PeriodIndex 中的前 5 个星期数据
print('PeriodIndex 中的前 5 个星期数据: \n', periodIndex.weekday[:5])
```

Out[7]:　DatetimeIndex 中的前 5 个星期数据:
　　　　　Index([5, 3, 2, 5, 1], dtype='int32', name='订单时间')
　　　　　PeriodIndex 中的前 5 个星期数据:
　　　　　Index([5, 3, 2, 5, 1], dtype='int64', name='订单时间')

3.3.3　时间数据的算术运算

时间数据的算术运算在现实中随处可见，例如，2020 年 1 月 1 日减一天就是 2019 年 12 月 31 日。pandas 的时间数据和现实生活中的时间数据一样可以进行运算，运算时涉及 pandas 的 Timedelta 类。

Timedelta 是时间相关类中的一个 "异类"，不仅能够使用正数，还能够使用负数表示时间差值，如 weeks=1、days=-2 等。使用 Timedelta 类，配合常规的时间相关类能够轻松实现时间数据的算术运算。目前，在 Timedelta 类的时间周期中没有年和月，所有周期名称、对应单位及其说明如表 3-16 所示（注：表中单位采用程序定义的符号，与标准单位符号可能不一致）。

表 3-16　Timedelta 类的周期名称、对应单位及其说明

周期名称	单位	说明	周期名称	单位	说明
weeks	无	星期	seconds	s	秒
days	D	天	milliseconds	ms	毫秒
hours	h	小时	microseconds	μs	微秒
minutes	m	分	nanoseconds	ns	纳秒

使用 Timedelta 类可以很轻松地在某个时间上加减一段时间，使用 Timedelta 类进行时间数据的加运算，如代码 3-38 所示。

代码 3-38　使用 Timedelta 类进行时间数据的加运算

```
In[8]:    # 将"订单时间"数据向后"平移"一天
          time1 = salesdata['订单时间'] + pd.Timedelta(days=1)
          print('"订单时间"加上一天前，前 5 行数据：\n', salesdata['订单时间'][:5])
          print('"订单时间"加上一天后，前 5 行数据：\n', time1[:5])
```

```
Out[8]:   "订单时间"加上一天前，前 5 行数据：        "订单时间"加上一天后，前 5 行数据：
          0   2023-03-11 04:51:00              0   2023-03-12 04:51:00
          1   2023-03-09 04:16:00              1   2023-03-10 04:16:00
          2   2023-03-08 22:21:00              2   2023-03-09 22:21:00
          3   2023-02-25 01:22:00              3   2023-02-26 01:22:00
          4   2023-02-21 18:47:00              4   2023-02-22 18:47:00
          Name: 订单时间, dtype: datetime64[ns] Name: 订单时间, dtype: datetime64[ns]
```

注：由于代码运行结果篇幅过长，此处分两栏进行展示。

将两个时间数据相减可以得到一个 Timedelta 对象，如代码 3-39 所示。

代码 3-39　进行时间数据的减运算

```
In[9]:    # 将"订单时间"数据与指定的时间数据相减
          timeDelta = salesdata['订单时间'] - pd.to_datetime('2020-1-1')
          print('"订单时间"减去 2020 年 1 月 1 日 0 点 0 时 0 分后的数据：\n',
                timeDelta[:5])
          print('"订单时间"减去 2020 年 1 月 1 日 0 点 0 时 0 分后的数据类型：',
                timeDelta.dtypes)
```

```
Out[9]:   "订单时间"减去 2020 年 1 月 1 日 0 点 0 时 0 分后的数据：
          0   1165 days 04:51:00
          1   1163 days 04:16:00
          2   1162 days 22:21:00
          3   1151 days 01:22:00
          4   1147 days 18:47:00
          Name: 订单时间, dtype: timedelta64[ns]
          "订单时间"减去 2020 年 1 月 1 日 0 点 0 时 0 分后的数据类型：timedelta64[ns]
```

3.4　使用分组聚合
进行组内计算

3.4　使用分组聚合进行组内计算

　　依据某个或某几个特征对数据集进行分组，并对各组应用一个操作。聚合与转换都是数据分析的常用操作。pandas 提供了灵活、高效的 groupby()方法，配合 agg()方法或 apply()方法，能够实现分组聚合操作。分组聚合操作的原理示意如图 3-1 所示。

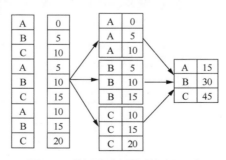

图 3-1　分组聚合操作的原理示意

3.4.1　使用 groupby()方法拆分数据

groupby()方法提供的是分组聚合操作中的拆分功能，能够根据索引或特征对数据进行分组，其基本使用格式如下。

```
DataFrame.groupby(by=None, axis=_NoDefault.no_default, level=None, as_index=True,
sort=True, group_keys=True, observed=_NoDefault.no_default, dropna=True)
```

groupby()方法的常用参数及其说明如表 3-17 所示。

表 3-17　groupby()方法的常用参数及其说明

参数名称	参数说明
by	接收 list、str、mapping、function 或 generator。表示分组的依据。若传入的是函数，则对索引进行计算并分组；若传入的是 dict 或 Series，则将 dict 或 Series 的值作为分组依据；若传入的是 NumPy 数组，则以数组的元素作为分组依据；若传入的是 str 或 str 型 list，则使用其所代表的特征作为分组依据。默认为 None
axis	接收 0 或 1。表示操作的轴。默认为 0
level	接收 int 或索引名。表示标签所在级别。默认为 None
as_index	接收 bool。表示聚合后的聚合标签是否以 DataFrame 形式输出。默认为 True
sort	接收 bool。表示是否对分组依据、分组标签进行排序。默认为 True
group_keys	接收 bool。表示是否显示分组标签的名称。默认为 True

以工业制品销售数据表为例，依据商品类别对数据进行分组，如代码 3-40 所示。

代码 3-40　依据工业制品销售数据表中的商品类别进行分组

```
In[1]:    import pandas as pd
          salesdata = pd.read_csv('../data/salesdata.csv', sep=',',
                          encoding='UTF-8')
          salesdataGroup = salesdata[['商品类别', '销售量/个',
                             '销售价格/元']]. groupby(by='商品类别')
          print('分组后的工业制品销售数据表:', salesdataGroup)

Out[1]:   分组后的工业制品销售数据表: <pandas.core.groupby.generic.DataFrameGroupBy
          object at 0x000001E4E90478D0>
```

从代码 3-40 可知，分组后的结果并不能直接查看，而是被存在内存中，输出的是内存地址。实际上，分组后的数据对象 DataFrameGroupBy（下称 GroupBy）类似于 Series 与 DataFrame，也是 pandas 提供的一种对象。GroupBy 对象常用的描述性统计方法及说明如表 3-18 所示。

表 3-18　GroupBy 常用的描述性统计方法及说明

方法名称	方法说明	方法名称	方法说明
count()	返回各组的计数值，不包括缺失值	cumcount()	使用 0~$n-1$ 对每个分组中的组员进行标记
head()	返回每组的前 n 个值	size()	返回每组的大小
max()	返回每组的最大值	min()	返回每组的最小值
mean()	返回每组的均值	std()	返回每组的标准差
median()	返回每组的中位数	sum()	返回每组的和

表 3-18 中的方法为查看每一组数据的整体情况、分布状态提供了良好的支持。对分组后的工业制品销售数据表求均值、标准差、每组的大小，如代码 3-41 所示。

代码 3-41　使用 GroupBy 对象的方法求均值、标准差、每组的大小

In[2]:	print('对工业制品销售数据表进行分组后每组的均值：\n', 　　　　salesdataGroup.mean())
Out[2]:	对工业制品销售数据表进行分组后每组的均值： 商品类别　　销售量/个　　销售价格/元 类别A　　3.547049　　64.830941 类别B　　3.214088　　97.303867
In[3]:	print('对工业制品销售数据表进行分组后每组的标准差：\n', 　　　　salesdataGroup.std())
Out[3]:	对工业制品销售数据表进行分组后每组的标准差： 商品类别　　销售量/个　　销售价格/元 类别A　　2.180132　　73.348593 类别B　　2.375479　　99.102160
In[4]:	print('对工业制品销售数据表进行分组后每组的大小：\n', 　　　　salesdataGroup.size())
Out[4]:	对工业制品销售数据表进行分组后每组的大小： 商品类别 类别A　　627 类别B　　724 dtype: int64

3.4.2　使用 agg()方法聚合数据

agg()方法和 aggregate()方法都支持对每个分组应用某些函数，包括 Python 内置函数或自定义函数。同时，这两个方法能够直接对 DataFrame 进行函数应用操作。DataFrame 的 agg()方法与 aggregate()方法的基本使用格式如下。

```
DataFrame.agg(func, axis=0, *args, **kwargs)
```

```
DataFrame.aggregate(func, axis=0, *args, **kwargs)
```

agg()方法和 aggregate()方法的常用参数及其说明如表 3-19 所示。

表 3-19　agg()方法和 aggregate()方法的常用参数及其说明

参数名称	参数说明
func	接收 list、dict、function 或 str。表示用于聚合数据的函数。无默认值
axis	接收 0 或 1。代表操作的轴。默认为 0

在正常使用过程中，agg()方法和 aggregate()方法对 DataFrame 对象进行的操作几乎完全相同，因此只需要掌握其中一个方法即可。以工业制品销售数据表为例，使用 agg()方法一次性求出商品的销售量、销售价格的总和与均值，如代码 3-42 所示。

代码 3-42　使用 agg()方法求出销售量、销售价格的总和与均值

```
In[5]:    import numpy as np
          print('工业制品销售量和销售价格的总和与均值: \n',
                salesdata[[ '销售量/个', '销售价格/元']].agg([np.sum, np.mean]))
```

```
Out[5]:   工业制品销售量和销售价格的总和与均值:
                      销售量/个          销售价格/元
          sum      4551.000000      111097.000000
          mean        3.368616          82.233161
```

在代码 3-42 中,使用求和与求均值的函数求出了销售量和销售价格两个特征的总和与均值。但在某些时候,对某个特征只需要进行求均值操作,而对另一个特征则只需要进行求和操作。此时需要使用字典将两个特征名分别作为键,然后将 NumPy 的求和函数与求均值函数的返回结果分别作为值,如代码 3-43 所示。

代码 3-43　使用 agg()方法求不同特征的不同统计量

```
In[6]:    print('工业制品销售数据表中各类别商品销售量的总和与销售价格的均值: \n',
                salesdata.agg({'销售量/个': np.sum, '销售价格/元': np.mean}))
```

```
Out[6]:   工业制品销售数据表中各类别商品销售量的总和与销售价格的均值:
          销售量/个      4551.000000
          销售价格/元       82.233161
          dtype: float64
```

有时需要求出一些特征的多个统计量和另一些特征的一个统计量,此时只需要将字典对应键的值转换为列表,将列表元素设置为多个特征的统计量即可,如代码 3-44 所示。

代码 3-44　使用 agg()方法求不同特征的不同数目的统计量

```
In[7]:    print('工业制品销售数据表中各类别商品销售量的总和与销售价格的均值及总和: \n',
                salesdata.agg({'销售量/个': np.sum,
                               '销售价格/元': [np.mean, np.sum]}))
```

```
Out[7]:   工业制品销售数据表中各类别商品销售量的总和与销售价格的均值及总和:
                      销售量/个          销售价格/元
          sum        4551.0          111097.000000
          mean         NaN              82.233161
```

不论是代码 3-42、代码 3-43,还是代码 3-44,agg()方法中使用的都是 NumPy 的统计函数。在 agg()方法中还可传入用户自定义的函数,如代码 3-45 所示。

代码 3-45　在 agg()方法中使用自定义函数

```
In[8]:    # 自定义函数, 对数据求和后乘 2
          def DoubleSum(data):
                  s = data.sum() * 2
                  return s
          print('对工业制品销售数据表的销售价格求和后乘2: \n',
                salesdata.agg({'销售价格/元': DoubleSum}, axis=0))
```

```
Out[8]:   对工业制品销售数据表的销售价格求和后乘2:
          销售价格/元      222194
          dtype: int64
```

此处 agg()方法中使用的是自定义函数，需要注意的是，NumPy 中的函数 np.mean、np.median、np.prod、np.sum、np.std 和 np.var 能够在 agg()方法中直接使用。但是在自定义函数中使用 NumPy 中的这些函数时，如果在计算的时候使用的是单个序列，那么无法得出想要的结果；而如果同时计算多列数据，就不会出现这种问题，如代码 3-46 所示。

代码 3-46　在 agg()方法中使用包含 NumPy 库中的函数的自定义函数

```
In[9]:      # 自定义函数，对数据求和后乘 2
            def DoubleSum1(data):
                s = np.sum(data) * 2
                return s
            print('对工业制品销售数据表的销售量求和后乘 2: \n',
                    salesdata.agg({'销售量/个': DoubleSum1}, axis=0).head())

Out[9]:     对工业制品销售数据表的销售量求和后乘 2:
               销售量/个
            0      6
            1     16
            2      8
            3      6
            4      2

In[10]:     print('分别对工业制品销售数据表的销售量与销售价格求和后乘 2: \n',
                    salesdata[['销售量/个', '销售价格/元']].agg(DoubleSum1))

Out[10]:    分别对工业制品销售数据表的销售量与销售价格求和后乘 2:
            销售量/个        9102
            销售价格/元     222194
            dtype: int64
```

较简单的对所有特征使用相同的描述性统计的方法已在表 3-18 中列出。使用 agg()方法也能够实现对每一个特征的每一组使用相同的函数，即简单聚合，如代码 3-47 所示。

代码 3-47　使用 agg()方法进行简单聚合

```
In[11]:     print('对工业制品销售数据表进行分组后，每组的均值: \n',
                    salesdataGroup.agg(np.mean))

Out[11]:    对工业制品销售数据表进行分组后，每组的均值:
            商品类别      销售量/个      销售价格/元
            类别 A     3.547049    64.830941
            类别 B     3.214088    97.303867

In[12]:     print('对工业制品销售数据表进行分组后，每组的标准差: \n',
                    salesdataGroup.agg(np.std))

Out[12]:    对工业制品销售数据表进行分组后，每组的标准差:
            商品类别      销售量/个      销售价格/元
            类别 A     2.180132    73.348593
            类别 B     2.375479    99.102160
```

若需要对不同的特征应用不同的函数，则与在 DataFrame 中使用 agg()方法的操作相同。使用 agg()方法对分组后的数据求各商品类别的数量和销售价格的均值，如代码 3-48 所示。

代码 3-48　使用 agg()方法对分组数据使用不同的聚合函数

```
In[13]:   print('对工业制品销售数据表进行分组后，各类别的数量和销售价格的均值：\n',
                salesdataGroup.agg({'数量':'count','销售价格/元':'mean'}))
```

Out[13]:　对工业制品销售数据表进行分组后，各类别的数量和销售价格的均值：

商品类别	数量	销售价格/元
类别 A	627	64.830941
类别 B	724	97.303867

3.4.3　使用 apply()方法聚合数据

apply()方法类似于 agg()方法，能够将函数应用于每一列或每一行。不同之处在于，apply()方法传入的函数只能够作用于整个 DataFrame 或 Series，而无法像 agg()方法那样能够对不同特征应用不同函数以获取不同的结果。apply()方法的基本使用格式如下。

```
DataFrame.apply(func, axis=0, raw=False, result_type=None, args=(),
by_row='compat', engine='python', engine_kwargs=None, **kwargs)
```

apply()方法的常用参数及其说明如表 3-20 所示。

表 3-20　apply()方法的常用参数及其说明

参数名称	参数说明
func	接收函数。表示应用于每行或每列的函数。无默认值
axis	接收 0 或 1。表示操作的轴。默认为 0
raw	接收 bool。表示是否直接将 ndarray 对象传递给函数。默认为 False

apply()方法的使用方式和 agg()方法的相同，使用 apply()方法对销售量和销售价格求均值，如代码 3-49 所示。

代码 3-49　使用 apply()方法对销售量和销售价格求均值

```
In[14]:   print('工业制品销售数据表的销售量和销售价格的均值：\n',
                salesdata[['销售量/个', '销售价格/元']].apply(np.mean))
```

Out[14]:　工业制品销售数据表的销售量和销售价格的均值：
　　　　　 销售量/个　　 3.368616
　　　　　 销售价格/元　 82.233161
　　　　　 dtype: float64

apply()方法对 GroupBy 对象进行聚合操作的方式和 agg()方法的也相同，只是 agg()方法能够实现对不同的特征应用不同的函数，而 apply()方法则不行，如代码 3-50 所示。

代码 3-50　使用 apply()方法进行聚合操作

```
In[15]:   print('对工业制品销售数据表进行分组后，每组的均值：','\n',
                salesdataGroup.apply(np.mean))
```

Out[15]:　对工业制品销售数据表进行分组后，每组的均值：
　　　　　 商品类别
　　　　　 类别 A　　 34.188995

```
            类别 B    50.258978
            dtype: float64
```

| In[16]: | `print('对工业制品销售数据表进行分组后，每组的标准差: ','\n',`
`    salesdataGroup.apply(np.std))` |

| Out[16]: | 对工业制品销售数据表进行分组后，每组的标准差: |

商品类别	销售量/个	销售价格/元
类别 A	2.178393	73.290078
类别 B	2.373838	99.033696

3.4.4 使用 transform()方法聚合数据

transform()方法能够对 DataFrame 的所有元素进行操作，其基本使用格式如下。

```
DataFrame.transform(func, axis=0, *args, **kwargs)
```

transform()方法的常用参数及其说明如表 3-21 所示。

表 3-21 transform()方法的常用参数及其说明

参数名称	参数说明
func	接收函数、str、类列表或类字典。表示用于转换的函数。无默认值
axis	接收 0 或'index'、1 或'columns'。代表操作的轴。默认为 0

使用 transform()方法使工业制品销售数据表中的销售量和销售价格翻倍，如代码 3-51 所示。

代码 3-51 使用 transform()方法使销售量和销售价格翻倍

| In[17]: | `print('工业制品销售数据表中销售量和销售价格的两倍: \n',`
`    salesdata[['销售量/个', '销售价格/元']].transform(`
`    lambda x: x * 2).head(5))` |

| Out[17]: | 工业制品销售数据表中销售量和销售价格的两倍: |

```
   销售量/个   销售价格/元
0      6        294
1     16        478
2      8        106
3      6         86
4      2         26
```

transform()方法还能够对 DataFrame 分组后的 GroupBy 对象进行操作，以实现组内离差标准化等操作，如代码 3-52 所示。

代码 3-52 使用 transform()方法实现组内离差标准化

| In[18]: | `print('对工业制品销售数据表进行分组并实现组内离差标准化后，前 5 行的数据: \n',`
`    salesdataGroup.transform(lambda x: (x.mean()`
`    - x.min()) / (x.max() - x.min())).head())` |

| Out[18]: | 对工业制品销售数据表进行分组并实现组内离差标准化后，前 5 行的数据: |

```
   销售量/个    销售价格/元
0   0.195927   0.150572
1   0.195927   0.150572
2   0.195927   0.150572
3   0.195927   0.150572
4   0.195927   0.150572
```

小结

本章主要介绍了 CSV 文件数据、Excel 文件数据和数据库数据这 3 种常用数据的读取与写入方式；阐述了 DataFrame 的常用属性，查、改、增、删方法与描述性统计的相关内容；介绍了时间数据的转换、信息提取与算术运算；最后还介绍了分组聚合方法 groupby() 的用法以及其他 3 种聚合方法。

实训

实训 1　读取并查看某地区房屋销售数据的基本信息

1. 训练要点

（1）掌握 CSV 文件数据的读取方法。

（2）掌握 DataFrame 的常用属性和方法。

（3）掌握 DataFrame 的索引和切片操作。

2. 需求说明

"居"是民生的重要组成部分，也是百姓幸福生活的重要保障。为了增进民生福祉、提高人民生活品质、对房地产市场进行精准调控，现需分析和统计某地区房屋销售数据。该地区房屋销售数据表中主要存放了房屋售出时间、地区邮编、房屋价格、房屋类型和配套房间数 5 个特征（即列名），部分数据如表 3-22 所示，其中房屋类型有 house（普通住宅）和 unit（单身公寓）两种。通过索引操作查询房屋类型为 unit 的数据，同时观察数据的整体分布情况并发现数据间的关联。注意，地区邮编特征已完成脱敏处理，因此只有 4 位数。

表 3-22　某地区房屋销售数据（部分）

房屋售出时间	地区邮编	房屋价格/元	房屋类型	配套房间数/间
2023/07/25	2603	380000	unit	1
2023/07/25	2612	475000	unit	2
2023/07/25	2900	500000	unit	3
2023/07/26	2912	464950	unit	2

3. 实现思路及步骤

（1）使用 read_csv 函数读取"某地区房屋销售数据.csv"文件。

（2）使用 ndim、shape、columns 属性分别查看数据的维度、形状，以及所有特征名称。

（3）使用 iloc() 方法、loc() 方法对房屋类型为 unit 的数据进行索引操作。

实训 2　提取房屋售出时间信息并描述房屋价格信息

1. 训练要点

（1）掌握时间字符串和标准时间的转换方法。

（2）掌握 pandas 的描述性统计方法。

2. 需求说明

本实训基于实训 1 的数据，"房屋售出时间"特征中存在时间数据，将时间数据转换为标准时间以提升数据的质量。此外，还通过描述性统计分析该地区房屋的平均价格、价格区间、价格众数等，以便进一步获取该地区房屋的价格信息。

3. 实现思路及步骤

（1）使用 to_datetime 函数将房屋售出时间字符串转换为标准时间。

（2）使用 mean、max、min、mode 函数分别计算该地区房屋价格的均值、最大值、最小值和众数；使用 quantile 函数计算该地区房屋价格的分位数。

（3）使用 describe()方法计算房屋价格数据的非缺失值数量、均值等统计量。

实训 3　使用分组聚合方法分析房屋销售情况

1. 训练要点

（1）掌握分组聚合的步骤。

（2）掌握 groupby()方法的使用方法。

（3）掌握 transform()、agg()、apply()聚合方法。

2. 需求说明

为了解买房者购买房屋的类型喜好，需要根据房屋所在的地理位置进行分组聚合，然后进行组内和组间分析，从而为买房者提供更好的服务。基于实训 1 的数据，提取地区邮编数据的前两位，如提取"2615"中的"26"，并生成 new_postcode 特征来存储提取的数据，以便统计不同地区的房屋价格以及房屋性价比。最后根据 new_postcode 特征对数据进行分组操作，从而获取不同地区的房屋价格信息并进行比较。

3. 实现思路及步骤

（1）使用 apply()方法生成 new_postcode 特征。

（2）使用 agg()方法和 count 函数计算出每个地区的房屋售出总数。

（3）使用 groupby()方法对房屋类型进行分组，并对 new_postcode 进行分组后赋值给新的 DataFrame "housesale1"。

（4）使用 transform()聚合方法和 mean 函数计算 "housesale1" 中房屋价格的均值。

课后习题

1. 选择题

（1）下列关于 pandas 支持的数据结构的说法错误的是（　　　）。

    A. pandas 只支持 Series 数据结构

    B. pandas 支持 Series 和 DataFrame

    C. DataFrame 可与带有标记轴（行和列）的二维数组一起使用

    D. Series 被定义为能够存储各种类型数据的一维数组

（2）下列关于 pandas 数据读/写的说法正确的是（　　　）。

    A.　read_csv 函数无法读取文本文档的数据

    B.　read_sql 函数能够读取所有数据库的数据

    C.　to_csv()方法能够将结构化数据写入 CSV 文件

    D.　to_csv()方法能够将结构化数据写入 Excel 文件

（3）下列关于 DataFrame 的常用属性的说法错误的是（　　　）。

    A.　values 可以获取元素　　　　　　　B.　index 可查看索引情况

    C.　column 可查看 DataFrame 的列名　　D.　dtypes 可查看各列的数据类型

（4）下列关于 pandas 基本操作的说法错误的是（　　　）。

    A.　drop()方法可以删除某列的数据

    B.　使用 describe()方法可以对 DataFrame 中的类别型特征进行描述性统计

    C.　在创建 DataFrame 的过程中可同时设置索引

    D.　在创建 DataFrame 后可设置索引

（5）以下不属于 GroupBy 对象常用的描述性统计方法的是（　　　）。

    A.　cumcount()　　　B.　crosstab()　　　　C.　median()　　　　D.　sum()

（6）下列关于 apply()方法的说法正确的是（　　　）。

    A.　apply()方法无法应用于分组操作

    B.　apply()方法的作用范围为 pandas 中的 Series 和 DataFrame

    C.　apply()方法中不能自定义函数

    D.　apply()方法只能对行、列进行操作

（7）下列关于分组聚合的说法错误的是（　　　）。

    A.　使用 pandas 的 groupby()方法进行分组时，只能根据索引对数据进行分组

    B.　pandas 分组聚合操作能够实现组内标准化

    C.　pandas 聚合时能够使用 agg()、apply()、transform()方法

    D.　pandas 分组方法只有一个 groupby()方法

2．操作题

随着我国经济的不断发展，大多数年轻人会前往一线城市谋求发展。我国省份人口数据表记录了部分省份的 2022 年人口数据和 2021 年人口数据，其中部分数据如表 3-23 所示。

表 3-23　我国部分省份人口数据

省份	2022 年人口/万人	2021 年人口/万人
河北省	7420	7448
山西省	3481	3480
辽宁省	4197	4229
吉林省	2348	2375

查询我国省份人口信息，对人口数据进行简单的统计描述，并统计所有省份的总人口数，具体操作步骤如下。

（1）读取"中国省份人口数据.csv"文件。

（2）查看"中国省份人口数据.csv"文件的维度、大小等信息。

（3）使用 describe() 方法对文件中的人口特征进行描述性统计。

（4）使用 sum 函数对文件中的人口特征求和并计算总人口增长数。

3．实践题

基于第 2 章实践题中的"新能源汽车销售数据.csv"文件，使用 pandas 计算加购率、下单率和成交率，对销售数据进行进一步的描述性统计分析和分组分析，具体操作步骤如下。

（1）使用 pandas 读取"新能源汽车销售数据.csv"文件。

（2）根据访客数、加购商品件数、下单客户数和成交客户数计算加购率、下单率和成交率。

（3）使用 describe() 方法对加购率、下单率和成交率进行描述性统计。

（4）将最近上架时间转换为 Datetime 类型，并提取该时间的月份为新的特征"上架月份"。

（5）按照上架月份对数据进行分组，并计算每个月份的加购率、下单率和成交率的平均值。

（6）保存修改后的数据为"新能源汽车销售数据_经过第 3 章处理.csv"。

第④章 使用 pandas 进行数据预处理

在现实生活中收集到的数据往往存在数据不完整（有缺失值）、数据不一致、数据异常等情况，如果用异常数据进行建模分析，那么可能会影响建模的效率，甚至可能会造成分析结果出现偏差。如何对数据进行预处理、提高数据质量、实现高质量发展，是数据分析工作中常见的问题。本章将介绍数据合并、数据清洗、数据标准化和数据变换这 4 种数据预处理操作。

学习目标

（1）掌握数据合并的原理与方法。
（2）掌握数据清洗的基本方法。
（3）掌握数据标准化的方法。
（4）掌握常用的数据变换方法。

第 4 章 使用 pandas 进行数据预处理

素养目标

（1）通过将不同来源的数据合并在一起，观察、分析数据，培养全局观念和整体性思维。
（2）通过对数据进行检测，查询是否存在重复值、缺失值和异常值，并对数据进行适当的处理，以确保数据的质量，培养严谨的工作态度。

思维导图

4.1　数据合并

在采集数据时，不同类型的数据之间可能存在潜在的关联，通过合并数据，可以丰富数据维度，从而更全面地观察、分析数据，并发现更多有价值的信息。例如，将用户注册数据与用户购买数据相关联，可以通过用户的基本信息判断用户购买的商品是自己使用还是送人。通过堆叠合并和主键合并等多种合并方式，可以将关联的数据信息合并在一张表中。

4.1.1　堆叠合并

堆叠是指将两个或多个表拼在一起，也称作轴向连接、绑定或连接。依照轴的方向，数据堆叠可分为横向堆叠和纵向堆叠。

1．横向堆叠

横向堆叠就是将两个或多个表沿 x 轴方向拼接在一起，可以使用 concat 函数完成。concat 函数的基本使用格式如下。

```
pandas.concat(objs, axis=0, join='outer', ignore_index=False, keys=None,
levels=None, names=None, verify_integrity=False, sort=False, copy=True)
```

concat 函数的常用参数及其说明如表 4-1 所示。

表 4-1　concat 函数的常用参数及其说明

参数名称	参数说明
objs	接收多个 Series、DataFrame、Panel 的组合。表示参与连接的 pandas 对象的列表的组合。无默认值
axis	接收 int。表示连接轴。可选 0 或 1，默认为 0
join	接收 str。表示其他轴上的索引是按交集（inner，内连接）还是并集（outer，外连接）进行合并。默认为 outer
ignore_index	接收 bool。表示是否使用连接的轴上的索引值。默认为 False
keys	接收 sequence。表示与连接对象有关的值，用于形成轴方向上的层次化索引。默认为 None
levels	接收包含多个 sequence 的 list。表示在指定 keys 参数后，指定用作层次化索引的各级别上的索引。默认为 None
names	接收 list。表示在设置了 keys 和 levels 参数后，用于创建分层级别的名称。默认为 None
verify_integrity	接收 bool。表示检查新的连接轴是否包含重复项，如果发现重复项，则抛出异常。默认为 False
sort	接收 bool。表示是否对非连接的轴方向上的数据进行排序。默认为 False
copy	接收 bool。表示是否有必要复制数据。默认为 True

当参数 axis=1 时，concat 函数做行对齐，然后将列名不同的两个或多个表合并为一个表。当两个表的索引不完全一样时，可以设置 join 参数以选择是内连接还是外连接。在内连接的情况下，仅返回索引重叠部分的数据；在外连接的情况下，将显示索引并集部分的数据，不足的地方使用 NaN 值填补。横向堆叠外连接示例如图 4-1 所示。

合并后的表

	A	B	C	D	B	D	F
1	A1	B1	C1	D1	NaN	NaN	NaN
2	A2	B2	C2	D2	B2	D2	F2
3	A3	B3	C3	D3	NaN	NaN	NaN
4	A4	B4	C4	D4	B4	D4	F4
6	NaN	NaN	NaN	NaN	B6	D6	F6
8	NaN	NaN	NaN	NaN	B8	D8	F8

表1

	A	B	C	D
1	A1	B1	C1	D1
2	A2	B2	C2	D2
3	A3	B3	C3	D3
4	A4	B4	C4	D4

表2

	B	D	F
2	B2	D2	F2
4	B4	D4	F4
6	B6	D6	F6
8	B8	D8	F8

图 4-1　横向堆叠外连接示例

某软件公司为了解用户情况，从而进一步提升 App 质量，记录了用户的基本信息以及对 App 的下载意愿等信息，形成了用户信息表（user_all_info.csv），其中的数据特征包括用户编号、年龄、性别、居住地类型、编号、每月支出（该特征单位为元）、是否愿意下载等，部分数据如表 4-2 所示。

表 4-2　用户信息表的部分数据

用户编号	年龄/岁	性别	居住地类型	编号	每月支出/元	是否愿意下载
0		男	城市	0	6807.50	Yes
1	30	男	城市	1	4780.45	Yes
3	−3.2	男	农村	3	5011.06	Yes
5	−1	男	农村	5	4899.04	No
10	23	男	城市	10	6816.02	No
11	−2.4	男	城市	11	7746.90	Yes
16	21	男	城市	16	6614.63	No
17	45	男	城市	17	1367.59	No
18	32	男		18	4669.89	Yes
19	29	男	城市	19	4167.54	Yes

当两个表的行索引完全相同时，不论 join 参数的取值是 inner 还是 outer，结果都是将两个表完全按照 x 轴方向拼接起来，如代码 4-1 所示。

代码 4-1　行索引完全相同时的横向堆叠

```
In[1]:    import pandas as pd
          user_all_info = pd.read_csv('../data/user_all_info.csv')
          # 取出 user_all_info 的前 3 列数据
          df1 = user_all_info.iloc[:, :3]
          # 取出 user_all_info 的第 4 列到最后 1 列的数据
          df2 = user_all_info.iloc[:, 3:]
          print('df1 的大小为%s, df2 的大小为%s' % (df1.shape, df2.shape))
          print('外连接合并后的 DataFrame 大小: ', pd.concat([df1, df2], axis=1,
                                              join='outer').shape)
          print('内连接合并后的 DataFrame 大小: ', pd.concat([df1, df2], axis=1,
                                              join='inner').shape)
```

```
Out[1]:      df1 的大小为(2235, 3)，df2 的大小为(2235, 4)
             外连接合并后的 DataFrame 大小: (2235, 7)
             内连接合并后的 DataFrame 大小: (2235, 7)
```

2. 纵向堆叠

纵向堆叠是指将两个或多个数据表在 y 轴方向上进行拼接，concat 函数也可以实现纵向堆叠。

当使用 concat 函数时，在默认情况下（即 axis=0），concat 函数做列对齐，将行索引不同的两个或多个表纵向合并。在两个表的列名并不完全相同的情况下，可以使用 join 参数。当 join 参数的取值为 inner 时，返回的仅是列名的交集所代表的列；当 join 参数的取值为 outer 时，返回的是列名的并集所代表的列。纵向堆叠外连接示例如图 4-2 所示。

表1

	A	B	C	D
1	A1	B1	C1	D1
2	A2	B2	C2	D2
3	A3	B3	C3	D3
4	A4	B4	C4	D4

合并后的表

	A	B	C	D	F
1	A1	B1	C1	D1	NaN
2	A2	B2	C2	D2	NaN
3	A3	B3	C3	D3	NaN
4	A4	B4	C4	D4	NaN
2	NaN	B2	NaN	D2	F2
4	NaN	B4	NaN	D4	F4
6	NaN	B6	NaN	D6	F6
8	NaN	B8	NaN	D8	F8

表2

	B	D	F
2	B2	D2	F2
4	B4	D4	F4
6	B6	D6	F6
8	B8	D8	F8

图 4-2　纵向堆叠外连接示例

当两个表的列名完全相同时，不论 join 参数的取值是 inner 还是 outer，结果都是将两个表完全按照 y 轴方向拼接起来，如代码 4-2 所示。

代码 4-2　列名完全相同时的纵向堆叠

```
In[2]:     # 取出 user_all_info 的前 500 行数据
           df3 = user_all_info.iloc[:500, :]
           # 取出 user_all_info 的第 500 行以后的数据
           df4 = user_all_info.iloc[500:, :]
           print('df3 的大小为%s, df4 的大小为%s' % (df3.shape, df4.shape))
           print('内连接纵向合并后的 DataFrame 大小: ', pd.concat([df3, df4],
                   axis=0, join='inner').shape)
           print('外连接纵向合并后的 DataFrame 大小: ', pd.concat([df3, df4],
                   axis=0, join='outer').shape)
```

```
Out[2]:    df3 的大小为(500, 7)，df4 的大小为(1735, 7)
           内连接纵向合并后的 DataFrame 大小: (2235, 7)
           外连接纵向合并后的 DataFrame 大小: (2235, 7)
```

4.1.2　主键合并

主键合并即通过一个或多个键将两个数据集的行连接起来，类似于 SQL 中的 join。合并两个包含不同特征的表时，将某几个特征作为主键，将表一一对应拼接起来，合并后数据的列数为两个原数据表的列数之和减去主键列的数量，如图 4-3 所示。

表1

	A	B	Key
1	A1	B1	k1
2	A2	B2	k2
3	A3	B3	k3
4	A4	B4	k4

表2

	C	D	Key
1	C1	D1	k1
2	C2	D2	k2
3	C3	D3	k3
4	C4	D4	k4

合并后的表

	A	B	Key	C	D
1	A1	B1	k1	C1	D1
2	A2	B2	k2	C2	D2
3	A3	B3	k3	C3	D3
4	A4	B4	k4	C4	D4

图 4-3　主键合并示例

pandas 中的 merge 函数可以实现主键合并，merge 函数的基本使用格式如下。

```
pandas.merge(left, right, how='inner', on=None, left_on=None, right_on=None,
left_index=False, right_index=False, sort=False, suffixes=('_x', '_y'), copy=True,
indicator=False, validate=None)
```

和 SQL 中的 join 一样，merge 函数也有左连接（left）、右连接（right）、内连接（inner）和外连接（outer）。但比起 SQL 中的 join，merge 函数有其独特之处，如可以在合并过程中对数据集中的数据进行排序等。根据 merge 函数的参数说明，并按照需要修改相关参数，即可以多种方法实现主键合并。merge 函数的常用参数及其说明如表 4-3 所示。

表 4-3　merge 函数的常用参数及其说明

参数名称	参数说明
left	接收 DataFrame 或 Series。表示要合并的新数据 1。无默认值
right	接收 DataFrame 或 Series。表示要合并的新数据 2。无默认值
how	接收 inner、outer、left 或 right。表示数据的合并方式。默认为 inner
on	接收 str 或 sequence。表示两个数据合并的主键（必须一致）。默认为 None
left_on	接收 str 或 sequence。表示 left 参数接收数据用于合并的主键。默认为 None
right_on	接收 str 或 sequence。表示 right 参数接收数据用于合并的主键。默认为 None
left_index	接收 bool。表示是否将 left 参数接收数据的 index 作为连接主键。默认为 False
right_index	接收 bool。表示是否将 right 参数接收数据的 index 作为连接主键。默认为 False
sort	接收 bool。表示是否根据主键对合并后的数据进行排序。默认为 False
suffixes	接收 tuple。表示用于追加到左右重叠列名的后缀。默认为('_x', '_y')

为了方便操作，将用户信息表中的用户编号和是否愿意下载特征单独提出并存放至用户下载意愿表（user_download.csv）中，将编号、每月支出特征提出并存放到用户每月支出信息表（user_pay_info.csv）中。使用 merge 函数合并用户下载意愿表和用户每月支出信息表，如代码 4-3 所示。

代码 4-3　使用 merge 函数合并数据表

```
In[3]:    pay_info = pd.read_csv('../data/user_pay_info.csv')
          download_info = pd.read_csv('../data/user_download.csv',
```

```
                              encoding= 'gbk')
download_and_pay = pd.merge(download_info, pay_info,
                            left_on='用户编号', right_on='编号')
print('用户每月支出信息表的原始形状: ', pay_info.shape)
print('用户下载意愿表的原始形状: ',
        download_info.shape)
print('用户下载意愿表和用户每月支出信息表主键合并后的形状: ',
        download_and_pay.shape)
```

Out[3]: 　用户每月支出信息表的原始形状: (2175, 2)
　　　　用户下载意愿表的原始形状: (2175, 2)
　　　　用户下载意愿表和用户每月支出信息表主键合并后的形状: (2187, 4)

经主键合并后得到的数据表形状为(2187,4)，是由于两个表中出现个别用户编号或编号重复的现象。因此在使用 merge 函数进行连接时，若重复特征匹配成功，则对应的信息内容可进行自由组合。

除了 merge 函数，join()方法也可以实现部分主键合并的功能。但是使用 join()方法时，两个主键的名称必须相同，join()方法的基本使用格式如下。

```
pandas.DataFrame.join(other, on=None, how='left', lsuffix=' ', rsuffix=' ',
sort=False, validate=None)
```

join()方法的常用参数及其说明如表 4-4 所示。

表 4-4　join()方法的常用参数及其说明

参数名称	参数说明
other	接收 DataFrame、Series 或包含多个 DataFrame 的 list。表示参与连接的其他 DataFrame。无默认值
on	接收列名、包含列名的 list 或 tuple。表示用于连接的列名。默认为 None
how	接收特定 str。表示连接方式。当取值为 inner 时代表内连接，当取值为 outer 时代表外连接，当取值为 left 时代表左连接，当取值为 right 时代表右连接。默认为 left
lsuffix	接收 str。表示追加到左侧重叠列名的后缀。无默认值
rsuffix	接收 str。表示追加到右侧重叠列名的后缀。无默认值
sort	接收 bool。表示是否根据主键对合并后的数据进行排序。默认为 False

使用 join()方法实现主键合并，如代码 4-4 所示。

代码 4-4　使用 join()方法实现主键合并

In[4]:
```
pay_info.rename({'编号': '用户编号'}, inplace=True)
download_and_pay1 = download_info.join(pay_info, on='用户编号',
                                        rsuffix='1')
print('用户下载意愿表和用户每月支出信息表主键合并后的形状: ',
        download_and_pay1.shape)
```

Out[4]: 　用户下载意愿表和用户每月支出信息表主键合并后的形状: (2175, 4)

4.1.3　重叠合并

在数据分析和数据处理过程中偶尔会出现两份数据的内容几乎一致的情况，但是某些特征在其中一个表上是完整的，而在另外一个表上则是缺失的。这时除了可以将数据进行比较，然后填充，还可以进行重叠合并。重叠合并在其他工具或语言中并不常见，但是 pandas 的开发者希望 pandas 能够解决几乎所有的数据分析问题，因此提供了 combine_first()方法来进行数据的重叠合并，其示例如图 4-4 所示。

图 4-4　重叠合并示例

combine_first()方法的基本使用格式如下。

```
pandas.DataFrame.combine_first(other)
```

combine_first()方法的常用参数及其说明如表 4-5 所示。

表 4-5　combine_first()方法的常用参数及其说明

参数名称	参数说明
other	接收 DataFrame。表示参与重叠合并的另一个 DataFrame。无默认值

使用 combine_first()方法进行重叠合并，如代码 4-5 所示。

代码 4-5　使用 combine_first()方法进行重叠合并

```
In[5]:   import numpy as np
         # 建立两个字典，除了 ID，其余特征互补
         dict1 = {'ID': [1, 2, 3, 4, 5, 6, 7, 8, 9],
                  'System': ['win11', 'win11', np.nan, 'win11',
                             np.nan, np.nan, 'win10', 'win10', 'win8'],
                  'cpu': ['i9', 'i7', np.nan, 'i9', np.nan, np.nan,
                          'i7', 'i7', 'i5']}
         dict2 = {'ID': [1, 2, 3, 4, 5, 6, 7, 8, 9],
                  'System': [np.nan, np.nan, 'win10', np.nan,
                             'win7', 'win10', np.nan, np.nan, np.nan],
                  'cpu': [np.nan, np.nan, 'i5', np.nan, 'i9',
                          'i7', np.nan, np.nan, np.nan]}
         # 将两个字典转换为 DataFrame
         df1 = pd.DataFrame(dict1)
         df2 = pd.DataFrame(dict2)
         print('经过重叠合并后的数据: \n', df1.combine_first(df2))

Out[5]:  经过重叠合并后的数据:
            ID System cpu
         0   1  win11  i9
         1   2  win11  i7
         2   3  win10  i5
         3   4  win11  i9
         4   5   win7  i9
         5   6  win10  i7
         6   7  win10  i7
         7   8  win10  i7
         8   9   win8  i5
```

91

4.2　数据清洗

数据重复会导致数据的方差变小，使数据分布发生较大变化。数据缺失会导致样本信息减少，在分析过程中，数据存在缺失值不仅会增加数据分析的难度，而且会导致数据分析的结果产生偏差。数据分析过程中存在异常值则会造成数据"伪回归"。因此需要秉持严谨的工作态度，认真地对数据进行检测，查询是否存在重复值、缺失值和异常值，并对数据进行适当的处理，以确保数据的质量，实现高质量发展。

4.2.1　检测与处理重复值

4.2.1　检测与处理重复值

数据重复是数据分析中经常出现的问题之一。对重复数据进行处理前，需要分析重复数据产生的原因以及去除这部分数据可能造成的不良影响。常见的数据重复分为两种：一种为记录重复，即一个或多个特征的某几条记录的值完全相同；另一种为特征重复，即存在一个或多个特征名称不同，但数据完全相同的情况。

1. 记录去重

用户下载意愿表中的是否愿意下载特征中存放了用户对 App 的下载意愿。要查看用户下载意愿的类别数量，较简单的方法就是利用去重操作实现。可以利用列表（list）去重（方法一），如代码 4-6 所示。

代码 4-6　利用 list 去重

```
In[1]:    import pandas as pd
          download = pd.read_csv('../data/user_download.csv',
                                      index_col=0, encoding='gbk')
          # 方法一
          # 定义去重函数
          def del_rep(list1):
              list2 = []
              for i in list1:
                  if i not in list2:
                      list2.append(i)
              return list2
          # 去重
          # 将下载意愿从 DataFrame 中提取出来
          download = list(download['是否愿意下载'])
          print('去重前下载意愿选项总数：', len(download))
          download_rep = del_rep(download)    # 使用自定义的去重函数去重
          print('使用方法一去重后下载意愿选项总数：', len(download_rep))
          print('用户选项：', download_rep)

Out[1]:   去重前下载意愿选项总数：2175
          使用方法一去重后下载意愿选项总数：3
          用户选项：['Yes', 'No', nan]
```

除了可以使用代码 4-6 中的方法去重，还可以利用集合（set）元素唯一的特性去重（方法二），如代码 4-7 所示。

代码 4-7　利用 set 的特性去重

```
In[2]:    # 方法二
```

```
print('去重前下载意愿选项总数: ', len(download))
download_set = set(download)  # 利用 set 的特性去重
print('使用方法二去重后下载意愿选项总数: ', len(download_set))
print('用户选项: ', download_set)
```

```
Out[2]:     去重前下载意愿选项总数: 2175
            使用方法二去重后下载意愿选项总数: 3
            用户选项: {'Yes', nan, 'No'}
```

比较上面两种方法可以发现，代码 4-6 较冗长，会影响数据分析的整体进度。代码 4-7 利用了集合元素唯一的特性，简洁了许多，但是这种方法会导致数据的排列发生变化。

鉴于以上方法的缺陷，pandas 提供了一个名为 drop_duplicates 的去重方法，使用该方法进行去重不会改变数据的原始排列顺序，并且兼具代码简洁和运行稳定的特点。drop_duplicates()方法的基本使用格式如下。

```
pandas.DataFrame.drop_duplicates(subset=None, keep='first', inplace=False,
ignore_index=False)
```

在使用 drop_duplicates()方法去重时，当且仅当 subset 参数中的特征重复时才会执行去重操作，在去重时可以选择保留哪一个特征，甚至可以不保留。drop_duplicates()方法的常用参数及其说明如表 4-6 所示。

表 4-6　drop_duplicates()方法的常用参数及其说明

参数名称	参数说明
subset	接收 str 或 sequence。表示进行去重操作的特征。默认为 None
keep	接收特定 str。表示重复时保留第几个数据。first 表示保留第一个，last 表示保留最后一个，False 表示只要有重复就都不保留。默认为 first
inplace	接收 bool。表示是否在原表上进行操作。默认为 False
ignore_index	接收 bool。表示是否忽略索引。默认为 False

对用户下载意愿表中的是否愿意下载特征利用 drop_duplicates()方法进行去重操作，如代码 4-8 所示。

代码 4-8　使用 drop_duplicates()方法对是否愿意下载特征去重

```
In[3]:      download = pd.read_csv('../data/user_download.csv',
                            encoding='gbk')
            download_select = download['是否愿意下载'].drop_duplicates()
            print('使用 drop_duplicates()方法去重之后下载意愿选项总数: ',
                  len(download_select))
```

```
Out[3]:     使用 drop_duplicates()方法去重之后下载意愿选项总数: 3
```

事实上，drop_duplicates()方法不仅支持单一特征的数据去重，还能够对 DataFrame 的多个特征进行去重，具体实现如代码 4-9 所示。

代码 4-9　使用 drop_duplicates()方法对多个特征进行去重

```
In[4]:      all_info = pd.read_csv('../data/user_all_info.csv')
            print('去重之前用户信息表的形状: ', all_info.shape)
            shape_det = all_info.drop_duplicates(subset = ['用户编号',
```

```
                                                    '编号']).shape
print('依照用户编号、编号去重之后用户信息表的形状为:', shape_det)
```

| Out[4]: | 去重之前用户信息表的形状：(2235, 7) |
| | 依照用户编号、编号去重之后用户信息表的形状为：(2172, 7) |

2. 特征去重

结合相关的数学和统计学知识，要去除连续的特征重复，可以利用特征间的相似度从两个相似度为 1 的特征中去除一个。在 pandas 中，相似度的计算方法为 corr()。使用该方法计算相似度时，默认为 pearson 法，可以通过 method 参数进行调节，目前还支持 spearman 法和 kendall 法。使用 kendall 法求出用户信息表（user_all_info.csv）中年龄特征和每月支出特征的相似度矩阵，如代码 4-10 所示。

代码 4-10　求出年龄特征和每月支出特征的相似度矩阵

```
In[5]:    # 求出年龄和每月支出的相似度矩阵
corr_det = all_info[['年龄/岁', '每月支出/元']].corr(method='kendall')
print('年龄和每月支出的相似度矩阵: \n', corr_det)
```

Out[5]:	年龄和每月支出的相似度矩阵：
		年龄/岁	每月支出/元
	年龄/岁	1.000000	0.011119
	每月支出/元	0.011119	1.000000

通过相似度矩阵去重存在的一个弊端是只能对数值型重复特征去重，类别型特征之间无法通过计算相似系数来衡量相似度，因此无法根据相似度矩阵对类别型特征进行去重处理。

除了使用相似度矩阵进行特征去重，还可以通过 equals()方法进行特征去重，equals()方法的基本使用格式如下。

```
pandas.DataFrame.equals(other)
```

equals()方法的常用参数及其说明如表 4-7 所示。

表 4-7　equals()方法的常用参数及其说明

参数名称	参数说明
other	接收 Series 或 DataFrame。表示要与第一个 Series 或 DataFrame 进行比较的另一个 Series 或 DataFrame。无默认值

使用 equals()方法去重，如代码 4-11 所示。

代码 4-11　使用 equals()方法去重

```
In[6]:    # 定义求出特征完全相同的矩阵的方法
def feature_equals(df):
    df_equals = pd.DataFrame([])
    for i in df.columns:
        for j in df.columns:
            df_equals.loc[i, j] = df.loc[:, i].equals(
                df.loc[:, j])
    return df_equals
# 应用上述方法
app_desire = feature_equals(all_info)
```

```
print('app_desire 的特征相等矩阵的前 7 行的前 7 列: \n',
      app_desire.iloc[:7, :7])
```

Out[6]:　app_desire 的特征相等矩阵的前 7 行的前 7 列:

	用户编号	年龄/岁	性别	居住类型	编号	每月支出/元	是否愿意下载
用户编号	True	False	False	False	True	False	False
年龄/岁	False	True	False	False	False	False	False
性别	False	False	True	False	False	False	False
居住类型	False	False	False	True	False	False	False
编号	True	False	False	False	True	False	False
每月支出/元	False	False	False	False	False	True	False
是否愿意下载	False	False	False	False	False	False	True

再通过遍历的方式筛选出完全重复的特征，如代码 4-12 所示。

代码 4-12　通过遍历的方式进行数据筛选

```
In[7]:    # 遍历所有数据
          len_feature = app_desire.shape[0]
          dup_col = []
          for m in range(len_feature):
              for n in range(m + 1, len_feature):
                  if app_desire.iloc[m, n] & (app_desire.columns[n]
                                                   not in dup_col):
                      dup_col.append(app_desire.columns[n])
          # 进行去重操作
          print('需要删除的列: ', dup_col)
          all_info.drop(dup_col, axis=1, inplace=True)
          print('删除多余列后 all_info 的特征数目: ', all_info.shape[1])

Out[7]:   需要删除的列: ['编号']
          删除多余列后 all_info 的特征数目: 6
```

4.2.2　检测与处理缺失值

4.2.2　检测与处理缺失值

有时数据中的某个或某几个特征的值是不完整的，这些值被称为缺失值。pandas 提供了识别缺失值的 isnull() 方法和识别非缺失值的 notnull() 方法，这两种方法在使用时返回的都是布尔值，即 True 和 False。使用 sum 函数、isnull() 方法和 notnull() 方法，可以得到数据中缺失值的分布情况以及数据中缺失值的数目，具体用法如代码 4-13 所示。

代码 4-13　sum 函数、isnull() 方法和 notnull() 方法的用法

```
In[8]:    print('all_info 每个特征的缺失值的数目: \n', all_info.isnull().sum())
          print('all_info 每个特征的非缺失值的数目: \n', all_info.notnull().sum())

Out[8]:   all_info 每个特征的缺失值的数目:        all_info 每个特征的非缺失值的数目:
          用户编号        0              用户编号        2235
          年龄/岁        6              年龄/岁        2229
          性别          0              性别          2235
          居住类型        22             居住类型        2213
          每月支出/元      20             每月支出/元      2215
          是否愿意下载      20             是否愿意下载      2215
          dtype: int64                dtype: int64
```

注：由于运行结果篇幅过长，此处分两栏展示。

isnull()方法和 notnull()方法的结果正好相反，因此使用任意一个方法都可以识别出数据是否存在缺失值。在检测出数据存在缺失值之后，可以通过删除法、替换法或插值法对缺失值进行处理。

1．删除法

删除法是指将含有缺失值的特征或记录删除。删除法分为删除记录和删除特征两种，它是通过减少样本量来换取信息完整度的一种方法，是一种较为简单的缺失值处理方法。pandas 提供了简便的删除缺失值的 dropna()方法，通过控制相关参数，既可以删除记录，又可以删除特征。dropna()方法的基本使用格式如下。

```
pandas.DataFrame.dropna(*, axis=0, how=any, thresh= None, subset=None,
inplace=False, ignore_index=False)
```

dropna()方法的常用参数及其说明如表 4-8 所示。

表 4-8　dropna()方法的常用参数及其说明

参数名称	参数说明
axis	接收 0 或 1。表示轴。0 表示删除记录（行），1 表示删除特征（列）。默认为 0
how	接收特定 str。表示删除的形式。当取值为 any 时，表示只要有缺失值存在就执行删除操作；当取值为 all 时，表示当且仅当整行全部为缺失值时才执行删除操作。默认为 any
thresh	接收 int。表示保留至少含有 n（thresh 参数值）个非空数值的行。默认为 None
subset	接收 array。表示进行去重的列/行。默认为 None
inplace	接收 bool。表示是否在原表上进行操作。默认为 False

使用 dropna()方法删除用户信息表中的缺失值，如代码 4-14 所示。

代码 4-14　使用 dropna()方法删除缺失值

```
In[9]:   print('去除缺失的行前 all_info 的形状: ', all_info.shape)
         all_info1 = all_info.dropna(axis=0, how='any')
         print('去除缺失的行后 all_info 的形状: ', all_info1.shape)
         all_info1.to_csv('../tmp/all_info_notnull.csv', index=False)
Out[9]:  去除缺失的行前 all_info 的形状: (2235, 6)
         去除缺失的行后 all_info 的形状: (2169, 6)
```

由代码 4-14 可知，当 how 参数的值为 any 时，删除了 66 行数据，说明这些行中存在缺失值。若 how 参数的值为 all，则整行全部为缺失值时才执行删除操作。

2．替换法

替换法是指用特定的值替换缺失值。特征可分为数值型特征和类别型特征，两者出现缺失值时的处理方法是不同的。当缺失值所在特征为数值型特征时，通常利用均值、中位数或众数等描述其集中趋势的统计量来替换缺失值；当缺失值所在特征为类别型特征时，使用众数来替换缺失值。pandas 提供了替换缺失值的 fillna()方法，fillna()方法的基本使用格式如下。

```
pandas.DataFrame.fillna(value=None, method=None, axis=None, inplace=False,
limit=None, downcast=None)
```

fillna()方法的常用参数及其说明如表 4-9 所示。

表 4-9　fillna()方法的常用参数及其说明

参数名称	参数说明
value	接收 scalar（标量）、dict、Series 或 DataFrame。表示用于替换缺失值的值。默认为 None
method	接收特定 str。表示替换缺失值的方式。当取值为 backfilll 或 bfill 时，表示使用下一个非缺失值来替换缺失值；当取值为 pad 或 ffill 时，表示使用上一个非缺失值来替换缺失值。默认为 None
axis	接收 0 或 1。表示轴。默认为 None
inplace	接收 bool。表示是否在原表上进行操作。默认为 False
limit	接收 int。表示替换缺失值的个数上限，超过则不进行替换。默认为 None
downcast	接收 dict。表示变换数据类型。默认为 None

使用 fillna()方法对每月支出特征的缺失值用特征均值进行替换，如代码 4-15 所示。替换后，每月支出特征中的缺失值将不复存在。

代码 4-15　使用 fillna()方法替换缺失值

```
In[10]:     # 求每月支出均值
            mean_num = all_info['每月支出/元'].mean()
            # 将缺失值替换为均值
            all_info['每月支出/元'] = all_info['每月支出/元'].fillna(mean_num)
            print('每月支出特征缺失值的数目：\n',
                    all_info['每月支出/元'].isnull().sum())

Out[10]:    每月支出特征缺失值的数目：
            0
```

3. 插值法

删除法简单易行，但是会引起数据结构变动，使样本减少；替换法使用难度较低，但是会影响数据的标准差，导致信息量发生变化。在面对数据缺失问题时，除了这两种方法，还有一种常用的方法——插值法。

常用的插值法有线性插值、多项式插值和样条插值等。线性插值是一种较为简单的插值方法，它针对已知的值求出线性方程，通过求解线性方程得到缺失值。多项式插值利用已知的值拟合一个多项式，使得现有的数据满足这个多项式，再利用这个多项式求解缺失值，常见的多项式插值有拉格朗日插值和牛顿插值等。样条插值是以可变样条来作出一条经过一系列点的光滑曲线的插值方法。插值样条由多项式组成，每一个多项式都由相邻的两个数据点决定，这样可以保证两个相邻多项式及其导数在连接处连续。

pandas 提供了名为 interpolate 的插值方法，能够进行线性插值等操作，但是 SciPy 的 interpolate 模块的功能更加全面，其具体用法如代码 4-16 所示。

代码 4-16　使用 SciPy 的 interpolate 模块进行插值

```
In[11]:     # 线性插值
            import numpy as np
            from scipy.interpolate import interp1d
```

```
# 创建自变量 x
x = np.array([1, 2, 3, 4, 5, 8, 9, 10])
# 创建因变量 y1
y1 = np.array([2, 8, 18, 32, 50, 128, 162, 200])
# 创建因变量 y2
y2 = np.array([3, 5, 7, 9, 11, 17, 19, 21])
# 线性插值拟合 x、y1
linear_ins_value1 = interp1d(x, y1, kind='linear')
# 线性插值拟合 x、y2
linear_ins_value2 = interp1d(x, y2, kind='linear')
print('当 x 为 6、7 时，使用线性插值，y1 对应的两个值：', linear_ins_value1([6, 7]))
print('当 x 为 6、7 时，使用线性插值，y2 对应的两个值：', linear_ins_value2([6, 7]))
```

Out[11]: 当 x 为 6、7 时，使用线性插值，y1 对应的两个值：[76. 102.]
当 x 为 6、7 时，使用线性插值，y2 对应的两个值：[13. 15.]

In[12]:
```
# 拉格朗日插值
from scipy.interpolate import lagrange
large_ins_value1 = lagrange(x, y1)  # 拉格朗日插值拟合 x、y1
large_ins_value2 = lagrange(x, y2)  # 拉格朗日插值拟合 x、y2
print('当 x 为 6、7 时，使用拉格朗日插值，y1 对应的两个值：',
      large_ins_value1([6, 7]))
print('当 x 为 6、7 时，使用拉格朗日插值，y2 对应的两个值：',
      large_ins_value2([6, 7]))
```

Out[12]: 当 x 为 6、7 时，使用拉格朗日插值，y1 对应的两个值：[72. 98.]
当 x 为 6、7 时，使用拉格朗日插值，y2 对应的两个值：[13. 15.]

In[13]:
```
# 样条插值
# 样条插值拟合 x、y1
y1_new = np.linspace(x.min(), x.max(), 10)
f = interp1d(x, y1, kind='cubic')  # 编辑插值函数格式
spline_ins_value1 = f(y1_new)  # 通过相应的插值函数求得新的函数点
# 样条插值拟合 x、y2
y2_new = np.linspace(x.min(), x.max(), 10)
f = interp1d(x, y2, kind='cubic')  # 编辑插值函数格式
spline_ins_value2 = f(y2_new)  # 通过相应的插值函数求得新的函数点
print('使用样条插值，y1: ', spline_ins_value1)
print('使用样条插值，y2: ', spline_ins_value2)
```

Out[13]: 使用样条插值，y1: [2. 8. 18. 32. 50. 72. 98. 128. 162. 200.]
使用样条插值，y2: [3. 5. 7. 9. 11. 13. 15. 17. 19. 21.]

代码 4-16 中的自变量 x 和因变量 y_1 的关系如式（4-1）所示。

$$y_1 = 2x^2 \qquad (4\text{-}1)$$

自变量 x 和因变量 y_2 的关系如式（4-2）所示。

$$y_2 = 2x + 1 \qquad (4\text{-}2)$$

从拟合结果可以看出，多项式插值和样条插值在两种情况下的拟合都非常出色，线性插值的拟合只在自变量和因变量为线性关系的情况下才较为出色。而在实际分析过程中，由于自变量与因变量的关系是线性的情况非常少见，所以在大多数情况下，多项式插值和样条插值是较为合适的选择。

SciPy 的 interpolate 模块除了提供常规的插值法，还提供了在图形学领域具有重要作用

的重心坐标插值（Barycentric Interpolation）等插值法。在实际应用中，需要根据不同的场景选择合适的插值方法。

4.2.3　检测与处理异常值

4.2.3　检测与处理
异常值

异常值是指数据中明显偏离于其他数值的值，有时也称为离群点。检测异常值就是检验数据中是否有输入错误或不合理的数据。异常值的存在对数据分析十分不友好。如果计算分析过程的数据中存在异常值，那么会对结果产生不良影响，从而导致分析结果产生偏差乃至错误。常用的异常值检测方法主要有 3σ 原则和箱线图分析。

1．3σ 原则

3σ 原则又称为拉依达准则，先假设一组检测数据只含有随机误差，对原始数据进行计算处理得到标准差，然后按一定的概率确定一个区间，认为数据超过这个区间就属于异常。但是，这种判别处理方法仅适用于正态分布或近似正态分布的样本数据。正态分布数据的 3σ 原则如表 4-10 所示，其中 σ 代表标准差，μ 代表均值。

表 4-10　正态分布数据的 3σ 原则

数值分布	在数据中的占比
$(\mu-\sigma, \mu+\sigma)$	0.6827
$(\mu-2\sigma, \mu+2\sigma)$	0.9545
$(\mu-3\sigma, \mu+3\sigma)$	0.9973

通过表 4-10 可以看出，正态分布数据的数值超 99.7%集中在区间$(\mu-3\sigma, \mu+3\sigma)$内，超出这个范围的数据仅占不到 0.3%。故根据小概率原理，可以认为超出 3σ 的部分为异常数据。

自行构建 3σ 原则函数进行异常值识别，如代码 4-17 所示。

代码 4-17　使用 3σ 原则函数识别异常值

```
In[14]:    all_info = pd.read_csv('../tmp/all_info_notnull.csv')
           # 定义 3σ 原则函数来识别异常值
           def out_range(ser1):
               bool_ind = (ser1.mean() - 3 * ser1.std() > ser1) | \
               (ser1.mean() + 3 * ser1.var() < ser1)
               index = np.arange(ser1.shape[0])[bool_ind]
               outrange = ser1.iloc[index]
               return outrange
           outlier = out_range(all_info['年龄/岁'])
           print('使用 3σ 原则判定异常值个数: ', outlier.shape[0])
           print('异常值的最大值: ', outlier.max())
           print('异常值的最小值: ', outlier.min())

Out[14]:   使用 3σ 原则判定异常值个数: 7
           异常值的最大值: -1.0
           异常值的最小值: -5.0
```

3σ 原则具有一定的局限性，即此原则只对正态分布或近似正态分布的数据有效，而对其他分布类型的数据无效。

2. 箱线图分析

箱线图提供了一个识别异常值的标准，即异常值通常被定义为小于 QL−1.5IQR 或大于 QU+1.5IQR 的值。其中，QL 称为下四分位数，表示全部数据中有四分之一的数据取值比它小；QU 称为上四分位数，表示全部数据中有四分之一的数据取值比它大；IQR 称为四分位数间距，是上四分位数 QU 与下四分位数 QL 之差，其间包含全部数据中的一半数据。

箱线图依据实际数据绘制，真实、直观地表现出了数据分布的本来面貌，且对数据没有任何限制性要求（3σ 原则要求数据服从正态分布或近似正态分布），其判断异常值的标准以四分位数和四分位数间距为基础。四分位数给出了数据分布的中心、散布和形状的某种指示，具有一定的鲁棒性，即 25%的数据可以变得任意远，而不会很大地扰动四分位数，所以异常值通常不会影响这个标准。鉴于此，箱线图识别异常值的结果比较客观，在识别异常值方面具有一定的优越性。使用箱线图分析方法来识别用户年龄数据中的异常值，如代码 4-18 所示。

代码 4-18　使用箱线图识别用户年龄数据中的异常值

```
In[15]:    import matplotlib.pyplot as plt
           plt.figure(figsize=(10, 8), dpi=1080)
           p = plt.boxplot(list(all_info['年龄/岁'].values))  # 画出箱线图
           outlier1 = p['fliers'][0].get_ydata()  # fliers 为异常值的标签
           plt.savefig('../tmp/用户年龄异常值识别.jpg')
           plt.show()
           print('年龄数据异常值个数: ', len(outlier1))
           print('年龄数据异常值的最大值: ', max(outlier1))
           print('年龄数据异常值的最小值: ', min(outlier1))
```

Out[15]:

```
年龄数据异常值个数: 7
年龄数据异常值的最大值: -1.0
年龄数据异常值的最小值: -5.0
```

由代码 4-18 可知，用户信息表中的年龄数据存在 7 个异常值，最大的异常值为-1.0，最小的异常值为-5.0。

4.3　数据标准化

不同特征之间往往具有不同的量纲，因此可能会导致数值之间存在很大差异，当涉及

空间距离计算或使用梯度下降法等时，不对数据进行处理可能会影响到
分析结果的准确性。为了消除特征之间的量纲和取值范围差异对数据分
析可能造成的影响，保证数据的一致性，需要对数据进行标准化处理（也
称规范化处理）。

4.3　数据标准化

4.3.1　离差标准化

离差标准化是对原始数据的一种线性变换，结果是将原始数据的数值映射到区间[0,1]，
标准化公式如式（4-3）所示。

$$X^* = \frac{X - \min}{\max - \min} \tag{4-3}$$

其中，X 表示原始数据值，$\max$ 为样本数据的最大值，$\min$ 为样本数据的最小值，
$\max - \min$ 为极差。离差标准化保留了原始数据之间的联系，是消除量纲和数据取值范围
影响的较为简单的方法。

对用户每月支出信息表中的每月支出数据进行离差标准化，如代码 4-19 所示。

代码 4-19　对每月支出数据进行离差标准化

```
In[1]:      import pandas as pd
            pay = pd.read_csv('../data/user_pay_info.csv', index_col=0)
            # 自定义离差标准化函数
            def min_max_scale(data):
                data = (data - data.min()) / (data.max() - data.min())
                return data
            # 对用户每月支出信息表的每月支出数据进行离差标准化
            pay_min_max = min_max_scale(pay['每月支出/元'])
            print('离差标准化之前每月支出数据: \n', pay['每月支出/元'].head())
            print('离差标准化之后每月支出数据: \n', pay_min_max.head())
```

```
Out[1]:     离差标准化之前每月支出数据:              离差标准化之后每月支出数据:
            编号                           编号
            0      6807.50               0      0.615543
            1      4780.45               1      0.431867
            2      1959.00               2      0.176208
            3      5011.06               3      0.452763
            4      4557.21               4      0.411638
            Name: 每月支出/元, dtype: float64    Name: 每月支出/元, dtype: float64
```

注：由于运行结果篇幅过长，此处分两栏展示。

通过比较代码 4-19 中离差标准化前后的数据可以发现，数据的整体分布情况并未发生
变化，原先取值较大的数据，在进行离差标准化后，值依旧较大。并且在进行离差标准化
后，每月支出数据之间的差值非常小，这是数据极差过大造成的。

同时，可以看出离差标准化的缺点：若数据中某个数值很大，则标准化后其余值会接
近于 0，并且它们之间的差值不会很大。若将来遇到数值超出目前[min,max]取值范围的情
况，会引起系统出错，这时便需要重新确定 min 和 max。

4.3.2　标准差标准化

标准差标准化也叫作零均值标准化或 z 分数标准化，是当前使用较为广泛的数据标准
化方法，经过该方法处理的数据均值为 0，标准差为 1，公式如式（4-4）所示。

$$X^* = \frac{X - \bar{X}}{\delta} \qquad (4\text{-}4)$$

其中，X 表示原始数据值，$\bar{X}$ 为原始数据的均值，δ 为原始数据的标准差。

对用户每月支出信息表中的每月支出数据进行标准差标准化，如代码 4-20 所示。

代码 4-20　对每月支出数据进行标准差标准化

```
In[2]:      # 自定义标准差标准化函数
            def standard_scaler(data):
                data = (data - data.mean()) / data.std()
                return data
            # 对用户每月支出信息表的每月支出数据进行标准差标准化
            pay_standard = standard_scaler(pay['每月支出/元'])
            print('标准差标准化之前每月支出数据: \n', pay['每月支出/元'].head())
            print('标准差标准化之后每月支出数据: \n', pay_standard.head())
```

```
Out[2]:     标准差标准化之前每月支出数据:              标准差标准化之后每月支出数据:
            编号                                       编号
            0     6807.50                          0     1.004110
            1     4780.45                          1     0.003042
            2     1959.00                          2    -1.390344
            3     5011.06                          3     0.116930
            4     4557.21                          4    -0.107206
            Name: 每月支出/元, dtype: float64       Name: 每月支出/元, dtype: float64
```

注：由于运行结果篇幅过长，此处分两栏展示。

通过比较代码 4-20 中标准差标准化前后的结果可知，标准差标准化后的值不局限于 [0,1]，并且存在负值。同时不难发现，标准差标准化和离差标准化一样不会改变数据的分布情况。

4.3.3　小数定标标准化

通过移动数据的小数位数，将数据映射到区间[-1,1]，移动的小数位数取决于数据绝对值的最大值，公式如式（4-5）所示。

$$X^* = \frac{X}{10^k} \qquad (4\text{-}5)$$

其中，X 表示原始数据值。k 表示 10 的幂。确保 X^* 位于[-1,1]。

对用户每月支出信息表的每月支出数据进行小数定标标准化，如代码 4-21 所示。

代码 4-21　对每月支出数据进行小数定标标准化

```
In[3]:      # 自定义小数定标标准化函数
            import numpy as np
            def decimal_scaler(data):
                data = data / 10 ** np.ceil(np.log10(data.abs().max()))
                return data
            # 对用户每月支出信息表的每月支出数据进行小数定标标准化
            pay_decimal = decimal_scaler(pay['每月支出/元'])
            print('小数定标标准化之前的每月支出数据: \n', pay['每月支出/元'].head())
            print('小数定标标准化之后的每月支出数据: \n', pay_decimal.head())
```

```
Out[3]:     小数定标标准化之前的每月支出数据:              小数定标标准化之后的每月支出数据:
```

编号		编号	
0	6807.50	0	0.068075
1	4780.45	1	0.047804
2	1959.00	2	0.019590
3	5011.06	3	0.050111
4	4557.21	4	0.045572
Name: 每月支出/元, dtype: float64		Name: 每月支出/元, dtype: float64	

注：由于运行结果篇幅过长，此处分两栏展示。

离差标准化、标准差标准化、小数定标标准化 3 种标准化方法各有其优势。其中，离差标准化方法简单，便于理解，标准化后的数据限定在区间[0,1]内；标准差标准化受数据分布的影响较小；小数定标标准化方法的适用范围广，并且受数据分布的影响较小，相较于前两种方法，该方法适用程度适中。

4.4　数据变换

4.4　数据变换

数据分析的预处理工作除了数据合并、数据清理和数据标准化，还包括数据变换。数据即使经过了合并、清洗和标准化，可能还不能直接拿来做建模分析。为了将数据分析工作往前推进，需要对数据做一些合理的变换，使数据符合分析要求。

4.4.1　哑变量处理

在数据分析模型中有相当一部分算法模型都要求输入的特征为数值型特征，但在实际分析处理中，特征的类型不一定只有数值型，还存在类别型。类别型特征需要经过哑变量处理才可以输入模型。哑变量处理示例如图 4-5 所示。

哑变量处理前

	城市
1	广州
2	上海
3	杭州
4	北京
5	深圳
6	北京
7	上海
8	杭州
9	广州
10	深圳

哑变量处理后

	城市_广州	城市_上海	城市_杭州	城市_北京	城市_深圳
1	1	0	0	0	0
2	0	1	0	0	0
3	0	0	1	0	0
4	0	0	0	1	0
5	0	0	0	0	1
6	0	0	0	1	0
7	0	1	0	0	0
8	0	0	1	0	0
9	1	0	0	0	0
10	0	0	0	0	1

图 4-5　哑变量处理示例

在 Python 中可以利用 pandas 的 get_dummies 函数对类别型特征进行哑变量处理，get_dummies 函数的基本使用格式如下。

```
pandas.get_dummies(data, prefix=None, prefix_sep='_', dummy_na=False, columns=None,
sparse=False, drop_first=False, dtype=None)
```

get_dummies 函数的常用参数及其说明如表 4-11 所示。

表 4-11　get_dummies 函数的常用参数及其说明

参数名称	参数说明
data	接收 array、DataFrame 或 Series。表示需要进行哑变量处理的数据。无默认值
prefix	接收 str、str 型 list 或 str 型 dict。表示经过哑变量处理后列名的前缀。默认为 None
prefix_sep	接收 str。表示前缀的连接符。默认为 "_"
dummy_na	接收 bool。表示是否为 NaN 值添加一列。默认为 False
columns	接收类似 list 的数据。表示 DataFrame 中需要编码的列名。默认为 None
sparse	接收 bool。表示虚拟列是否是稀疏的。默认为 False
drop_first	接收 bool。表示是否通过从 k 个分类级别中删除第一级来获得 $k-1$ 个分类级别。默认为 False
dtype	接收数据类型。表示处理后新列的数据类型。默认为 None

用户信息表中的居住类型为类别型特征，利用 get_dummies 函数对其进行哑变量处理，如代码 4-22 所示。

代码 4-22　利用 get_dummies 函数进行哑变量处理

```
In[1]:    import pandas as pd
          all_info = pd.read_csv('../data/user_all_info.csv')
          live_type = all_info.loc[0: 5, '居住类型']  # 抽取部分数据做演示
          print('哑变量处理前的数据: \n', live_type)
          print('哑变量处理后的数据: \n', pd.get_dummies(live_type, dtype=int))

Out[1]:   哑变量处理前的数据:              哑变量处理后的数据:
          0    城市                        农村      城市
          1    城市                 0      0       1
          2    农村                 1      0       1
          3    农村                 2      1       0
          4    城市                 3      1       0
          5    城市                 4      0       1
                                     5      0       1

          Name: 居住类型, dtype: object
```

注：由于运行结果篇幅过长，此处分两栏展示。

由代码 4-22 可知，对于一个类别型特征，若其取值有 m 个，则经过哑变量处理后特征将变成 m 个，并且这些特征互斥，每次只有一个被激活，这使得数据变得稀疏。

对类别型特征进行哑变量处理主要解决了部分算法模型无法处理类别型数据的问题，在一定程度上起到了扩充特征的作用。由于数据变成了稀疏矩阵的形式，因此也加快了算法模型的运算速度。

4.4.2　离散化处理

某些模型算法，特别是分类算法（如 ID3 决策树算法和 Apriori 算法等），要求数据是离散的，此时就需要将连续型特征数据（数值型）变换成离散型特征数据（类别型），即连续型特征的离散化。

连续型特征的离散化在数据的取值范围内设定若干个离散的划分点，将取值范围划分

为若干个离散的子区间，用不同的符号或整数值代表落在每个子区间中的数据。因此离散化涉及两个子任务，分别为确定分类数和将连续型数据映射到类别型数据上。连续型特征的离散化示例如图 4-6 所示。

离散化处理前

	年龄
1	18
2	23
3	35
4	54
5	42
6	21
7	60
8	63
9	41
10	38

离散化处理后

	年龄
1	(17.955,27]
2	(17.955,27]
3	(27,36]
4	(45,54]
5	(36,45]
6	(17.955,27]
7	(54,63]
8	(54,63]
9	(36,45]
10	(36,45]

图 4-6　连续型特征的离散化示例

常用的离散化方法主要有 3 种：等宽法、等频法和聚类分析法（一维）。

1．等宽法

等宽法将数据的值域分成具有相同宽度的区间，区间的个数由数据本身的特点决定或由用户指定，与制作频率分布表类似。pandas 提供了 cut 函数，可以进行连续型数据的等宽离散化，其基本使用格式如下。

```
pandas.cut(x, bins, right=True, labels=None, retbins=False, precision=3,
include_lowest=False, duplicates='raise', ordered=True)
```

cut 函数的常用参数及其说明如表 4-12 所示。

表 4-12　cut 函数的常用参数及其说明

参数名称	参数说明
x	接收 array 或 Series。表示需要进行离散化处理的数据。无默认值
bins	接收 int、list、array 或 tuple。若参数值为 int，则表示离散化后的类别数目；若参数值为序列类型的数据，则表示进行切分的区间，每两个数的间隔为一个区间。无默认值
right	接收 bool。表示右侧是否为闭区间。默认为 True
labels	接收 list、array。表示离散化后各个类别的名称。默认为 None
retbins	接收 bool。表示是否返回区间标签。默认为 False
precision	接收 int。表示显示标签的精度。默认为 3
duplicates	接收指定 str。表示是否允许区间重叠。可选 raise 和 drop，raise 表示不允许，drop 表示允许。默认为 raise

使用等宽法对用户年龄进行离散化处理，如代码 4-23 所示。

代码 4-23　等宽法离散化

```
In[2]:      age_cut = pd.cut(all_info['年龄/岁'], 5)
            print('离散化后用户的年龄分布: \n', age_cut.value_counts())

Out[2]:     离散化后用户的年龄分布:
            年龄/岁
            (25.0, 35.0]     767
            (15.0, 25.0]     733
            (35.0, 45.0]     661
            (5.0, 15.0]       61
            (-5.05, 5.0]       7
            Name: count, dtype: int64
```

从代码 4-23 可以看出，使用等宽法离散化的缺陷为其对数据分布具有较高要求。如果数据分布不均匀，那么各个类别的数目也会变得不均匀，有些区间包含许多数据，而另外一些区间的数据极少，这会严重影响所建立的模型的效果。

2. 等频法

cut 函数虽然不能够直接实现等频法离散化，但是可以通过定义将相同数量的记录放进每个区间，从而实现等频的功能。使用等频法对用户年龄进行离散化，如代码 4-24 所示。

代码 4-24　等频法离散化

```
In[3]:      import numpy as np
            # 自定义等频法离散化函数
            def same_rate_cut(data, k):
                h= data.quantile(np.arange(0, 1 + 1.0 / k, 1.0 / k))
                data = pd.cut(data, h)
                return data
            # 对用户年龄进行等频法离散化
            age_same_rate = same_rate_cut(all_info['年龄/岁'], 5).value_counts()
            print('用户年龄数据等频法离散化后的分布状况: ', '\n', age_same_rate)

Out[3]:     用户年龄数据等频法离散化后的分布状况:
            年龄/岁
            (-5.0, 21.0]     501
            (27.0, 33.0]     472
            (21.0, 27.0]     438
            (33.0, 39.0]     432
            (39.0, 45.0]     385
            Name: count, dtype: int64
```

相较于等宽法离散化，等频法离散化避免了数据分布不均匀的问题，但是可能将数值非常接近的两个值分到不同的区间，以满足每个区间对数据个数的要求。

3. 聚类分析法

一维聚类的方法包括两个步骤：首先对连续型数据用聚类算法（如 K-Means 算法等）进行聚类；然后处理聚类得到的簇，为合并到同一个簇的连续型数据做同一种标记。聚类分析法离散化需要用户指定簇的个数，用于决定产生的区间数。

使用聚类分析法对用户年龄进行离散化，如代码 4-25 所示。

代码 4-25　聚类分析法离散化

```
In[4]:    # 自定义 K-Means 聚类分析法离散化函数
          def kmean_cut(data, k):
              from sklearn.cluster import KMeans  # 引入 K-Means
              # 建立模型
              kmodel = KMeans(n_clusters=k, random_state=6)
              kmodel.fit(data.values.reshape((len(data), 1)))  # 训练模型
              # 输出聚类中心并排序
              c = pd.DataFrame(kmodel.cluster_centers_).sort_values(0)
              w = c.rolling(2).mean().iloc[1:]  # 对相邻两项求中点，并将其作为边界点
              w = [0] + list(w[0]) + [data.max()]  # 把首末边界点加上
              data = pd.cut(data, w)
              return data
          # 对用户年龄进行聚类分析法离散化
          all_info.dropna(inplace=True)
          age_kmeans = kmean_cut(all_info['年龄/岁'], 5).value_counts()
          print('用户年龄聚类分析法离散化后各个类别数目的分布状况: ', '\n', age_kmeans)

Out[4]:   用户年龄聚类分析法离散化后各个类别数目的分布状况:
          年龄/岁
          (20.511, 27.33]    502
          (27.33, 33.588]    452
          (33.588, 39.501]   424
          (0.0, 20.511]      405
          (39.501, 45.0]     379
          Name: count, dtype: int64
```

　　注: 不要求完全掌握此处用到的 scikit-learn 库的 K-Means 算法，只要求能够使用已经定义好的函数进行离散化操作。此外，由于算法中未指定随机数生成器，因此运行结果会存在一定差异。

　　K-Means 聚类分析法离散化可以很好地根据现有特征的数据分布状况进行聚类，但是由于 K-Means 算法本身的缺陷，用该方法进行离散化时依旧需要指定离散化后类别的数目。此时需要配合聚类算法评价方法找出最优的簇数目。

小结

　　本章主要介绍了数据预处理过程: 数据合并、数据清洗、数据标准化和数据变换。数据合并方法主要包括堆叠合并、主键合并和重叠合并。数据清洗主要包括对重复值、缺失值和异常值的处理，其中，重复值处理细分为记录去重和特征去重; 缺失值处理方法包括删除法、替换法和插值法; 异常值处理则包括 3σ 原则和箱线图分析这两种识别方法。数据标准化介绍了如何将不同量纲的数据转化为具有一致性的标准化数据。数据变换介绍了如何从不同的应用角度对已有的特征数据进行变换。

实训

实训 1　合并年龄、平均血糖数据和中风患者信息数据

1. 训练要点

（1）掌握判断主键的方法。

（2）掌握主键合并的方法。

2．需求说明

我国始终把保障人民健康放在优先发展的战略位置。"上医治未病"，建立疾病预防控制体系有利于从源头上预防和控制重大疾病。某医院为了早期监测预警患者的中风风险，对现有中风患者的基础信息和体检数据表（healthcare-dataset-stroke.xlsx）进行分析，部分数据如表 4-13 所示。经观察发现患者基础信息和体检数据中缺少中风患者的年龄和平均血糖的信息，然而在年龄和平均血糖数据表（healthcare-dataset-age_abs.xlsx）中存放了分析所需的中风患者的年龄和平均血糖信息，部分数据如表 4-14 所示。现需要对患者的年龄、平均血糖数据与患者基础信息和体检数据进行合并，以便进行下一步分析。

表 4-13　部分中风患者的基础信息和体检数据

编号	性别	高血压	是否结婚	工作类型	居住类型	体重指数	吸烟史	中风
9046	男	0	是	私人	城市	36.6	以前吸烟	1
51676	女	0	是	私营企业	农村		从不吸烟	1
31112	男	0	是	私人	农村	32.5	从不吸烟	1
60182	女	0	是	私人	城市	34.4	抽烟	1
1665	女	1	是	私营企业	农村	24.0	从不吸烟	1

表 4-14　部分中风患者的年龄和平均血糖数据

编号	年龄/岁	平均血糖/（mg/dl）
9046	67	228.69
51676	61	202.21
31112	80	105.92
60182	49	171.23
1665	79	174.12
53016	1.8	130.61

3．实现思路及步骤

（1）利用 read_excel 函数读取 healthcare-dataset-stroke.xlsx 表。

（2）利用 read_excel 函数读取 healthcare-dataset-age_abs.xlsx 表。

（3）查看两表的数据量。

（4）以编号作为主键进行外连接。

（5）查看数据是否合并成功。

实训 2　删除年龄异常的数据

1．训练要点

掌握异常值的处理方法。

2．需求说明

观察实训 1 合并后的数据发现在年龄特征中存在异常值（年龄数值为小数，如 1.8），为了避免异常值对分析结果造成不良影响，需要对异常值进行处理。

3. 实现思路及步骤

（1）获取年龄特征。

（2）利用 for 循环获取年龄特征中的数值，并用 if-else 语句判断年龄数值是否为异常值。

（3）若年龄数值为异常值，则删除异常值。

实训 3　离散化年龄特征

1. 训练要点

（1）掌握函数的创建与使用方法。

（2）掌握离散化连续型数据的方法。

2. 需求说明

利用分类算法预测患者是否中风时，算法模型要求数据是离散的。在实训 2 中已对年龄特征异常值进行了处理，现需要将连续型数据变换为离散型数据，使用等宽法对年龄特征进行离散化。

3. 实现思路及步骤

（1）获取年龄特征。

（2）使用等宽法对年龄特征进行离散化。

课后习题

1. 选择题

（1）下列选项中可以进行横向堆叠的是（　　　）。

    A．merge　　　　　　B．concat　　　　　　C．join()　　　　　　D．combine_first()

（2）下列选项中可以进行主键合并的是（　　　）。

    A．merge　　　　　　B．concat　　　　　　C．dropna()　　　　　D．combine_first()

（3）下列选项中可以进行重叠合并的是（　　　）。

    A．merge　　　　　　B．concat　　　　　　C．fillna()　　　　　D．combine_first()

（4）下列关于 pandas 中 drop_duplicates()方法的说法正确的是（　　　）。

    A．drop_duplicates()是常用的主键合并方法，能够实现左连接和右连接

    B．drop_duplicates()方法不能选择保留哪一个特征

    C．drop_duplicates()方法仅支持单一特征数据去重

    D．drop_duplicates()方法不会改变原数据的排列

（5）下列关于特征去重的说法错误的是（　　　）。

    A．corr()方法可通过相似度矩阵去重

    B．可通过 equals()方法进行特征去重

    C．相似度矩阵去重可对任意类型的重复特征去重

    D．相似度矩阵去重只能对数值型的重复特征去重

（6）下列选项中可以进行特征删除的是（　　　）。

    A．dropna()方法　　B．fillna()方法　　　C．isnull()方法　　　D．notnull()方法

（7）下列选项中可以进行缺失值替换的是（　　　）。

    A．dropna()方法　　B．fillna()方法　　　C．isnull()方法　　　D．notnull()方法

（8）下列关于插值法的说法错误的是（　　　）。

    A．常见的插值法有线性插值、多项式插值和样条插值

    B．线性插值通过求解线性方程得到缺失值

    C．常见的线性插值有拉格朗日插值和牛顿插值

    D．pandas 中的 interpolate()方法可进行插值操作

（9）下列选项中可以进行哑变量处理的是（　　　）。

    A．cut 函数　　　B．get_cut 函数　　　C．dummies 函数　　D．get_dummies 函数

（10）下列选项中不属于检测与处理缺失值的方法的是（　　　）。

    A．插值法　　　　B．替换法　　　　C．哑变量处理　　　D．删除法

2．操作题

某公司人事工作人员为了对来聘人员信息进行分析，以聘用适合计算机岗位的人员，调用了计算机岗位来聘人员信息表（hr_job.csv），部分数据如表 4-15 所示，数据字段包括应聘人员 ID、性别、相关经验、教育水平和工作次数等信息。

表 4-15　来聘人员信息表部分数据

应聘人员 ID	性别	相关经验	教育水平	工作次数
8949	男	有	大学	14
29725	男	无	大学	15
11561		无	大学	5
33241		无	大学	0
666	男	有	硕士	9

经观察发现，数据存在缺失值等异常数据，因此需要对数据进行预处理，主要步骤如下。

（1）读取来聘人员信息数据。

（2）将类别型数据中的缺失值填补为"未知"，将数值型缺失值填补为其对应特征的均值。

（3）将数值型异常数据替换为其对应特征的均值，将性别特征的异常值替换为"未知"。

（4）对所有的分类数据进行哑变量处理。

3．实践题

为了更精确地分析新能源汽车的销售情况，需要对第 3 章实践题处理后保存的数据进行进一步预处理，具体操作步骤如下。

（1）读取"新能源汽车销售数据_经过第 3 章处理.csv"文件。

（2）使用 drop_duplicates()方法处理数据中的重复值。

（3）计算成交金额的最小值、33%分位数、66%分位数和最大值。

（4）使用 pd.cut()函数根据最小值、33%分位数、66%分位数和最大值对成交金额进行离散化处理，将其分为"低""中""高"3 个等级。

（5）保存修改后的数据为"新能源汽车销售数据_经过第 4 章处理.csv"。

第 5 章 Matplotlib、seaborn、pyecharts 数据可视化基础

Matplotlib 中应用较广的是 matplotlib.pyplot（简称为 pyplot）模块。在 pyplot 中，各种状态可跨函数调用和保存，以便跟踪当前图形和绘图区域等，并且绘图函数始终指向当前轴域（x 轴和 y 轴所围成的区域）。除 Matplotlib 之外，常用的数据可视化库还有 seaborn 和 pyecharts。seaborn 是基于 Matplotlib 的 Python 可视化库，它提供了高度交互式的界面。pyecharts 是一个将 Python 与 Echarts 相结合的功能强大的数据可视化库，具有简洁的 API 设计、包括 30 多种常见图表，支持主流 Notebook 环境，可轻松集成至 Flask、Django 等主流 Web 框架中。

本章将介绍使用 Matplotlib 绘制图形的基础语法和常用参数，以及使用 Matplotlib 绘制进阶图形的方法。此外，还将介绍 seaborn 和 pyecharts 的绘图基础，利用 seaborn 绘制热力图的方法，利用 pyecharts 绘制交互式图形的方法。

学习目标

（1）掌握 pyplot 的基础语法。
（2）掌握 pyplot 的动态 rc 参数的设置方法。
（3）掌握使用 Matplotlib 绘制进阶图形的方法。
（4）了解 seaborn 的基础图形和绘图风格。
（5）熟悉 seaborn 调色板的设置方法。
（6）掌握使用 seaborn 绘制基础图形的方法。
（7）了解 pyecharts 的初始配置项、系列配置项和全局配置项的设置方法。
（8）掌握使用 pyecharts 绘制交互式图形的方法。

素养目标

（1）通过绘制散点图、折线图、柱形图、饼图、箱线图，分析供水和用水的基本情况，增强节约用水的意识。
（2）通过绘制热力图，分析城市综合发展水平相关指标之间的相关性，了解城市发展不仅是单方面的提升，而是多方面的协调发展，加深对可持续发展理念的理解。

（3）通过绘制词云图，分析部分宋词的词频情况，增强对宋词的基本了解，认识中华文化的深厚底蕴和独特魅力，增强文化传承意识，提升民族自豪感。

思维导图

5.1 Matplotlib 基础绘图
========================

5.1 Matplotlib 基础绘图

掌握使用 pyplot 绘制各类图形的基础语法是绘制图形的前提。每一幅图的绘制都会涉及不少的参数，虽然多数参数有默认值，但是很多参数在使用时必须手动设置。本节将介绍使用 Matplotlib 绘制常见的散点图、折线图、柱形图、饼图和箱线图的方法。

5.1.1 pyplot 绘图基础语法与常用参数

使用 Matplotlib 绘制图形前需要先了解 pyplot 的基础语法及其动态 rc 参数的设置。pyplot 基本绘图流程如图 5-1 所示，主要分为 3 个部分。

1. 掌握 pyplot 基础语法

学习 pyplot 的基础语法，可从创建画布与创建子图、添加画布内容、保存与显示图形 3 个部分进行。

图 5-1　pyplot 基本绘图流程

（1）创建画布与创建子图。

第一部分的主要作用是构建出一个空白的画布，可以选择是否将整个画布划分为多个部分，以便在同一个画布中绘制多个子图。当只需要绘制一个简单的图形时，这部分内容可以省略。在 pyplot 中，创建画布与创建并选中子图的常用函数/方法及其作用如表 5-1 所示，为了方便读者查看，将 matplotlib.pyplot 简写为 plt。

表 5-1　创建画布与创建并选中子图的常用函数/方法及其作用

函数/方法名称	函数/方法作用
plt.figure	创建一张空白画布，可以指定画布大小等
figure.add_subplot	创建并选中子图，可以指定子图的行数、列数和选中图片的编号

（2）添加画布内容。

第二部分是绘图的主要部分。其中的添加标题、添加坐标轴标签、绘制图形等步骤是没有先后顺序的，可以先绘制图形，也可以先添加各类标签。但是添加图例一定要在绘制图形之后。在 pyplot 中添加各类标签和图例的常用函数及其作用如表 5-2 所示。

表 5-2　添加各类标签和图例的常用函数及其作用

函数名称	函数作用
plt.title	在当前图形中添加标题，可以指定标题的名称、位置、颜色、字号等参数
plt.xlabel	在当前图形中添加 x 轴标签，可以指定位置、颜色、字号等参数
plt.ylabel	在当前图形中添加 y 轴标签，可以指定位置、颜色、字号等参数
plt.xlim	指定当前图形 x 轴的范围，只能确定一个数值区间，无法使用字符串标识
plt.ylim	指定当前图形 y 轴的范围，只能确定一个数值区间，无法使用字符串标识
plt.xticks	获取或设置 x 轴的当前刻度位置和标签
plt.yticks	获取或设置 y 轴的当前刻度位置和标签
plt.legend	指定当前图形的图例，可以指定图例的大小、位置、标签

（3）保存与显示图形。

第三部分主要用于保存和显示图形，这部分内容的常用函数只有两个，并且参数很少，如表 5-3 所示。

表 5-3　保存与显示图形的常用函数及其作用

函数名称	函数作用
plt.savefig	保存绘制的图形，可以指定图形的分辨率、边缘的颜色等参数
plt.show	在本机显示图形

简单图形的绘制可以省略第一部分，直接在默认的画布上进行绘制，基础绘图语法如代码 5-1 所示。

代码 5-1　基础绘图语法

```
In[1]:    import numpy as np
          import matplotlib.pyplot as plt
          # %matplotlib inline 表示在行中显示图片，在命令行中运行时会报错
          data = np.arange(0, 1.1, 0.01)
          plt.title('lines')  # 添加标题
          plt.xlabel('x')  # 添加 x 轴的标签
          plt.ylabel('y')  # 添加 y 轴的标签
          plt.xlim((0, 1))  # 指定 x 轴范围
          plt.ylim((0, 1))  # 指定 y 轴范围
          plt.xticks([0, 0.2, 0.4, 0.6, 0.8, 1])  # 设置 x 轴刻度
          plt.yticks([0, 0.2, 0.4, 0.6, 0.8, 1])  # 设置 y 轴刻度
          plt.plot(data, data ** 2)  # 添加 y=x^2 曲线
          plt.plot(data, data ** 4)  # 添加 y=x^4 曲线
          plt.legend(['y=x^2', 'y=x^4'])  #添加图例
          plt.savefig('../tmp/y=x^2.jpg')
          plt.show()
```

注：具体的绘图函数 plt.plot 在此处不要求掌握，此处主要掌握基础图形的绘制流程。

代码 5-1 是一个简单的不含子图的标准绘图流程。子图的绘制本质上是多个基础图形绘制过程的叠加，即在同一个画布的不同子图上绘制图形，如代码 5-2 所示。

代码 5-2　包含子图绘制的基础语法

```
In[2]:   x = np.arange(0, np.pi * 2, 0.01)
         # 第一幅子图
         p1 = plt.figure(figsize=(8, 6), dpi=80)  # 确定画布大小
         # 创建一个 2 行 1 列的图，并开始绘制第一幅子图
         ax1 = p1.add_subplot(2, 1, 1)
         plt.title('lines')  # 添加标题
         plt.xlabel('x')  # 添加 x 轴的标签
         plt.ylabel('y')  # 添加 y 轴的标签
         plt.xlim((0, 1))  # 指定 x 轴范围
         plt.ylim((0, 1))  # 指定 y 轴范围
         plt.xticks([0, 0.2, 0.4, 0.6, 0.8, 1])  # 设置 x 轴刻度
         plt.yticks([0, 0.2, 0.4, 0.6, 0.8, 1])  # 设置 y 轴刻度
         plt.plot(x, x ** 2)  # 添加 y=x^2 曲线
         plt.plot(x, x ** 4)  # 添加 y=x^4 曲线
         plt.legend(['y=x^2', 'y=x^4'])  #添加图例
         # 第二幅子图
         ax2 = p1.add_subplot(2, 1, 2)  # 开始绘制第二幅
         plt.title('sin/cos(x)')  # 添加标题
         plt.xlabel('x')  # 添加 x 轴的标签
         plt.ylabel('y')  # 添加 y 轴的标签
         plt.xlim((0, np.pi * 2))  # 确定 x 轴范围
         plt.ylim((-1, 1))  # 确定 y 轴范围
         # 设置 x 轴刻度
         plt.xticks([0, np.pi / 2, np.pi, np.pi * 1.5, np.pi * 2])
         plt.yticks([-1, -0.5, 0, 0.5, 1])  # 确定 y 轴刻度
         plt.plot(x, np.sin(x))  # 添加 sin(x)曲线
         plt.plot(x, np.cos(x))  # 添加 cos(x)曲线
         plt.legend(['y=sin(x)', 'y=cos(x)'])
         plt.tight_layout()  # 调整两个子图的间距
         plt.savefig('../tmp/sincos.jpg')
         plt.show()
```

Out[2]:

注：具体的绘图函数 plt.plot 在此处不要求掌握，此处主要掌握包含子图的图形绘制流程。

2. 设置 pyplot 的动态 rc 参数

pyplot 使用 rc 配置文件来定义图形的各种默认属性，这些属性被称为 rc 配置或 rc 参

数。在 pyplot 中，几乎所有的默认属性都是可以设置的，如窗口大小、线条宽度、颜色与样式、坐标轴、网格属性、文本、字体等。

默认 rc 参数可以在 Python 交互式环境中动态变化。所有存储在字典中的 rc 参数都被称为 rcParams。修改 rc 参数后，绘图时默认使用的参数就会发生变化。线条 rc 参数修改前后的对比如代码 5-3 所示。

代码 5-3　线条 rc 参数修改前后的对比

```
In[3]:    # 原图
          x = np.linspace(0, 4 * np.pi)  # 生成 x 轴数据
          y = np.sin(x)  # 生成 y 轴数据
          plt.plot(x, y, label='$sin(x)$')  # 绘制 sin(x) 曲线
          plt.title('sin(x)')
          plt.xlabel('x')
          plt.ylabel('y')
          plt.show()
```

```
In[4]:    # 修改 rc 参数后的图
          plt.rcParams['lines.linestyle'] = '-.'
          plt.rcParams['lines.linewidth'] = 3
          plt.plot(x, y, label='$sin(x)$')  # 绘制 sin(x) 曲线
          plt.title('sin(x)')
          plt.xlabel('x')
          plt.ylabel('y')
          plt.show()
```

线条中常用的 rc 参数的名称、解释与取值如表 5-4 所示。

表 5-4　线条中常用的 rc 参数的名称、解释与取值

rc 参数名称	解释	取值
lines.linewidth	线条宽度	取 0～10 的数值，默认为 1.5
lines.linestyle	线条样式	可取 "-" "--" "-." ":" 4 种，默认为 "-"
lines.marker	线条上点的形状	可取 "o" "D" "h" "." "," "s" 等 20 种，默认为 None
lines.markersize	点的大小	取 0～10 的数值，默认为 1

其中，lines.linestyle 参数的 4 种取值及其意义如表 5-5 所示。lines.marker 参数的 20 种取值及其意义如表 5-6 所示。

表 5-5　lines.linestyle 参数的取值及其意义

lines.linestyle 取值	意义	lines.linestyle 取值	意义
-	实线	-.	点线
--	长虚线	:	短虚线

表 5-6　lines.marker 参数的取值及其意义

lines.marker 取值	意义	lines.marker 取值	意义
o	圆圈	.	点
D	菱形	s	正方形
h	六边形 1	*	星号
H	六边形 2	d	小菱形
-	水平线	v	一角朝下的三角形
8	八边形	<	一角朝左的三角形
p	五边形	>	一角朝右的三角形
,	像素点	^	一角朝上的三角形
+	加号	|	竖线
None	无	x	×

由于默认的 pyplot 字体并不支持中文字符的显示，因此需要通过设置 font.sans-serif 参数来改变绘图时的字体，使图形可以正常显示中文。同时，由于更改字体会使坐标轴中的部分字符无法显示，因此需要同时更改 axes.unicode_minus 参数，如代码 5-4 所示。

代码 5-4　更改字体的 rc 参数

```
In[5]:    # 无法显示中文标题
          plt.plot(x, y, label='$sin(x)$')  # 绘制三角函数
          plt.title('sin(x)曲线')
          plt.xlabel('x')
          plt.ylabel('y')
          plt.show()
```

Out[5]:

In[6]:
```
# 设置 rc 参数，以便显示中文标题
# 设置字体为 SimHei
plt.rcParams['font.sans-serif'] = 'SimHei'
plt.rcParams['axes.unicode_minus'] = False  # 设置正常显示符号
plt.plot(x, y, label='$sin(x)$')  # 绘制三角函数
plt.title('sin(x)曲线')
plt.xlabel('x')
plt.ylabel('y')
plt.show()
```

Out[6]:

除了有设置线条和字体的 rc 参数，还有设置文本、坐标轴、图例、标记、图片、图像保存等的 rc 参数。具体参数与取值可以参考官方文档。

5.1.2　使用 Matplotlib 绘制进阶图形

目前常用的数据可视化进阶图形有散点图、折线图、柱形图、饼图和箱线图等，可以使用 Matplotlib 进行绘制。

1. 绘制散点图

散点图又称为散点分布图，是一种以一个特征为横坐标，以另一个特征为纵坐标，利用坐标点（散点）的分布形态反映这两个特征间的统计关系的图形。值由点在图形中的位

置表示，类别由图形中的不同标记表示，通常用于比较跨类别的数据。

散点图可以提供两类关键信息，具体内容如下。

（1）特征之间是否存在数值或数量的关联趋势，关联趋势是线性的还是非线性的。

（2）如果某一个点或某几个点偏离大多数点，那么这些点就是离群值。通过散点图可以一目了然地看出哪些点是离群值，从而进一步分析这些离群值是否会在建模分析中产生较大的影响。

散点图可通过散点的疏密程度和变化趋势表示两个特征的数量关系。如果有 3 个特征，且其中一个特征为类别型特征，可通过改变类别型特征的点的形状或颜色，了解两个数值型特征和这个类别型特征之间的关系。

pyplot 中绘制散点图的函数为 scatter，scatter 函数的基本使用格式如下。

```
matplotlib.pyplot.scatter(x, y, s=None, c=None, marker=None, cmap=None, norm=None,
vmin=None, vmax=None, alpha=None, linewidths=None, *, edgecolors=None,
plotnonfinite=False, data=None, **kwargs)
```

scatter 函数的常用参数及其说明如表 5-7 所示。

表 5-7　scatter 函数的常用参数及其说明

参数名称	参数说明
x、y	接收 float 或 array。表示 x 轴和 y 轴对应的数据。无默认值
s	接收 float 或 array。表示指定点的大小，若传入一维数组，则表示每个点的大小。默认为 None
c	接收颜色或 array。表示指定点的颜色，若传入一维数组，则表示每个点的颜色。默认为 None
marker	接收特定 str。表示绘制的点的类型。默认为 None
alpha	接收 float。表示点的透明度。默认为 None

为推进美丽中国建设，加快发展方式绿色转型，需要实施全面节约战略，推进各类资源节约集约利用。随着城市化进程的加快，城市人口不断增加，居民生活用水、工业用水和农业用水需求逐年上升。为了提高节约用水的意识，需要先了解供水和用水的基本情况。2004 年—2022 年供水用水情况数据示例如表 5-8 所示。

表 5-8　2004 年—2022 年供水用水情况数据示例

特征名称	示例	特征名称	示例
年份/年	2022	用水总量/亿立方米	5998.2
供水总量/亿立方米	5998.2	农业用水总量/亿立方米	3781.3
地表水供水总量/亿立方米	4994.2	工业用水总量/亿立方米	968.4
地下水供水总量/亿立方米	828.2	生活用水总量/亿立方米	905.7
其他供水总量/亿立方米	175.8	生态用水总量/亿立方米	342.8

基于供水用水情况数据绘制 2004 年—2022 年供水情况散点图，如代码 5-5 所示。

代码 5-5　2004 年—2022 年供水情况散点图

```
In[7]:    import pandas as pd
          import matplotlib.pyplot as plt
          waterdata = pd.read_excel('../data/供水用水情况.xlsx')
          plt.rcParams['font.sans-serif'] = 'SimHei'  # 设置中文显示
          plt.rcParams['axes.unicode_minus'] = False
```

```
plt.figure(figsize=(8, 6), dpi=1080)  # 设置画布
plt.scatter(waterdata['年份/年'], waterdata['供水总量/亿立方米'],
            marker='o')  # 绘制散点图
plt.xlabel('年份/年')  # 添加 x 轴标签
plt.ylabel('供水总量/亿立方米')  #添加 y 轴标签
plt.xticks(range(2004, 2023, 1), rotation=45)  #设置 x 轴刻度标签
plt.title('2004 年—2022 年供水情况散点图')  # 添加图表标题
plt.show()  # 显示图形
```

Out[7]:

使用不同颜色的点绘制 2004 年—2022 年供水情况散点图，如代码 5-6 所示。

代码 5-6 绘制 2004 年—2022 年供水情况散点图

In[8]:
```
p = plt.figure(figsize=(8, 6), dpi=1080)  # 设置画布
# 绘制散点图 1
plt.scatter(waterdata['年份/年'], waterdata['工业用水总量/亿立方米'],
            marker='o', c='b')
# 绘制散点图 2
plt.scatter(waterdata['年份/年'], waterdata['地下水供水总量/亿立方米'],
            marker='o', c='r')
plt.xlabel('年份/年')  # 添加 x 轴标签
plt.ylabel('水总量/亿立方米')  # 添加 y 轴标签
plt.xticks(range(2004, 2023, 1), rotation=45)  # 设置 x 轴刻度标签
plt.legend(['工业用水总量', '地下水供水总量'])  # 添加图例
 # 添加图表标题
plt.title('2004 年—2022 年地下水供水总量和工业用水总量散点图')
plt.show()
```

Out[8]:

通过代码 5-6 中点的颜色的区别可以看出，在 2004 年—2012 年期间，地下水供水总量逐年增加，工业用水总量呈上升趋势；在 2013 年—2022 年期间，地下水供水总量逐年减少，工业用水总量呈下降趋势。

2. 绘制折线图

折线图是一种将数据点按顺序连接起来的图形，可以看作将散点图中的散点按照 x 轴坐标顺序连接起来的图形。折线图的主要功能是展示因变量 y 随自变量 x 改变的趋势，适用于显示随时间（根据常用比例设置）变化的连续数据，还可以显示数量的差异和增长趋势的变化。

pyplot 中绘制折线图的函数为 plot，plot 函数的基本使用格式如下。

```
matplotlib.pyplot.plot(* args, scalex = True, scaley = True, data = None, ** kwargs)
```

plot 函数在官方文档的语法中只要求输入不定长参数，实际可以输入的参数主要如表 5-9 所示。

表 5-9　plot 函数的常用参数及其说明

参数名称	参数说明
x、y	接收 array。表示 x 轴和 y 轴对应的数据。无默认值
scalex、scaley	接收 bool。表示控制坐标轴是否自动调整刻度。默认为 True
data	接收可索引对象。表示具有标签数据的对象。默认为 None
color	接收特定 str。表示指定线条的颜色。默认为 None
linestyle	接收特定 str。表示指定线条类型。默认为 "-"
marker	接收特定 str。表示绘制的点的类型。默认为 None
alpha	接收 float。表示点的透明度。默认为 None

其中，color 参数的 8 种常用颜色的缩写如表 5-10 所示。

表 5-10　color 参数的 8 种常用颜色缩写

颜色缩写	代表的颜色	颜色缩写	代表的颜色	颜色缩写	代表的颜色
b	蓝色	c	青色	k	黑色
g	绿色	m	品红	w	白色
r	红色	y	黄色		

linestyle 参数在 5.1.1 小节中已经提及。使用 pyplot 绘制 2004 年—2022 年用水总量折线图，如代码 5-7 所示。

代码 5-7　绘制 2004 年—2022 年用水总量折线图

```
In[9]:    p = plt.figure(figsize=(8, 6), dpi=1080)  #设置画布
          # 绘制折线图
          plt.plot(waterdata['年份/年'], waterdata['用水总量/亿立方米'],
                   color='r', linestyle='-')
          plt.xlabel('年份/年')  # 添加 x 轴标签
          plt.ylabel('水总量/亿立方米')  # 添加 y 轴标签
          plt.xticks(range(2004, 2023, 1), rotation=45)  # 设置 x 轴刻度标签
          plt.title('2004 年—2022 年用水总量折线图')  # 添加图表标题
          plt.show()
```

Out[9]:

使用 marker 参数可以绘制点线图，从而使图形更加丰富，如代码 5-8 所示。

代码 5-8　绘制 2004 年—2022 年用水总量点线图

```
In[10]:   p = plt.figure(figsize=(8, 6), dpi=1080)  #设置画布
          # 绘制点线图
          plt.plot(waterdata['年份/年'], waterdata['用水总量/亿立方米'],
                  c='b', linestyle='-', marker='o')
          plt.xlabel('年份/年')  # 添加 x 轴标签
          plt.ylabel('水总量/亿立方米')  # 添加 y 轴标签
          plt.xticks(range(2004, 2023, 1), rotation=45)  # 设置 x 轴刻度标签
          plt.title('2004 年—2022 年用水总量点线图')  # 添加图表标题
          plt.show()
```

Out[10]:

plot 函数一次可以接收多组数据，从而添加多条折线，同时可以分别定义每条折线的颜色、点和线条的类型，还可以将这 3 个参数连接在一起用一个字符串表示，如代码 5-9 所示。

代码 5-9　绘制 2004 年—2022 年用水总量点线图

```
In[11]:   p = plt.figure(figsize=(12, 6), dpi=1080)  # 设置画布
          # 绘制点线图
          plt.plot(waterdata['年份/年'], waterdata['农业用水总量/亿立方米'],
                  'bs-',
                  waterdata['年份/年'], waterdata['工业用水总量/亿立方米'],
                  'ro-.')
          plt.xlabel('年份/年')  # 添加 x 轴标签
          plt.ylabel('水总量/亿立方米')  # 添加 y 轴标签
          plt.xticks(range(2004, 2023, 1), rotation=45)  # 设置 x 轴刻度标签
          plt.legend(['农业用水总量', '工业用水总量'])  # 添加图例
```

```
plt.title('2004 年—2022 年用水总量点线图')   # 添加图表标题
plt.show()
```

Out[11]:

3. 绘制柱形图

柱形图的核心思想是对比，常用于显示一段时间内的数据变化或显示各项数据之间的对比情况。柱形图的适用场合是二维数据集（每个数据点包括两个值，即 x 和 y），但只有一个维度的值需要比较。例如，年销售额就是二维数据，即"年份""销售额"，但只需要比较"销售额"这一个维度的数据。柱形图利用柱形的高度反映数据的大小。人眼对柱形高度的差异很敏感，因此辨识效果非常好。柱形图的局限在于它只适用于中小规模的数据集。

pyplot 中绘制柱形图的函数为 bar，bar 函数的基本使用格式如下。

```
matplotlib.pyplot.bar(x, height, width = 0.8, bottom = None, *, align = 'center',
data = None, ** kwargs)
```

bar 函数的常用参数及其说明如表 5-11 所示。

表 5-11　bar 函数的常用参数及其说明

参数名称	参数说明
x	接收 array 或 float。表示 x 轴数据。无默认值
height	接收 array 或 float。表示指定柱形的高度。无默认值
width	接收 array 或 float。表示指定柱形的宽度。默认为 0.8
bottom	接收 array 或 float。表示指定柱形的起始位置。默认为 None
align	接收 str。表示柱形图与 x 轴的对齐方式，可选 center 和 edge。默认为 center
data	接收可索引对象。表示具有标签数据的对象。默认为 None

使用 bar 函数绘制 2022 年用水总量柱形图，如代码 5-10 所示。

代码 5-10　绘制 2022 年用水总量柱形图

```
In[12]:   p = plt.figure(figsize=(6, 6), dpi=1080)   # 设置画布
          # 绘制柱形图
```

```
labels = ['农业用水总量', '工业用水总量', '生活用水总量', '生态用水总量']
plt.bar(range(4), waterdata.iloc[-1, 6:], width=0.5)
plt.xlabel('类别')  # 添加 x 轴标签
plt.ylabel('水总量/亿立方米')  # 添加 y 轴标签
plt.xticks(range(4), labels)  # 设置 x 轴刻度标签
plt.title('2022 年用水总量柱形图')  # 添加图表标题
plt.show()
```

Out[12]:

通过代码 5-10 的运行结果可以看出，2022 年农业用水总量最多，其次是工业用水总量、生活用水总量，生态用水总量最少。

4. 绘制饼图

饼图将各项数据的大小与各项数据总和的比例显示在一张"饼"中，以"饼块"的大小来确定每一项数据的占比。饼图可以比较清楚地反映出部分与部分、部分与整体之间的比例关系，而且显示方式直观。

pyplot 中绘制饼图的函数为 pie，pie 函数的基本使用格式如下。

```
matplotlib.pyplot.pie(x, explode=None, labels=None, colors=None, autopct=None,
pctdistance=0.6, shadow=False, labeldistance=1.1, startangle=0, radius=1,
counterclock=True, wedgeprops=None, textprops=None, center=0, 0, frame=False,
rotatelabels=False, *, normalize=None, hatch=None, data=None)
```

pie 函数的常用参数及其说明如表 5-12 所示。

表 5-12　pie 函数的常用参数及其说明

参数名称	参数说明
x	接收 array。表示用于绘制饼图的数据。无默认值
explode	接收 array。表示饼块与饼图圆心的偏移距离。默认为 None
labels	接收 list。表示每一项数据的标签。默认为 None

续表

参数名称	参数说明
colors	接收特定 str 或包含颜色 str 的 array。表示饼图颜色。默认为 None
autopct	接收特定 str。表示数值的显示方式。默认为 None
pctdistance	接收 float。表示每个饼块的中心与 autopct 生成的文本之间的距离。默认为 0.6
labeldistance	接收 float。表示绘制的饼图标签到饼图圆心的距离。默认为 1.1
radius	接收 float。表示饼图的半径。默认为 1

使用 pie 函数绘制 2022 年用水总量分布饼图，如代码 5-11 所示。

代码 5-11　绘制 2022 年用水总量分布饼图

```
In[13]:   p = plt.figure(figsize=(6, 6), dpi=1080)  # 设置画布
          label = ['农业用水总量', '工业用水总量', '生活用水总量', '生态用水总量']
          explode = [0.01, 0.01]  # 设定各饼块与饼图圆心偏移 0.01 个半径
          # 绘制饼图
          plt.pie(waterdata.iloc[-1, 6:], labels=label, autopct='%1.1f%%')
          plt.title('2022年用水总量分布饼图')  # 添加图表标题
          plt.show()
```

Out[13]:

通过代码 5-11 可以明确看出农业用水总量、工业用水总量、生活用水总量、生态用水总量在总用水量中的占比。其中 2022 年农业用水总量占比为 63.0%，工业用水总量占比 16.2%，生活用水总量占比为 15.1%，生态用水总量占比为 5.7%，农业用水总量占多数。

5. 绘制箱线图

箱线图也称箱须图，绘制时，常用的统计量便能提供有关数据位置和分散情况的关键信息，尤其在比较不同特征时，可表现出这些特征的分散程度差异。图 5-2 所示为箱线图中每条线的含义。

图 5-2　箱线图中每条线的含义

　　箱线图利用数据的 5 个统计量（非异常值的下边缘、下四分位数、中位数、上四分位数和非异常值的上边缘）来描述数据。通过箱线图可以粗略地看出数据是否具有对称性、分布的分散程度等信息，非常适合用于对多个样本进行比较。

　　pyplot 中绘制箱线图的函数为 boxplot，boxplot 函数的基本使用格式如下。

```
matplotlib.pyplot.boxplot(x, notch=None, sym=None, vert=None, whis=None,
positions=None, widths=None, patch_artist=None, bootstrap=None, usermedians=None,
conf_intervals=None, meanline=None, showmeans=None, showcaps=None, showbox=None,
showfliers=None, boxprops=None, labels=None, flierprops=None, medianprops=None,
meanprops=None, capprops=None, whiskerprops=None, manage_ticks=True,
autorange=False, zorder=None, capwidths=None, *, data=None)
```

　　boxplot 函数的常用参数及其说明如表 5-13 所示。

表 5-13　boxplot 函数的常用参数及其说明

参数名称	参数说明
x	接收 array。表示用于绘制箱线图的数据。无默认值
notch	接收 bool。表示中间箱体是否有缺口。默认为 None
sym	接收特定 str。表示指定异常点的形状。默认为 None
vert	接收 bool。表示图形是纵向或横向的。默认为 None
positions	接收 array。表示图形位置。默认为 None
widths	接收 float 或 array。表示每个箱体的宽度。默认为 None
labels	接收 Sequence。表示每个数据集的标签。默认为 None

　　绘制 2004 年—2022 年用水总量分布箱线图，如代码 5-12 所示。

代码 5-12　2004 年—2022 年用水总量分布箱线图

```
In[14]:   label = ['农业用水总量', '工业用水总量', '生活用水总量', '生态用水总量']
          gdp = (waterdata.iloc[:, 6], waterdata.iloc[:, 7],
                 waterdata.iloc[:, 8], waterdata.iloc[:, 9])
          p = plt.figure(figsize=(6, 6), dpi=1080)  # 设置画布
          # 绘制箱线图
          plt.boxplot(gdp, notch=True, labels=label, meanline=True)
          plt.title('2004 年—2022 年用水总量分布箱线图')  # 添加图表标题
          plt.show()
```

Out[14]:

通过代码 5-12 可以看出，2004 年—2022 年，农业用水总量、生活用水总量没有明显异常值，工业用水总量、生态用水总量中存在一定的异常值。

5.2　seaborn 基础绘图

　　seaborn 绘制的图形在色彩和视觉上会令人耳目一新，通常将它视为 Matplotlib 的补充。本节主要介绍 seaborn 的基础图形，利用主题样式、元素缩放、边框控制和定义调色板等设置图形的风格和颜色的方法，以及使用 seaborn 绘制常用的基础图形（如热力图）。

5.2　seaborn 基础绘图

5.2.1　seaborn 绘图基础

　　在使用 seaborn 绘制图形之前需要掌握其绘图基础，包括基础图形、绘图风格和调色板等。

1. seaborn 中的基础图形

　　教育是国之大计、党之大计，因此需要坚持教育优先发展，加快建设教育强国。为了了解高等学校的数量情况，现收集了 2013 年—2022 年各类型高等学校的数量，部分数据如表 5-14 所示。

表 5-14　高等学校数量情况（部分）

年份/年	类型	数量/所
2022	普通高校	2760
2022	理工农医学校	2451
2022	人文社科学校	2509

续表

年份/年	类型	数量/所
2021	普通高校	2756
2021	理工农医学校	2381

seaborn 包含大量常用的基础图形绘制函数。以高等学校的数量情况数据为例，分别使用 Matplotlib 与 seaborn 绘制不同类型高校数量分布的散点图，如代码 5-13 所示。

代码 5-13　绘制不同类型高校数量分布的散点图

In[1]:
```python
# 导入库
from matplotlib import pyplot as plt
import pandas as pd
import seaborn as sns

# 加载数据
schooldata = pd.read_excel('../data/高等学校数量情况.xlsx')

plt.figure(figsize=(8, 6), dpi=1080)   #设置画布
# 设置中文字体
plt.rcParams['font.sans-serif'] = ['SimHei']
sns.set_style({'font.sans-serif':['SimHei', 'Arial']})

# 使用 Matplotlib 绘图
color_map = dict(zip(schooldata['类型'].unique(), ['b', 'y', 'r']))
for species, group in schooldata.groupby('类型'):
    plt.scatter(group['年份/年'],
                group['数量/所'],
                color=color_map[species], alpha=0.4,
                edgecolors=None, label=species)
plt.legend(frameon=True, title='类型')
plt.xlabel('年份/年')
plt.ylabel('数量/所')
plt.title('高等学校数量情况')
plt.show()
```

Out[1]:

```
In[2]:     # 使用 seaborn 绘图
           sns.lmplot( schooldata, x='年份/年', y='数量/所', hue='类型',
                   fit_reg=False)
           plt.xlabel('年份/年')
           plt.ylabel('数量/所')
           plt.title('高等学校数量情况')
           plt.show()
```

Out[2]:

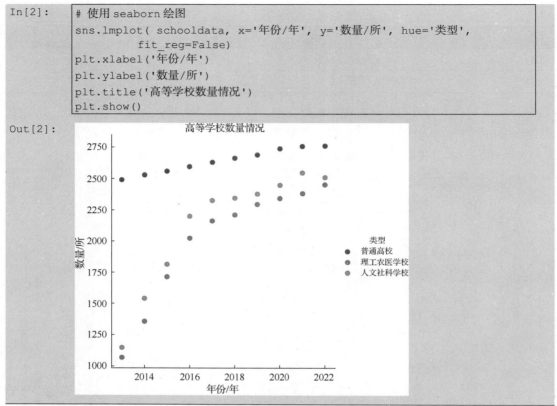

在代码 5-13 中，Matplotlib 绘制图形时使用了较长的代码，而 seaborn 绘制图形时仅仅用了几行代码即可达到相同的效果。但 seaborn 与 Matplotlib 不同的是，seaborn 无法灵活定制图形的风格。

2. seaborn 的绘图风格

引人入胜、赏心悦目的图形不仅可以让用户更容易挖掘数据中的细节，而且有利于用户进行交流分析。

虽然 Matplotlib 是高度可定制的，但是很难根据需求确定需要调整的参数，且调整过程比较复杂。而 seaborn 包含许多自定义主题和高级界面，可以用于控制图形的外观。例如，自定义一个偏移直线图形，用于展示绘图风格，如代码 5-14 所示。

代码 5-14　偏移直线图形

```
In[3]:     import numpy as np
           plt.rcParams['axes.unicode_minus'] = False
           x = np.arange(1, 10, 2)
           y1 = x + 1
           y2 = x + 3
           y3 = x + 5
           # 绘制 3 条不同的直线
           # 使用 Matplotlib 绘图
           plt.title('Matplotlib 的绘图风格')
           plt.plot(x, y1)
           plt.plot(x, y2)
           plt.plot(x, y3)
```

```
plt.show()

# 使用 seaborn 绘图
# 第 1 组
sns.set_style('darkgrid')  # 灰色背景+白网格
sns.set_style({'font.sans-serif':['SimHei', 'Arial']})
plt.title('seaborn 的绘图风格')
# 第 2 组
sns.lineplot(x=x, y=y1)
sns.lineplot(x=x, y=y2)
sns.lineplot(x=x, y=y3)
plt.show()
```

Out[3]:

由代码 5-14 可知，seaborn 将 Matplotlib 的参数分为两个独立的组，第 1 组代码用于控制图形的外观样式，第 2 组代码用于绘制图形。在 seaborn 中可通过主题样式、元素缩放和边框控制等设置绘图风格。

（1）主题样式。seaborn 包含 darkgrid（灰色背景+白网格）、whitegrid（白色背景+黑网格）、dark（仅灰色背景）、white（仅白色背景）和 ticks（坐标轴带刻度）5 种预设的主题。其中，darkgrid 与 whitegrid 主题有助于在绘图时进行定量信息的查找，dark 与 white 主题有助于防止网格与表示数据的线条混淆，ticks 主题有助于体现少量特殊的数据元素结构。

seaborn 图形的默认主题为 darkgrid。用户可以使用 set_style 函数修改主题及其默认参数。set_style 函数的基本使用格式如下。

```
seaborn.set_style(style=None, rc=None)
```

set_style 函数的常用参数及其说明如表 5-15 所示。

表 5-15　set_style 函数的常用参数及其说明

参数名称	参数说明
style	接收 str。表示设置的图形主题风格，可选 darkgrid、whitegrid、dark、white、ticks。默认为 None
rc	接收 dict。表示用于覆盖预设 seaborn 样式字典中值的参数映射。默认为 None

set_style 函数只能修改 axes_style 函数的参数，axes_style 函数可以实现临时设置图形样式的效果。例如，在各主题下绘制偏移直线并修改 axes_style 函数显示的默认参数，如代码 5-15 所示。

代码 5-15　各主题及修改默认参数示例

```
In[4]:      x = np.arange(1, 10, 2)
            y1 = x + 1
            y2 = x + 3
            y3 = x + 5
            def showLine(flip=1):
                sns.lineplot(x=x, y=y1)
                sns.lineplot(x=x, y=y2)
                sns.lineplot(x=x, y=y3)
            pic = plt.figure(figsize=(12, 8))
            with sns.axes_style('darkgrid'):  # 使用 darkgrid 主题
                pic.add_subplot(2, 3, 1)
                showLine()
                plt.title('darkgrid')
            with sns.axes_style('whitegrid'):  # 使用 whitegrid 主题
                pic.add_subplot(2, 3, 2)
                showLine()
                plt.title('whitegrid')
            with sns.axes_style('dark'):  # 使用 dark 主题
                pic.add_subplot(2, 3, 3)
                showLine()
                plt.title('dark')
            with sns.axes_style('white'):  # 使用 white 主题
                pic.add_subplot(2, 3, 4)
                showLine()
                plt.title('white')
            with sns.axes_style('ticks'):  # 使用 ticks 主题
                pic.add_subplot(2, 3, 5)
                showLine()
                plt.title('ticks')
            sns.set_style(style='darkgrid',
                        rc={'font.sans-serif': ['Microsoft YaHei', 'SimHei'],
                            'grid.color': 'black'})  # 修改主题中的参数
            pic.add_subplot(2, 3, 6)
            showLine()
            plt.title('修改默认参数')
            plt.show()
```

Out[4]:

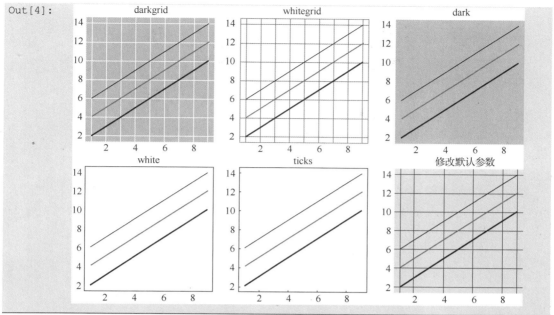

代码 5-15 通过 set_style 函数修改了 axes_style 函数的参数，展示了在各主题风格下绘制的偏移直线。虽然在 seaborn 中切换主题相对容易，但是使用 with() 方法临时设置主题更方便。

（2）元素缩放。seaborn 中的 set_context 函数可以设置输出图片元素的尺寸。set_context 函数的基本使用格式如下。

```
seaborn.set_context(context=None, font_scale=1, rc=None)
```

set_context 函数的常用参数及其说明如表 5-16 所示。

表 5-16　set_context 函数的常用参数及其说明

参数名称	参数说明
context	接收 str。表示设置的缩放类型，可选 paper、notebook、talk、poster。默认为 None
font_scale	接收 float。表示单独的缩放因子，用于独立缩放字体元素的大小。默认为 1
rc	接收 dict。表示参数映射，以覆盖预设的 context 的值。默认为 None

使用 set_context 函数只能修改 plotting_context 函数的参数，plotting_context 函数通过调整参数来改变图中标签、线条或其他元素的大小，但不会影响整体样式。例如，使用偏移直线展示 4 种不同大小的图形，如代码 5-16 所示。

代码 5-16　绘制不同大小的偏移直线图形

```
In[5]:    sns.set()
          x = np.arange(1, 10, 2)
          y1 = x + 1
          y2 = x + 3
          y3 = x + 5
          def showLine(flip=1):
              sns.lineplot(x=x, y=y1)
              sns.lineplot(x=x, y=y2)
              sns.lineplot(x=x, y=y3)
          # 恢复默认参数
```

```
pic = plt.figure(figsize=(8, 8), dpi=100)
with sns.plotting_context('paper'):  # 选择 paper 类型
    pic.add_subplot(2, 2, 1)
    showLine()
    plt.title('paper')
with sns.plotting_context('notebook'):  # 选择 notebook 类型
    pic.add_subplot(2, 2, 2)
    showLine()
    plt.title('notebook')
with sns.plotting_context('talk'):  # 选择 talk 类型
    pic.add_subplot(2, 2, 3)
    showLine()
    plt.title('talk')
with sns.plotting_context('poster'):  # 选择 poster 类型
    pic.add_subplot(2, 2, 4)
    showLine()
    plt.title('poster')
plt.show()
```

Out[5]:

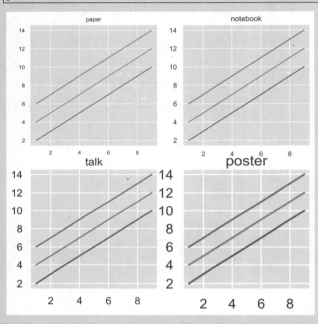

由代码 5-16 可知，4 种不同的缩放类型最直观的区别在于字号的不同，其他方面也略有差异。

（3）边框控制。seaborn 中的 despine 函数移除图形任意位置的边框、调节边框的位置、修改边框的长短。despine 函数的基本使用格式如下。

```
seaborn.despine(fig=None, ax=None, top=True, right=True, left=False, bottom=False,
offset=None, trim=False)
```

despine 函数的常用参数及其说明如表 5-17 所示。

表 5-17　despine 函数的常用参数及其说明

参数名称	参数说明
top	接收 bool。表示是否删除顶部边框。默认为 True
right	接收 bool。表示是否删除右侧边框。默认为 True

参数名称	参数说明
left	接收 bool。表示是否删除左侧边框。默认为 False
bottom	接收 bool。表示是否删除底部边框。默认为 False
offset	接收 int 或 dict。表示边框与轴的距离。无默认值
trim	接收 bool。表示是否将边框的最小和最大刻度限制在非指定轴上。默认为 False

使用 despine 函数绘制具有不同边框的图形，如代码 5-17 所示。

代码 5-17　控制图形边框

由代码 5-17 可知，使用 despine 函数可以绘制具有不同边框的图形，还可以改变坐标轴与原点的距离。

3. seaborn 的调色板

颜色在可视化中非常重要，可用于表示各种特征，合理设置颜色可提高图形的观赏性。有效地使用颜色可以更直观地表现数据；如果颜色使用不当，则可能弱化数据。在 seaborn 中，颜色由调色板控制，因此调色板是 seaborn 中绘制图形的基础。

常用于控制调色板的函数及其作用如表 5-18 所示。

表 5-18　常用于控制调色板的函数及其作用

函数名称	函数作用
hls_palette	用于控制调色板颜色的亮度和饱和度
xkcd_palette	使用 xkcd 颜色中的颜色名称创建调色板
cubehelix_palette	用于创建连续调色板
light_palette	用于创建颜色从浅到深的连续调色板
dark_palette	用于创建从深色到深色混合的连续调色板
choose_light_palette	启动交互式小部件以创建浅色连续调色板
choose_dark_palette	启动交互式小部件以创建深色连续调色板
diverging_palette	用于创建离散调色板
choose_diverging_palette	启动交互式小部件以选择不同的调色板，与 diverging_palette 函数的功能相对应
color_palette	用于返回定义调色板的颜色列表或连续颜色图
set_palette	用于设置调色板，为所有图设置默认颜色周期

在不知道数据具体特征的情况下，通常无法得知使用什么类型的调色板或颜色映射是最优的。因此，可以使用定性调色板、连续调色板和离散调色板 3 种不同类型的调色板，用于区分使用 color_palette 函数的不同情况。除此之外，还可以使用 set_palette 函数将调色板设置为默认调色板。

（1）定性调色板。当需要区分没有固有顺序的离散数据区块时，定性（或分类）调色板是较佳选择。在导入 seaborn 后，默认颜色周期将变为 10 种颜色，如代码 5-18 所示。

代码 5-18　seaborn 的默认颜色周期

```
In[8]:    sns.palplot(sns.color_palette())
Out[8]:
```

默认颜色主题有 deep、muted、pastel、bright、dark 和 colorblind 等，默认为 deep。导入不同的颜色主题，如代码 5-19 所示。

代码 5-19　导入不同的颜色主题

```
In[9]:    palette = sns.color_palette('muted')
          sns.palplot(palette)
```

Out[9]:

在使用定性调色板时，可对调色板进行调整，具体如下。

① 使用圆形颜色系统

当有任意数量的类别需要区分时，较简单的方法是在圆形颜色空间中绘制均匀间隔的颜色（色调在保持亮度和饱和度不变的同时变化）。当需要使用的颜色比默认颜色周期中设置的颜色更多时，常使用圆形颜色系统设置图案颜色。

较常用的方法是使用 HLS（H 表示色调，L 表示亮度，S 表示饱和度）颜色空间，可由 RGB（R 代表红色，G 代表绿色，B 代表蓝色）颜色空间经过简单转换得到，如代码 5-20 所示。

代码 5-20　HLS 颜色空间

In[10]:
```
sns.palplot(sns.color_palette('hls', 8))
```
Out[10]:

hls_palette 函数可以控制颜色的亮度和饱和度，如代码 5-21 所示。

代码 5-21　控制颜色的亮度和饱和度

In[11]:
```
sns.palplot(sns.hls_palette(8, l=.3, s=.8))   # l 控制亮度，s 控制饱和度
```
Out[11]:

人类视觉系统的工作方式会导致尽管颜色的强度在 RGB 度量上是一致的，但在人眼中感知并不平衡。例如，人们认为黄色和绿色是相对较亮的颜色，而蓝色则相对较暗，这可能会导致视觉系统的感知与 HLS 系统不一致的问题。

为了解决这一问题，seaborn 提供了一个 HSluv 色彩模型的接口，这使得选择均匀间隔的色彩变得更加容易，同时使亮度和饱和度保持一致，如代码 5-22 所示。

代码 5-22　使亮度和饱和度在视觉上保持一致

In[12]:
```
sns.palplot(sns.color_palette('husl', 8))
```
Out[12]:

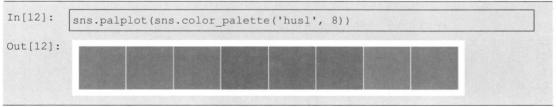

② 使用 xkcd 颜色

xkcd 颜色是一组颜色名称及其对应的 RGB 值，这些颜色名称是通过对上万名参与者进行调查而总结得出的，包含 954 个最常用的颜色。可以随时通过 xkcd_rgb 字典装饰器

调用这些颜色，也可以通过 xkcd_palette 函数自定义调色板。xkcd 颜色的使用如代码 5-23 所示。

代码 5-23　xkcd 颜色的使用示例

```
In[13]:    plt.plot(x, y1, sns.xkcd_rgb['pale red'], lw=3)
           plt.plot(x, y2, sns.xkcd_rgb['medium green'], lw=3)
           plt.plot(x, y3, sns.xkcd_rgb['denim blue'], lw=3)
           plt.title('线条颜色示例')
           plt.show()
```

Out[13]:

```
In[14]:    # 自定义定性调色板
           colors = ['windows blue', 'amber', 'greyish',
                     'faded green', 'dusty purple']
           sns.palplot(sns.xkcd_palette(colors))
```

Out[14]:

（2）连续调色板。当数据存在一定顺序时，通常使用连续映射。对于连续的数据，使用在色调上有相对细微的变化、在亮度和饱和度上有很大变化的调色板，可以自然地展现数据中相对重要的部分。连续调色板的设置方法如下。

① Color Brewer

在 Color Brewer 中有大量的连续调色板，以调色板中的主色（或颜色）命名。如果需要反转亮度，可以为调色板名称添加后缀 "_r"。如果觉得颜色鲜艳的线难以区分，可以使用 seaborn 中的没有动态范围的"dark"面板，为调色板名称添加后缀"_d"即可切换至"dark"面板。绘制连续调色板，进行亮度反转及切换面板，如代码 5-24 所示。

代码 5-24　绘制连续调色板，进行亮度反转及切换面板

```
In[15]:    sns.palplot(sns.color_palette('Greens'))
```

Out[15]:

```
In[16]:    sns.palplot(sns.color_palette('YlOrRd_r'))
```

```
Out[16]:
In[17]:   sns.palplot(sns.color_palette('YlOrRd_d'))
Out[17]:
```

在 Color Brewer 中，连续调色板的名称的及渐变顺序如表 5-19 所示。

表 5-19　连续调色板的名称及渐变顺序

名称	渐变顺序	名称	渐变顺序	名称	渐变顺序
YlOrRd	黄橙红	Purples	紫	Greys	灰
YlOrBr	黄橙棕	PuRd	紫红	Greens	绿
YlGnBu	黄绿蓝	PuBuGn	紫蓝绿	GnBu	绿蓝
YlGn	黄绿	PuBu	紫蓝	BuP	蓝紫
Reds	红	OrRd	橙红	BuGn	蓝绿
RdPu	红紫	Oranges	橙色	Blues	蓝

② cubehelix 调色板

通过 cubehelix 制作连续调色板，可得到线性增加或降低亮度的色图，这意味着映射信息会在用黑色和白色保存（如用于印刷）时或被有色觉障碍的人浏览时得以保留。可使用 seaborn 中的 cubehelix_palette 函数制作调色板。cubehelix_palette 函数的基本使用格式如下。

```
seaborn.cubehelix_palette(n_colors=6, start=0, rot=0.4, gamma=1.0, hue=0.8, light=
0.85, dark=0.15, reverse=False, as_cmap=False)
```

cubehelix_palette 函数的常用参数及其说明如表 5-20 所示。

表 5-20　cubehelix_palette 函数的常用参数及其说明

参数名称	参数说明
n_color	接收 int。表示调色板中颜色的数目。默认为 6
start	接收 0~3 的 float。表示调色板开头处的色调。默认为 0
rot	接收 float。表示在调色板范围内，围绕色相轮旋转的次数。默认为 0.4
light	接收 0~1 的 float。表示颜色明亮程度。默认为 0.85
dark	接收 0~1 的 float。表示颜色深暗程度。默认为 0.15
as_cmap	接收 bool。表示是否返回 Matplotlib 颜色映射对象。默认为 False

使用 cubehelix_palette 函数生成调色板对象并传入绘图函数，如代码 5-25 所示。

代码 5-25　使用 cubehelix_palette 函数生成调色板对象并传入绘图函数

```
In[18]:   sns.palplot(sns.cubehelix_palette(8, start=1, rot=0))
```

③ 自定义连续调色板

对于自定义连续调色板，可以调用 light_palette 函数和 dark_palette 函数进行单一颜色的"播种"，"种子"可以用于产生单一颜色从浅色变化到深色的调色板。如果使用的是 IPython Notebook（供 Jupyter Notebook 使用的 Jupyter 内核组件），那么 light_palette 函数和 dark_palette 函数还可以分别与 choose_light_palette 函数和 choose_dark_palette 函数启动交互式小部件，以创建单一颜色的调色板。

任何有效的 Matplotlib 颜色都可以传递给 light_palette 函数和 dark_palette 函数，包括 HLS 颜色空间或 HUSL 颜色空间的 RGB 元组和 xkcd 颜色。自定义连续调色板并将其传入绘图函数，如代码 5-26 所示。

代码 5-26　自定义连续调色板并将其传入绘图函数

（3）离散调色板。离散调色板用于数据的高值和低值都有非常重要的意义的情况下，这些数据通常有一个定义明确的中点。例如，如果需要绘制某个基线时间点的温度变化，那么使用离散调色板显示温度相对减少的区域或温度相对增加的区域可得到相对较好的效果。

选择离散调色板的原则是，起始色调和结束色调具有相似的亮度和饱和度，并且经过色调偏移后在中点处和谐相遇。同时，需要尽量避免使用红色与绿色，离散调色板的设置情况如下。

① 默认的离散调色板

在 Color Brewer 中有一组精心设计的离散调色板，如代码 5-27 所示。

代码 5-27　Color Brewer 中的离散调色板

Matplotlib 内置了 coolwarm 离散调色板，但是它的中点和极值之间的对比度较小，如代码 5-28 所示。

代码 5-28　coolwarm 离散调色板

② 自定义离散调色板

在 seaborn 中可以使用 diverging_palette 函数（及 choose_diverging_palette 函数启动交互式小部件）为离散数据创建自定义调色板。diverging_palette 函数可使用 HUSL 颜色空间创建不同的调色板。diverging_palette 函数的基本使用格式如下。

```
seaborn.diverging_palette(h_neg, h_pos, s=75, l=50, sep=1, n=6, center='light',
as_cmap=False)
```

diverging_palette 函数的常用参数及其说明如表 5-21 所示。

表 5-21　diverging_palette 函数的常用参数及其说明

参数名称	参数说明
h_neg	接收 0~359 的 float。表示调色板的正范围的色调。无默认值
h_pos	接收 0~359 的 float。表示调色板的负范围的色调。无默认值
s	接收 0~100 的 float。表示两个范围的色调饱和度。默认为 75
l	接收 0~100 的 float。表示两个范围的色调亮度。默认为 50
n	接收 int。表示调色板颜色的数目。默认值为 6
center	接收 str。表示调色板中心的明暗程度，可选 light、dark。默认为 light
as_cmap	接收 bool。表示是否返回 Matplotlib 颜色映射对象。默认为 False

diverging_palette 函数使用 HUSL 颜色空间的离散调色板，可以任意接收两种颜色，也可以设定亮度和饱和度。diverging_palette 函数在两个 HUSL 颜色之间制作调色板。使用 diverging_palette 函数自定义离散调色板，如代码 5-29 所示。

代码 5-29　使用 diverging_palette 函数自定义离散调色板

（4）默认调色板。color_palette 函数还有一个与之相对应的函数，即 set_palette 函数。set_palette 函数接受与 color_palette 函数相同的参数，可更改默认的 Matplotlib 调色板参数，更改后所有的调色板配置将变为设置的调色板配置。使用 set_palette 函数设置调色板，如代码 5-30 所示。

代码 5-30　使用 set_palette 函数设置调色板

```
In[30]:    x = np.arange(1, 10, 2)
           y1 = x + 1
           y2 = x + 3
           y3 = x + 5
           def showLine(flip=1):
               sns.lineplot(x=x, y=y1)
               sns.lineplot(x=x, y=y2)
               sns.lineplot(x=x, y=y3)
           # 使用默认调色板
           showLine()
           plt.title('默认调色板')
           plt.show()
```

Out[30]:

```
In[31]:    # 使用 set_palette 函数设置调色板
           sns.set_palette('YlOrRd_d')
           showLine()
           plt.title('使用 set_palette 函数设置调色板')
           plt.show()
```

Out[31]:

```
In[32]:    sns.set()    # 恢复所有默认设置
           plt.rcParams['font.sans-serif'] = ['SimHei']
           plt.rcParams['axes.unicode_minus'] = False
           pic = plt.figure(figsize=(8, 4))
           with sns.color_palette('PuBuGn_d'):   # 临时设置调色板
               pic.add_subplot(1, 2, 1)
               showLine()
               plt.title('使用 color_palette 函数设置调色板')
           pic.add_subplot(1, 2, 2)   # 使用默认调色板
           showLine()
```

```
plt.title('默认调色板')
plt.show()
```

Out[32]:

5.2.2　使用 seaborn 绘制基础图形

热力图可用于了解数据集中的变量间是否存在相关关系。热力图通过颜色的深浅表示数据的分布，颜色越浅数据越大，从而直观地展示数据的分布情况。

在 seaborn 中，可以使用 heatmap 函数绘制热力图。heatmap 函数的基本使用格式如下。

```
seaborn.heatmap(data, vmin=None, vmax=None, cmap=None, center=None, robust=False,
annot=None, fmt='.2g', annot_kws=None, linewidths=0, linecolor='white', cbar=True,
cbar_kws=None, cbar_ax=None, square=False, xticklabels='auto', yticklabels='auto',
mask=None, ax=None, **kwargs)
```

heatmap 函数的主要参数及说明如表 5-22 所示。

表 5-22　heatmap 函数的主要参数及说明

参数名称	参数说明
data	接收可转换为 ndarray 的二维矩阵数据集。表示用于绘图的数据集。无默认值
vmin、vmax	接收 float。表示颜色映射的值的范围。默认为 None
cmap	接收颜色映射或颜色列表。表示数值到颜色空间的映射。默认为 None
center	接收 float。表示以 0 为中心发散颜色。默认为 None
robust	接收 bool。如果为 True 且 vmin 参数或 vmax 参数为 None，则使用分位数表示映射范围。默认为 False
annot	接收 bool 或矩阵数据集。表示是否在每个单元格中显示数值。默认为 None
fmt	接收 str。表示添加注释时使用的字符串格式代码。默认为.2g
linewidths	接收 float。表示划分每个单元格的线宽。默认为 0
linecolor	接收 str。表示划分每个单元格的线条颜色。默认为 white
square	接收 bool。表示是否使每个单元格为方形。默认为 False

城市综合发展水平可体现出一个城市在经济、社会、文化、环境、基础设施等多个方面的综合实力和竞争力，对于城市居民、国家乃至国际社会都具有重要意义。某公司收集了部分体现城市综合发展水平的指标数据，示例如表 5-23 所示。

表 5-23　城市综合发展水平数据的示例

特征名称	示例	特征名称	示例
铁路旅客周转量/%	43.58	消费价格指数/%	101.9
交通拥堵指数/%	29.8	城市建成区绿地率/%	4.4
工业增加值/亿元	3911	住宿餐饮服务人数/万人次	14.45
固定资产投资/亿元	6897	年末常住人口/千万人	2.78
居民消费价格指数/%	102.8		

基于城市综合发展水平数据特征绘制热力图，如代码 5-31 所示。

代码 5-31　绘制热力图

```
In[33]:    city = pd.read_excel('../data/city.xlsx')
           plt.rcParams['axes.unicode_minus'] = False
           corr = city.corr()  # 特征的相关系数矩阵
           sns.heatmap(corr)
           plt.title('特征矩阵热力图')
           plt.show()
```

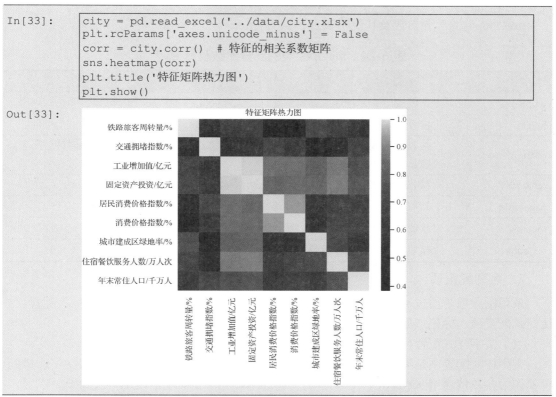

由代码 5-31 可知城市综合发展水平数据中各变量之间的相关关系，图中最右侧线条的作用是量化特征之间的相关性。以 0 为分界点，数值越接近 1，则正相关性越强；反之，数值越接近-1，则负相关性越强。

5.3　pyecharts 基础绘图

5.3　pyecharts 基础绘图

pyecharts 凭借良好的交互性、精巧的图表设计，得到了众多开发者的认可。使用 pyecharts 绘制图形的大致步骤为创建图形对象、添加数据、配置系列参数、配置全局参数和渲染图片。在 pyecharts 中可以通过链式调用的方式设置初始配置项、系列配置项和全局配置项。pyecharts 可以绘制交互式图形（包括 3D 散点图、漏斗图和词云图等），将数据以图形的方式展示出来，从而让人们快速地理解数据，抓住数据的关键点。

5.3.1 pyecharts 绘图基础

在使用 pyecharts 绘制图形前需要了解其初始配置项、系列配置项和全局配置项。

1. 初始配置项

初始配置项是在初始化对象的过程中进行配置的，可以设置画布的长与宽、网页标题、图表主题、背景色等。初始配置项是通过 options 模块中的 InitOpts 类实现的，可以将 init_opts（初始化的对象）作为参数传递。InitOpts 类的基本使用格式如下。

```
class InitOpts(width='900px', height='500px', chart_id=None, renderer= canvas,
page_title='Awesome-pyecharts', theme='white', bg_color=None, js_host='',
animation_opts=AnimationOpts())
```

InitOpts 类的部分参数及其说明如表 5-24 所示。

表 5-24　InitOpts 类的部分参数及其说明

参数名称	参数说明
width	接收 str。表示图表画布的宽度。默认为 900px
height	接收 str。表示图表画布的高度。默认为 500px
chart_id	接收 str。表示图表 ID，是图表的唯一标识，可用于在合并多个图表时区分图表。默认为 None
renderer	接收 str。表示渲染风格，可选 canvas 或 svg。默认为 canvas
page_title	接收 str。表示网页标题。默认为 Awesome-pyecharts
theme	接收 str。表示图表主题。默认为 white
bg_color	接收 str。表示图表背景颜色。默认为 None

2. 系列配置项

系列配置项是通过 set_series_opts()方法设置的，可以对文字样式配置项、标签配置项、线样式配置项、标记点配置项等进行配置。

（1）文字样式配置项。

文字样式配置项是通过 options 模块中的 TextStyleOpts 类实现的，可以将文字样式配置项作为参数传递给 set_series_opts()方法。TextStyleOpts 类的基本使用格式如下。

```
class TextStyleOpts(color=None, font_style=None, font_weight=None, font_family=
None, font_size=None, align=None, vertical_align=None, line_height=None,
background_color=None, border_color=None, border_width=None, border_radius=None,
padding=None, shadow_color=None, shadow_blur=None, width=None, height=None,
rich=None)
```

TextStyleOpts 类的部分参数及其说明如表 5-25 所示。

表 5-25　TextStyleOpts 类的部分参数及其说明

参数名称	参数说明
color	接收 str。表示文字颜色。默认为 None
font_style	接收 str。表示文字字体风格，可选 normal、italic、oblique。默认为 None

续表

参数名称	参数说明
font_weight	接收 str。表示文字的粗细，可选 normal、bold、bolder、lighter。默认为 None
font_family	接收 str。表示文字的字体系列。默认为 None
font_size	接收 Numeric。表示文字的字号。默认为 None
align	接收 str。表示文字的水平对齐方式。默认为 None
vertical_align	接收 str。表示文字的垂直对齐方式。默认为 None
line_height	接收 str。表示行高。默认为 None
background_color	接收 str。表示文字块的背景颜色。默认为 None
border_color	接收 str。表示文字块的边框颜色。默认为 None
border_width	接收 Numeric 数值。表示文字块边框宽度。默认为 None

（2）标签配置项。

标签配置项是通过 options 模块中的 LabelOpts 类实现的，可以将 label_opts（配置标签对象）作为参数传递给 set_series_opts() 方法。LabelOpts 类的基本使用格式如下。

```
class LabelOpts(is_show=True, position='top', color=None, distance=None,
font_size=12, font_style=None, font_weight=None, font_family=None, rotate=None,
margin=8, interval=None, horizontal_align=None vertical_align=None, formatter=None,
background_color=None, border_color=None, border_width=None, border_radius=None,
padding=None, text_width=None, text_height=None, overflow=None, rich=None)
```

LabelOpts 类的部分参数名称及其说明如表 5-26 所示。

表 5-26　LabelOpts 类的部分参数及其说明

参数名称	参数说明
is_show	接收 bool。表示是否显示标签。默认为 True
position	接收 str、sequence。表示标签的位置。默认为 top
color	接收 str。表示文字的颜色。默认为 None
font_family	接收 str。表示文字的字体系列。默认为 None
font_size	接收 Numeric。表示文字的字号。默认为 12
font_weight	接收 str。表示文字的粗细，可选 normal、bold、bolder、lighter。默认为 None
rotate	接收 Numeric。表示标签的旋转角度，从-90° 到 90°。默认为 None
horizontal_align	接收 str。表示文字的水平对齐方式。默认为 None

（3）线样式配置项。

线样式配置项是通过 options 模块中的 LineStyleOpts 类实现的，可以将 line_style_opts（配置线样式对象）作为参数传递给 set_series_opts() 方法。LineStyleOpts 类的基本使用格式如下。

```
class LineStyleOpts(is_show=True, width=1, opacity=1, curve=0, type_='solid',
color=None)
```

LineStyleOpts 类的参数及其说明如表 5-27 所示。

表 5-27　LineStyleOpts 类的参数及其说明

参数名称	参数说明
is_show	接收 bool。表示是否显示线。默认为 True
width	接收 Numeric。表示线的宽度。默认为 1
opacity	接收 Numeric。表示线的透明度，取值范围为 0～1。默认为 1
curve	接收 Numeric。表示线的弯曲度，0 表示完全不弯曲。默认为 0
type_	接收 str。表示线的类型，常用 solid、dashed、dotted。默认为 solid
color	接收 str。表示线的颜色。默认为 None

（4）标记点配置项。

标记点配置项是通过 options 模块中的 MarkPointOpts 类实现的，可以将 markpoint_opts（配置标记点对象）作为参数传递给 set_series_opts()方法。MarkPointOpts 类的基本使用格式如下。

```
class MarkPointOpts(data=None, symbol=None, symbol_size=None, label_opts=
LabelOpts(position='inside', color='#fff'))
```

MarkPointOpts 类的参数及其说明如表 5-28 所示。

表 5-28　MarkPointOpts 类的参数及其说明

参数名称	参数说明
data	接收 sequence。表示标记点数据。默认为 None
symbol	接收 str。表示标记的图形，提供的标记类型包括 circle、rect、roundrect、triangle、diamond、pin、arrow、None。默认为 None
symbol_size	接收 Numeric。表示标记的大小，可以设置成某一数字，如 10；也可以使用数组分别表示宽和高，例如，[20, 10]表示标记宽为 20、高为 10。默认为 None

3．全局配置项

全局配置项是通过 set_global_opts()方法设置的，可以对标题配置项、图例配置项、坐标轴配置项等进行配置。

（1）标题配置项。

标题配置项是通过 options 模块中的 TitleOpts 类实现的，可以将 title_opts（配置标题对象）作为参数传递给 set_global_opts()方法。TitleOpts 类的基本使用格式如下。

```
class TitleOpts(is_show=True, title=None, title_link=None, title_target=None,
subtitle=None, subtitle_link=None, subtitle_target=None, pos_left=None, pos_right=
None, pos_top=None, pos_bottom=None, padding=5, item_gap=10, text_align ="auto",
text_vertical_align="auto", is_trigger_event=False, title_textstyle_opts=None,
subtitle_textstyle_opts=None)
```

TitleOpts 类的部分参数及其说明如表 5-29 所示。

表 5-29　TitleOpts 类的部分参数及其说明

参数名称	参数说明
is_show	接收 bool。表示是否显示标题组件。默认为 True
title	接收 str。表示主标题文本，支持使用\n 换行。默认为 None

参数名称	参数说明
title_link	接收 str。表示主标题跳转 URL 链接。默认为 None
title_target	接收 str。表示主标题跳转链接方式，可选 self、blank，self 表示在当前窗口打开，blank 表示在新窗口打开。默认为 None
subtitle	接收 str。表示副标题文本，支持使用\n 换行。默认为 None
subtitle_link	接收 str。表示副标题跳转 URL 链接。默认为 None
subtitle_target	接收 str。表示副标题跳转链接方式。默认为 None
item_gap	接收 Numeric。表示主、副标题的间距。默认为 10
title_textstyle_opts	接收 dict。表示主标题字体样式。默认为 None
subtitle_textstyle_opts	接收 dict。表示副标题字体样式。默认为 None

（2）图例配置项。

图例配置项是通过 options 模块中的 LegendOpts 类实现的，可以将 legend_opts（配置图例对象）作为参数传递给 set_global_opts()方法。LegendOpts 类的基本使用格式如下。

```
class LegendOpts(type_=None, selected_mode=None, is_show=True, pos_left=None,
pos_right=None, pos_top=None, pos_bottom=None, orient=None, align=None, padding=5,
item_gap=10, item_width=25, item_height=14, inactive_color=None, textstyle_opts=
None, legend_icon=None, background_color= "transparent", border_color="#ccc",
border_width=1, border_radius=0, page_button_item_gap=5, page_button_gap=None,
page_button_position="end", page_formatter= "{current}/{total}", page_icon=None,
page_icon_color= "#2f4554", page_icon_inactive_color="#aaa", page_icon_size=15,
is_page_animation=None, page_animation_duration_update=800, selector=False,
selector_position= "auto", selector_item_gap=7, selector_button_gap=10)
```

LegendOpts 类的部分参数及其说明如表 5-30 所示。

表 5-30　LegendOpts 类的部分参数及其说明

参数名称	参数说明
type_	接收 str。表示图例的类型，可选 plain、scroll，plain 表示普通图例，scroll 表示可滚动翻页的图例。默认为 None
is_show	接收 bool。表示是否显示图例组件，默认为 True
orient	接收 str。表示图例列表的布局朝向，可选 horizontal、vertical。默认为 None
item_gap	接收 int。表示图例每项之间的距离。默认为 10
pos_left	接收 str、Numeric。表示图例组件离容器左侧的距离。默认为 None
pos_right	接收 str、Numeric。表示图例组件离容器右侧的距离。默认为 None
pos_top	接收 str、Numeric。表示图例组件离容器上侧的距离。默认为 None
pos_bottom	接收 str、Numeric。表示图例组件离容器下侧的距离。默认为 None

（3）坐标轴配置项。

坐标轴配置项是通过 options 模块中的 AxisOpts 类实现的，可以将 xaxis_opts（配置 x 坐标轴对象）或 yaxis_opts（配置 y 坐标轴对象）作为参数传递给 set_global_opts()方法。AxisOpts 类的基本使用格式如下。

```
class AxisOpts(type_=None, name=None, is_show=True, is_scale=False, is_inverse=
False, name_location='end', name_gap=15, name_rotate=None, interval=None,
grid_index=0, position=None, offset=0, split_number=5, boundary_gap=None, min_=None,
max_=None, min_interval=0, max_interval=None, axisline_opts=None, axistick_opts=
None, axislabel_opts=None, axispointer_opts=None, name_textstyle_opts=None,
splitarea_opts=None, splitline_opts= SplitLineOpts(), minor_tick_opts=None,
minor_split_line_opts=None)
```

AxisOpts 类的部分参数及其说明如表 5-31 所示。

表 5-31　AxisOpts 类的部分参数及其说明

参数名称	参数说明
type_	接收 str。表示坐标轴类型，可选 value、category、time、log，value 表示数值轴，适用于连续数据；category 表示类目轴，适用于离散的类目数据；time 表示时间轴，适用于连续的时序数据；log 表示对数轴，适用于对数数据。默认为 None
name	接收 str。表示坐标轴标签。默认为 None
is_show	接收 bool。表示是否显示 x 轴。默认为 True
is_inverse	接收 bool。表示是否反向坐标轴。默认为 False
name_gap	接收 Numeric。表示坐标轴标签与轴线之间的距离。默认为 15
name_rotate	接收 Numeric。表示坐标轴标签旋转角度。默认为 None
position	接收 str。表示 x 轴的位置，可选 top、bottom，top 表示在上侧，bottom 表示在下侧。默认为 None
split_number	接收 Numeric。表示坐标轴的分割段数。默认为 5
min_	接收 str、Numeric。表示坐标轴刻度的最小值。默认为 None
max_	接收 str、Numeric。表示坐标轴刻度的最大值。默认为 None

5.3.2　使用 pyecharts 绘制交互式图形

pyecharts 可以快速、高效地绘制交互式图形，包括 3D 散点图、漏斗图和词云图等。

1．3D 散点图

3D 散点图（3D Scatter）与基本散点图类似，主要区别是 3D 散点图是在三维空间中的散点图，基本散点图是在二维平面上的散点图。

可使用 pyecharts 中的 Scatter3D 类绘制 3D 散点图，Scatter3D 类的基本使用格式如下。

```
class Scatter3D(init_opts=opts.InitOpts())
.add(series_name, data, grid3d_opacity=1, shading=None, itemstyle_opts=None,
xaxis3d_opts=opts.Axis3DOpts(), yaxis3d_opts=opts.Axis3DOpts(),
 zaxis3d_opts=opts. Axis3DOpts(), grid3d_opts=opts.Grid3DOpts(), encode=None)
.set_series_opts()
.set_global_opts()
```

init_opts=opts.InitOpts()表示通过 InitOpts 类初始化配置项，即创建初始化对象 init_opts；add()方法用于添加数据；set_series_opts()方法用于设置系列配置项；set_global_opts()方法用于设置全局配置项。Scatter3D 类中 add()方法的常用参数及其说明如表 5-32 所示。

表 5-32　Scatter3D 类中 add()方法的常用参数及其说明

参数名称	参数说明
series_name	接收 str，表示系列名称。无默认值
data	接收 sequence，表示系列数据，每一行是一个数据项，每一列表示一个维度的数据。无默认值
grid3d_opacity	接收 float。表示 3D 笛卡儿坐标系的透明度（点的透明度）。默认为 1，表示完全不透明
xaxis3d_opts	表示添加 x 轴数据项
yaxis3d_opts	表示添加 y 轴数据项
zaxis3d_opts	表示添加 z 轴数据项

某运动会各运动员的最大携氧能力、体重和运动后心率的部分数据如表 5-33 所示。

表 5-33　最大携氧能力、体重和运动后心率的部分数据

最大携氧能力/（ml/min）	体重/kg	运动后心率/（次/min）
55.79	70.47	150
35.00	70.34	144
42.93	87.65	162
28.30	89.80	129
40.56	103.02	143

基于表 5-33 所示的数据绘制 3D 散点图，如代码 5-32 所示。

代码 5-32　绘制 3D 散点图

```
In[1]:    import pandas as pd
          import numpy as np
          from pyecharts import options as opts
          from pyecharts.charts import Scatter3D

          # 最大携氧能力、体重和运动后心率的 3D 散点图
          player_data = pd.read_excel('../data/运动员的最大携氧能力、体重和运动
          后心率数据.xlsx')

          player_data = [player_data['体重/kg'],
                      player_data['运动后心率/（次/min）'],
                      player_data['最大携氧能力/（ml/min）']]
          player_data = np.array(player_data).T.tolist()
          s = (Scatter3D()
             .add('', player_data,
                 xaxis3d_opts=opts.Axis3DOpts(name='体重/kg'),
                 yaxis3d_opts=opts.Axis3DOpts(name='运动后心率/（次/min）'),
                 zaxis3d_opts=opts.Axis3DOpts(name='最大携氧能力/（ml/min）')
                 )
             .set_global_opts(title_opts=opts.TitleOpts(
                title='最大携氧能力、体重和运动后心率的 3D 散点图'),
                         visualmap_opts=opts.VisualMapOpts (
                             range_color=['#1710c0', '#0b9df0', '#00fea8',
```

```
                                          '#00ff0d', '#f5f811', '#f09a09',
                                          '#fe0300']) ))
        s.render('../tmp/最大携氧能力、体重和运动后心率的 3D 散点图.html')
```

Out[1]:　　　　　最大携氧能力、体重和运动后心率的3D散点图

由代码 5-32 所示的 3D 散点图可知，x 轴表示体重，z 轴表示最大携氧能力，y 轴表示运动后心率。

2. 漏斗图

漏斗图也称倒三角图，漏斗图将数据呈现为几个阶段，每个阶段的数据都是整体的一部分，从一个阶段到另一个阶段，数据自上而下逐渐减少。漏斗图适用于比较规范、周期长、环节多的业务流程分析，通过漏斗图对各环节业务数据进行比较，能够直观地体现问题。

可使用 pyecharts 中的 Funnel 类绘制漏斗图。Funnel 类的基本使用格式如下。

```
class Funnel(init_opts=opts.InitOpts())
.add(series_name, data_pair, is_selected=True, color=None, sort_='descending',
gap=0, label_opts=opts.LabelOpts(), tooltip_opts=None, itemstyle_opts=None)
.set_series_opts()
.set_global_opts()
```

Funnel 类的 init_opts=opts.InitOpts()方法、add()方法、set_series_opts()方法和 set_global_opts()方法的作用与 Scatter3D 类中的作用相同，但 add()方法的参数与 Scatter3D 类中 add()方法的参数存在差异。Funnel 类中，add()方法的常用参数及其说明如表 5-34 所示。

表 5-34　Funnel 类 add()方法的常用参数及其说明

参数名称	参数说明
series_name	接收 str，表示系列名称，显示在图例中。无默认值
data_pair	接收 sequence，表示数据项，格式为[(键 1, 值 1), (键 2, 值 2)]。无默认值
is_selected	接收 bool，表示是否选中图例。默认为 True
color	接收 str，表示系列名称的颜色。默认为 None
sort_	接收 str，表示数据排序，可以为 ascending、descending、None（保持数据的原始顺序）。默认为 descending
gap	接收 Numeric，表示数据图形的间距。默认为 0

某淘宝店铺的订单转化率统计数据如表 5-35 所示。

表 5-35　某淘宝店铺的订单转化率统计数据

网购环节	人数/人
浏览商品	2000
加入购物车	900
生成订单	400
支付订单	320
完成交易	300

基于表 5-35 所示的数据绘制漏斗图，如代码 5-33 所示。

代码 5-33　绘制漏斗图

```
In[2]:    from pyecharts.charts import Funnel

          data = pd.read_excel('../data/某淘宝店铺的订单转化率统计数据.xlsx')
          x_data = data['网购环节'].tolist()
          y_data = data['人数/人'].tolist()
          data = [[x_data[i], y_data[i]] for i in range(len(x_data))]
          funnel = (Funnel()
              .add('', data_pair=data,label_opts=opts. LabelOpts(
                  position='inside', formatter='{b}:{d}%'), gap=2,
                  tooltip_opts=opts.TooltipOpts(trigger='item'),
                  itemstyle_opts=opts.ItemStyleOpts(border_color='#fff',
          border_width=1))
              .set_global_opts(title_opts=opts.TitleOpts(
                  title='某淘宝店铺的订单转化率漏斗图'),
                          legend_opts=opts.LegendOpts(pos_left= '40%')))
          funnel.render('../tmp/某淘宝店铺的订单转化率漏斗图.html')
```

Out[2]:

代码 5-33 所示的漏斗图可以直观地展示各个网购环节订单的转化率情况。

3. 词云图

词云图可突出显示文字中出现频率较高的"关键词"，从而形成"关键词云层"或"关键词渲染"。词云图可过滤掉大量的文本信息，使浏览网页者只要一眼扫过文本即可领会文本的主旨。词云图提供了某种程度的"第一印象"，使用频率高的词一目了然。

可使用 pyecharts 中的 WordCloud 类绘制词云图。WordCloud 类的基本使用格式如下。

```
class WordCloud(init_opts=opts.InitOpts())
.add(series_name, data_pair, shape='circle', mask_image=None, word_gap=20,
word_size_range=None, rotate_step=45, pos_left=None, pos_top=None, pos_right=None,
pos_bottom=None, width=None, height=None, is_draw_out_of_bound=False, tooltip_
opts=None, textstyle_opts=None, emphasis_shadow_blur=None, emphasis_shadow_
color=None)
.set_series_opts()
.set_global_opts()
```

同样，WordCloud 类中的 init_opts=opts.InitOpts()方法、add()方法、set_series_opts()方法和 set_global_opts()方法的作用与 Scatter3D 类中的作用相同，但 add()方法的参数与 Scatter3D 类中 add()方法的参数不同。WordCloud 类中 add()方法的常用参数及其说明如表 5-36 所示。

表 5-36　WordCloud 类中 add()方法的常用参数及其说明

参数名称	参数说明
series_name	接收 str，表示系列名称，显示在图例中。无默认值
data_pair	接收 sequence，表示系列数据项，格式为[(词 1，频数 1), (词 2，频数 2)]。无默认值
shape	接收 str，表示词云图轮廓，可选 circle、cardioid、diamond、triangle-forward、triangle、pentagon。默认为 circle
mask_image	接收 str，表示自定义的图片（目前支持 JPG、JPEG、PNG、ICO 等格式）。默认为 None
word_gap	接收 Numeric，表示单词间隔。默认为 20
word_size_range	接收 Numeric 序列，表示单词字号范围。默认为 None
rotate_step	接收 Numeric，表示单词的旋转角度。默认为 45
pos_left	接收 str，表示离左侧的距离。默认为 None
pos_top	接收 str，表示离顶部的距离。默认为 None
pos_right	接收 str，表示离右侧的距离。默认为 None
pos_bottom	接收 str，表示离底部的距离。默认为 None
width	接收 str，表示词云图的宽度。默认为 None
height	接收 str，表示词云图的高度。默认为 None
is_draw_out_of_bound	接收 bool，表示是否允许词云图的数据展示在画布范围之外。默认为 False

宋朝是我国文学史上的一个重要时期，宋词不仅是中国文学的重要组成部分，也是世界文学宝库中的瑰宝。为了解宋词中哪些词语的出现次数较多，现统计了部分词语的词频，得到的宋词词频数据的特征说明如表 5-37 所示。

表 5-37　宋词词频数据的特征说明

特征名称	特征含义	示例
词语	单个词语	东风
频数	词语出现的次数	1379

基于统计的部分宋词词频数据绘制词云图，如代码 5-34 所示。

代码 5-34　绘制词云图

| In[3]: | ```python
from pyecharts.charts import WordCloud

data_read = pd.read_csv('../data/worldcloud.csv', encoding='gbk')
words = list(data_read['词语'].values)
num = list(data_read['频数'].values)
data = [k for k in zip(words, num)]
data = [(i, str(j)) for i, j in data]
wordcloud = (WordCloud()
            .add('', data_pair=data, word_size_range=[10, 100])
            .set_global_opts(title_opts=opts.TitleOpts(
                title='部分宋词词频词云图',
                title_textstyle_opts=
                opts.TextStyleOpts(font_size=23)),
                 tooltip_opts=opts.TooltipOpts(is_show=True))
        )
wordcloud.render('../tmp/部分宋词词频词云图.html')
``` |
|---|---|
| Out[3]: |
部分宋词词频词云图 |

由代码 5-34 所示的词云图可知，宋词中使用“东风”“人间”“何处”的次数相对较多。

小结

本章首先介绍了 pyplot 绘图的基础语法和常用参数，并通过 Matplotlib 绘制了体现特征间相关关系的散点图、体现数据趋势的折线图、体现数据分布情况的柱形图和饼图，以及体现数据分散情况的箱线图；然后介绍了 seaborn 的基础图形、绘图风格和调色板，并通过 seaborn 绘制了热力图；最后介绍了 pyecharts 绘图的初始配置项、系列配置项和全局配置项，以及 3D 散点图、漏斗图和词云图等交互式图形的绘制方法。

实训

实训 1　分析学生成绩特征的分布与分散情况

1．训练要点

（1）掌握 pyplot 的基础语法。

（2）掌握饼图的绘制方法。

（3）掌握箱线图的绘制方法。

2．需求说明

在期末考试后，学校对学生的期末考试成绩及其他特征信息进行了统计，并存为学生成绩特征关系表（student_grade.xlsx）。学生成绩特征关系表中共有 7 个特征，分别为性别、
```

自我效能感、考试课程准备情况、数学成绩、阅读成绩、写作成绩和总成绩，部分数据如表 5-38 所示。为了解学生总成绩的分布情况，将总成绩按 0～150、150～200、200～250、250～300 这几个区间划分为"不及格""及格""良好""优秀"4 个等级。要求绘制饼图查看各区间学生的人数比例，并绘制箱线图查看学生 3 项单科成绩的分散情况。

表 5-38　学生成绩特征关系表的部分数据

性别	自我效能感	考试课程准备情况	数学成绩/分	阅读成绩/分	写作成绩/分	总成绩/分
女	中	未完成	72	72	74	218
女	高	完成	69	90	88	247
女	高	未完成	90	95	93	278
男	低	未完成	47	57	44	148
男	中	未完成	76	78	75	229

3．实现步骤

（1）使用 pandas 读取学生成绩特征关系表。

（2）将学生总成绩分为 4 个区间，计算各区间的学生人数，绘制学生总成绩分布饼图。

（3）提取学生 3 项单科成绩的数据，绘制学生各项考试成绩分散情况箱线图。

（4）分析学生总成绩的分布情况和 3 项单科成绩的分散情况。

实训 2　分析学生成绩与各个特征之间的关系

1．训练要点

（1）掌握子图的绘制方法。

（2）掌握柱形图的绘制方法。

（3）掌握 NumPy 中相关函数的使用方法。

2．需求说明

为了了解学生的自我效能感、考试课程准备情况这两个特征与总成绩之间是否存在某些关系，基于实训 1 的数据对这两个特征下不同值所对应的学生总成绩求均值，绘制柱形图，分别查看自我效能感、考试课程准备情况与总成绩的关系，并对结果进行分析。

3．实现步骤

（1）使用 NumPy 中的均值函数求学生自我效能感、考试课程准备情况这两个特征下对应学生总成绩的均值。

（2）创建画布，并添加子图。

（3）在子图上绘制对应的柱形图。

（4）分析两个特征与总成绩的关系。

实训 3　分析各空气质量指标之间的相关关系

1．训练要点

掌握热力图的绘制方法。

2．需求说明

"推动绿色发展，促进人与自然和谐共生"是人类共同的责任。近年来，我国生态环境得到显著改善。空气质量指数（Air Quality Index，AQI）是能够对空气质量进行定量描述的指标。空气质量（Air quality）反映了空气污染程度，它是依据空气中污染物的浓度来判断的。空气污染是一个复杂的现象，空气污染物浓度受到许多因素的影响。

某市 2023 年 1 月—9 月 AQI 的部分数据如表 5-39 所示。

表 5-39　某市 2023 年 1 月—9 月 AQI 的部分数据

日期	AQI	质量等级	$PM_{2.5}$浓度/（$\mu g/m^3$）	PM_{10}浓度/（$\mu g/m^3$）	SO_2浓度/（$\mu g/m^3$）	CO 浓度/（mg/m^3）	NO_2浓度/（$\mu g/m^3$）	O_3浓度/（$\mu g/m^3$）
2023/1/1	79	良好	58	64	8	0.7	57	23
2023/1/2	112	轻度	84	73	10	1	71	7
2023/1/3	68	良好	49	51	7	0.8	49	3
2023/1/4	90	良好	67	57	7	1.2	53	18
2023/1/5	110	轻度	83	65	7	1	51	46
2023/1/6	65	良好	47	58	6	1	43	6
2023/1/7	50	优秀	18	19	5	1.5	40	43
2023/1/8	69	良好	50	49	7	0.9	39	45
2023/1/9	69	良好	50	40	6	0.9	47	33
2023/1/10	57	良好	34	28	5	0.8	45	21

本实训将绘制热力图，分析各空气质量指标与 AQI 的相关性。

3．实现步骤

（1）使用 pandas 读取某市 2023 年 1 月—9 月 AQI 统计数据。

（2）解决中文显示问题，设置字体为黑体，并解决保存图像时负号（-）显示为方块的问题。

（3）计算相关系数。

（4）绘制空气质量特征相关性热力图。

实训 4　绘制交互式基础图形

1．训练要点

（1）掌握漏斗图的绘制方法。

（2）掌握词云图的绘制方法。

2．需求说明

某商场在不同地点投放了 5 台自动售货机，编号分别为 A、B、C、D、E，同时记录了 2023 年 6 月每台自动售货机的商品销售数据。为了解各商品的销售情况，现对商品以二级类别进行分类，统计排名前 5 的商品类别的销售额，并绘制漏斗图，同时根据商品销售数量、商品名称绘制词云图。

3. 实现步骤

（1）获取商品销售数据。

（2）按照二级类别统计商品类别的销售额。

（3）设置系列配置项和全局配置项，绘制销售额前 5 的商品类别漏斗图。

（4）统计商品销售数量。

（5）设置系列配置项和全局配置项，绘制商品销售数量和商品名称的词云图。

课后习题

1. 选择题

（1）下列关于绘图的标准流程的说法错误的是（　　　）。

  A. 绘图之前必须先创建画布，不可省略

  B. 添加图例必须在绘制图形之后进行

  C. 绘图流程的最后部分是保存和显示图形

  D. 添加标题、坐标轴标签，绘制图形等步骤没有先后顺序

（2）pyplot 使用 rc 配置文件来定义图形的各种默认属性，用于修改线条上点的形状的 rc 参数名称是（　　　）。

  A. lines.linewidth   B. lines.markersize

  C. lines.linestyle   D. lines.marker

（3）下列代码中能够为图形添加图例的是（　　　）。

  A. plt.xticks([0, 1, 2, 3, 4])   B. plt.plot(x, y)

  C. plt.legend('y = cos x')   D. plt.title('散点图')

（4）下列图形中常用于分析各分组数据在总数据中所占比例的是（　　　）。

  A. 折线图   B. 饼图   C. 柱形图   D. 箱线图

（5）下列说法中不正确的是（　　　）。

  A. 散点图可以用于查看数据中的离群值

  B. 折线图可以用于查看数据的数量差异和变化趋势

  C. 柱形图可以用于查看整体数据的数量分布

  D. 箱线图可以用于查看特征间的相关关系

（6）下列关于 seaborn 的说法正确的是（　　　）。

  A. 在 seaborn 的主题样式中 darkgrid 表示黑色背景

  B. 使用 set_context 函数可以设置主题样式

  C. 使用 despine 函数可以设置图形的边框

  D. seaborn 可替代 Matplotlib

（7）HLS 颜色空间中的 H 表示（　　　）。

  A. 亮度   B. 色调   C. 饱和度   D. 空间大小

（8）下列不是系列配置项的是（　　　）。

  A. 标记点配置项   B. 标签配置项

  C. 文本样式配置项   D. 标题配置项

（9）下列有关全局配置项的说法错误的是（　　　　）。

    A.　全局配置项可以对标题、图例、坐标轴等的配置项进行配置

    B.　使用 TitleOpts 类配置标题配置项

    C.　TitleOpts 类和 AxisOpts 类的参数设置完全相同

    D.　使用 LegendOpts 类配置图例配置项

（10）下列说法正确的是（　　　　）。

    A.　基本散点图和 3D 散点图的绘制方法相同

    B.　热力图可用于了解数据集中变量的相关关系

    C.　使用 Funnel 类可以绘制词云图

    D.　使用 WordCloud 类可以绘制漏斗图

2．操作题

某地区房地产商对近几年的房屋交易情况进行了统计，并将统计结果存放在房价特征关系表（house_price.xlsx）中，共有 414 条数据，特征包括交易年份、房屋年龄、离地铁站的距离、附近的商店数和单位面积的房价。房价特征关系表的部分数据如表 5-40 所示。

表 5-40　房价特征关系表的部分数据

交易年份	房屋年龄/年	离地铁站的距离/米	附近的商店数/个	单位面积的房价/元
2021	16	84.88	10	5685
2021	9.8	306.59	9	6330
2023	6.7	561.98	5	7095
2022	4.1	104.81	5	7875
2023	3.3	90.46	5	9585

为了更好地查看近几年的房屋销售情况以及了解房屋相关特征与单位面积的房价间的关系，需要对房价特征关系表的数据进行可视化展示，主要步骤如下。

（1）读取房价特征关系表（house_price.xlsx），绘制离地铁站的距离与单位面积的房价的散点图，并对其进行分析。

（2）创建新画布，绘制附近的商店数与单位面积的房价的柱形图，并对其进行分析。

（3）创建新画布，根据交易年份绘制饼图，并查看交易年份的分布情况。

（4）创建新画布，在子图上分别绘制房屋年龄、离地铁站的距离、附近的商店数、单位面积的房价这 4 个特征的箱线图，查看是否存在异常值。

3．实践题

为进一步了解新能源汽车的销售情况，基于第 4 章实践题预处理后的新能源汽车销售数据进行可视化分析，具体操作步骤如下。

（1）读取"新能源汽车销售数据_经过第 4 章处理.csv"文件。

（2）使用 Matplotlib 绘制成交金额与成交客户数的散点图。

（3）使用 seaborn 绘制加购率、下单率、成交率的相关系数热力图。

（4）使用 pyecharts 绘制访客数、加购商品件数、成交金额的 3D 散点图。

第6章 使用 scikit-learn 构建模型

scikit-learn（以下简称 sklearn）库整合了多种机器学习算法，可以帮助用户在数据分析过程中快速建立模型，且模型接口统一，使用起来非常方便。同时，sklearn 拥有优秀的官方文档，该文档知识点详尽、内容丰富，是入门 sklearn 的较佳学习资料。本章将基于官方文档，介绍 sklearn 的基础语法、数据处理等知识。

学习目标

（1）掌握 sklearn 转换器、估计器的使用方法。
（2）掌握 sklearn 数据标准化与数据划分。
（3）掌握 sklearn 中聚类、分类、回归模型的构建方法。
（4）掌握 sklearn 中聚类、分类、回归模型的评价方法。

素养目标

（1）利用机器学习技术构建混凝土抗压强度检测模型，以提高混凝土抗压强度检测的效率和准确性，了解科技创新对于提升工业效率和质量的重要性。
（2）通过进一步学习 sklearn 转换器的使用方法，提高标准化处理的工作效率和质量，培养持续学习的态度。

思维导图

6.1　使用 sklearn 转换器处理数据

6.1　使用 sklearn
转换器处理数据

　　sklearn 提供了 datasets 经典数据集加载模块、model_selection 模型选择模块、preprocessing 数据预处理模块与 decomposition 特征分解模块。通过这 4 个模块能够加载经典的数据集和进行数据的预处理，如模型构建前的数据标准化和二值化、数据集的分割、交叉验证和主成分分析（Principal Component Analysis，PCA）降维等工作。

6.1.1　加载 datasets 模块中的数据集

　　sklearn 的 datasets 模块集成了部分用于数据分析的经典数据集，用户可以使用这些数据集进行数据预处理、建模等操作，并熟悉 sklearn 的数据处理流程和建模流程。datasets 模块中常用数据集的加载函数及其解释如表 6-1 所示。使用 sklearn 进行数据预处理时需要用到 sklearn 提供的统一接口——转换器（Transformer）。

表 6-1　datasets 模块中常用数据集的加载函数及其解释

数据集加载函数	数据集任务类型	数据集加载函数	数据集任务类型
load_boston	回归	load_breast_cancer	分类、聚类
fetch_california_housing	回归	load_iris	分类、聚类
load_digits	分类	load_wine	分类
load_diabetes	回归	load_linnerud	回归

如果需要加载某个数据集，可以将对应的函数赋给某个变量。加载 diabetes 数据集，如代码 6-1 所示。

代码 6-1　加载 diabetes 数据集

```
In[1]:    from sklearn.datasets import load_diabetes
          diabetes = load_diabetes()  # 将加载函数赋给 diabetes 变量
          print('diabetes 数据集的长度: ', len(diabetes))
          print('diabetes 数据集的类型: ', type(diabetes))

Out[1]:   diabetes 数据集的长度: 8
          diabetes 数据集的类型: <class 'sklearn.utils.Bunch'>
```

加载后的数据集可以视为一个字典，几乎所有的 sklearn 数据集都可以使用 data、target、feature_names、DESCR 属性分别获取数据集的数据、标签数组、特征名和描述信息。获取 sklearn 自带数据集的内部信息，如代码 6-2 所示。

代码 6-2　获取 sklearn 自带数据集的内部信息

```
In[2]:    diabetes_data = diabetes['data']  # 获取数据集的数据
          print('diabetes 数据集的数据: ','\n', diabetes_data)

Out[2]:   diabetes 数据集的数据:
          [[ 0.03807591  0.05068012  0.06169621 ... -0.00259226  0.01990842
            -0.01764613]
           [-0.00188202 -0.04464164 -0.05147406 ... -0.03949338 -0.06832974
            -0.09220405]
           [ 0.08529891  0.05068012  0.04445121 ... -0.00259226  0.00286377
            -0.02593034]
           ...
           [ 0.04170844  0.05068012 -0.01590626 ... -0.01107952 -0.04687948
             0.01549073]
           [-0.04547248 -0.04464164  0.03906215 ...  0.02655962  0.04452837
            -0.02593034]
           [-0.04547248 -0.04464164 -0.0730303  ... -0.03949338 -0.00421986
             0.00306441]]

In[3]:    diabetes_target = diabetes['target']  # 获取数据集的标签数组
          print('diabetes 数据集的标签数组: \n', diabetes_target)

Out[3]:   diabetes 数据集的标签数组:
          [151.  75. 141. 206. 135.  97. 138.  63. 110. 310. 101.  69. 179. 185.
           118. 171. 166. 144.  97. 168.  68.  49.  68. 245. 184. 202. 137.  85.
           131. 283. 129.  59. 341.  87.  65. 102. 265. 276. 252.  90. 100.  55.
            61.  92. 259.  53. 190. 142.  75. 142. 155. 225.  59. 104. 182. 128.
            52.  37. 170. 170.  61. 144.  52. 128.  71. 163. 150.  97. 160. 178.
            48. 270. 202. 111.  85.  42. 170. 200. 252. 113. 143.  51.  52. 210.
            65. 141.  55. 134.  42. 111.  98. 164.  48.  96.  90. 162. 150. 279.
            92.  83. 128. 102. 302. 198.  95.  53. 134. 144. 232.  81. 104.  59.
           246. 297. 258. 229. 275. 281. 179. 200. 200. 173. 180.  84. 121. 161.
            99. 109. 115. 268. 274. 158. 107.  83. 103. 272.  85. 280. 336. 281.
           118. 317. 235.  60. 174. 259. 178. 128.  96. 126. 288.  88. 292.  71.
           197. 186.  25.  84.  96. 195.  53. 217. 172. 131. 214.  59.  70. 220.
           268. 152.  47.  74. 295. 101. 151. 127. 237. 225.  81. 151. 107.  64.
           138. 185. 265. 101. 137. 143. 141.  79. 292. 178.  91. 116.  86. 122.
            72. 129. 142.  90. 158.  39. 196. 222. 277.  99. 196. 202. 155.  77.
           191.  70.  73.  49.  65. 263. 248. 296. 214. 185.  78.  93. 252. 150.
            77. 208.  77. 108. 160.  53. 220. 154. 259.  90. 246. 124.  67.  72.
           257. 262. 275. 177.  71.  47. 187. 125.  78.  51. 258. 215. 303. 243.
            91. 150. 310. 153. 346.  63.  89.  50.  39. 103. 308. 116. 145.  74.
```

```
       45. 115. 264.  87. 202. 127. 182. 241.  66.  94. 283.  64. 102. 200.
      265.  94. 230. 181. 156. 233.  60. 219.  80.  68. 332. 248.  84. 200.
       55.  85.  89.  31. 129.  83. 275.  65. 198. 236. 253. 124.  44. 172.
      114. 142. 109. 180. 144. 163. 147.  97. 220. 190. 109. 191. 122. 230.
      242. 248. 249. 192. 131. 237.  78. 135. 244. 199. 270. 164.  72.  96.
      306.  91. 214.  95. 216. 263. 178. 113. 200. 139. 139.  88. 148.  88.
      243.  71.  77. 109. 272.  60.  54. 221.  90. 311. 281. 182. 321.  58.
      262. 206. 233. 242. 123. 167.  63. 197.  71. 168. 140. 217. 121. 235.
      245.  40.  52. 104. 132.  88.  69. 219.  72. 201. 110.  51. 277.  63.
      118.  69. 273. 258.  43. 198. 242. 232. 175.  93. 168. 275. 293. 281.
       72. 140. 189. 181. 209. 136. 261. 113. 131. 174. 257.  55.  84.  42.
      146. 212. 233.  91. 111. 152. 120.  67. 310.  94. 183.  66. 173.  72.
       49.  64.  48. 178. 104. 132. 220.  57.]
```

In[4]:
```
diabetes_names = diabetes['feature_names']  # 获取数据集的特征名
print('diabetes 数据集的特征名: \n', diabetes_names)
```

Out[4]:　diabetes 数据集的特征名:
```
['age', 'sex', 'bmi', 'bp', 's1', 's2', 's3', 's4', 's5', 's6']
```

In[5]:
```
diabetes_desc = diabetes['DESCR']  # 获取数据集的描述信息
print('diabetes 数据集的描述信息: \n', diabetes_desc)
```

Out[5]:　diabetes 数据集的描述信息:
```
.. _diabetes_dataset:

Diabetes dataset
----------------

Ten baseline variables, age, sex, body mass index, average blood
pressure, and six blood serum measurements were obtained for each of
n =
442 diabetes patients, as well as the response of interest, a
quantitative measure of disease progression one year after baseline.

**Data Set Characteristics:**

  :Number of Instances: 442

  :Number of Attributes: First 10 columns are numeric predictive values

  :Target: Column 11 is a quantitative measure of disease progression
one year after baseline

  :Attribute Information:
    - age      age in years
    - sex
    - bmi      body mass index
    - bp       average blood pressure
    - s1       tc, total serum cholesterol
    - s2       ldl, low-density lipoproteins
    - s3       hdl, high-density lipoproteins
    - s4       tch, total cholesterol / HDL
    - s5       ltg, possibly log of serum triglycerides level
    - s6       glu, blood sugar level

Note: Each of these 10 feature variables have been mean centered and
scaled by the standard deviation times the square root of `n_samples`
(i.e. the sum of squares of each column totals 1).
```

注：此处部分结果已省略。

6.1.2　将数据集划分为训练集和测试集

在数据分析过程中，为了保证模型在实际系统中能够起到预期作用，一般需要将总样本划分成独立的 3 个部分：训练集（Train Set）、验证集（Validation Set）和测试集（Test Set）。其中，训练集用于建立模型，验证集用于确定网络结构或控制模型复杂程度的参数，测试集则用于检验最优模型的性能。典型的划分方式是训练集数据量占总样本数据量的 50%，而验证集数据量和测试集数据量各占总样本数据量的 25%。

当总样本数据较少时，使用上面的方法将总样本数据划分为 3 个部分是不适合的。常用的方法是留少部分样本数据作为测试集，然后对其余 N 个样本采用 K 折交叉验证法。其基本步骤是将样本打乱，然后均匀分成 K 份，轮流选择其中的 K-1 份作为训练集，剩余的一份作为验证集，计算预测误差平方和，最后将 K 次的预测误差平方和的均值作为选择最优模型结构的依据。sklearn 的 model_selection 模块提供了 train_test_split 函数，可对数据集进行划分，train_test_split 函数的基本使用格式如下。

```
sklearn.model_selection.train_test_split(*arrays, test_size=None,
train_size=None, random_state=None, shuffle=True, stratify=None)
```

train_test_split 函数的常用参数及其说明如表 6-2 所示。

表 6-2　train_test_split 函数的常用参数及其说明

参数名称	参数说明
*arrays	接收 list、数组、矩阵、pandas 数据帧。表示需要划分的数据集。若为分类、回归，则分别传入数据和标签；若为聚类，则传入数据。无默认值
test_size	接收 float、int。表示测试集的大小。若传入 float 型参数，参数应为 0～1，表示测试集在总数据集中的占比；若传入 int 型参数，则表示测试样本的绝对数量。默认为 None
train_size	接收 float、int。表示训练集的大小，传入的参数含义与 test_size 参数含义相似。默认为 None
random_state	接收 int。表示用于随机抽样的伪随机数生成器的状态。默认为 None
shuffle	接收 bool。表示在划分数据集前是否对数据进行混洗。默认为 True
stratify	接收 array。表示保持划分前类的分布平衡。默认为 None

train_test_split 函数可将传入的数据集划分为训练集和测试集。如果传入的是一组数据集，那么生成的就是这一组数据集随机划分后的训练集和测试集，共两组。如果传入的是两组数据集，则生成的训练集和测试集分别有两组，共 4 组。将 diabetes 数据集划分为训练集和测试集，如代码 6-3 所示。

代码 6-3　使用 train_test_split 函数划分数据集

In[6]:	`print('原始数据集数据的形状: ', diabetes_data.shape)` `print('原始数据集标签的形状: ', diabetes_target.shape)`
Out[6]:	原始数据集数据的形状：(442, 10) 原始数据集标签的形状：(442,)

In[7]:	`from sklearn.model_selection import train_test_split`
	`diabetes_data_train, diabetes_data_test, \`
	`diabetes_target_train, diabetes_target_test = \`

```
train_test_split(diabetes_data, diabetes_target, \
        test_size=0.2, random_state=42)
print('训练集数据的形状: ', diabetes_data_train.shape)
print('训练集标签的形状: ', diabetes_target_train.shape)
print('测试集数据的形状: ', diabetes_data_test.shape)
print('测试集标签的形状: ', diabetes_target_test.shape)
```

Out[7]:　训练集数据的形状: (353, 10)
　　　　　训练集标签的形状: (353,)
　　　　　测试集数据的形状: (89, 10)
　　　　　测试集标签的形状: (89,)

　　train_test_split 函数是非常常用的数据划分函数，model_selection 模块还提供了其他划分数据集的函数，如 PredefinedSplit 函数、ShuffleSplit 函数等。读者可以通过查看官方文档学习它们的使用方法。

6.1.3　使用 sklearn 转换器进行数据预处理

　　为了帮助用户对大量的特征进行处理，sklearn 将相关的功能封装为 sklearn 转换器。sklearn 转换器主要包括 3 个方法：fit()、transform()和 fit_transform()。sklearn 转换器的 3 个方法及其说明如表 6-3 所示。

表 6-3　sklearn 转换器的 3 个方法及其说明

方法	方法说明
fit()	fit()方法主要通过分析特征和目标值来提取有价值的信息，这些信息可以是统计量、权值系数等
transform()	transform()方法主要用于对特征进行转换。从可利用信息的角度，转换分为无信息转换和有信息转换。无信息转换是指不利用任何其他信息进行转换，如指数函数转换和对数函数转换等。有信息转换根据是否利用目标值向量又可分为无监督转换和有监督转换。无监督转换指只利用特征的统计信息的转换，如标准化和 PCA 降维等。有监督转换指既利用特征信息又利用目标值信息的转换，如通过模型选择特征和线性判别分析（Linear Discriminant Analysis，LDA）降维等
fit_transform()	fit_transform()方法先调用 fit()方法，然后调用 transform()方法

　　目前，使用 sklearn 转换器能够实现对传入的 NumPy 数组进行标准化处理、归一化处理、二值化处理和 PCA 降维等操作。本书主要介绍数据处理中的标准化处理和 PCA 降维。

　　第 4 章基于 pandas 介绍了标准化处理的原理、概念与方法。但是在数据分析过程中，各类与特征处理相关的操作都需要在训练集和测试集中分开进行，并将训练集的操作规则、权重系数等应用到测试集中。如果使用 pandas，那么将操作规则、权重系数等应用至测试集的过程相对烦琐，使用 sklearn 转换器可以解决这一问题。因此需要持续学习新的技术和方法，从而提高工作效率和质量。

　　使用 sklearn 转换器对 diabetes 数据集进行离差标准化，如代码 6-4 所示。

代码 6-4　离差标准化

In[8]:
```
import numpy as np
from sklearn.preprocessing import MinMaxScaler
```

```
Scaler = MinMaxScaler().fit(diabetes_data_train)  # 生成规则
# 将规则应用于训练集
diabetes_trainScaler = Scaler.transform(diabetes_data_train)
# 将规则应用于测试集
diabetes_testScaler = Scaler.transform(diabetes_data_test)
print('离差标准化前训练集数据的最小值: ', np.min(diabetes_data_train))
print('离差标准化后训练集数据的最小值: ', np.min(diabetes_trainScaler))
print('离差标准化前训练集数据的最大值: ', np.max(diabetes_data_train))
print('离差标准化后训练集数据的最大值: ', np.max(diabetes_trainScaler))
print('离差标准化前测试集数据的最小值: ', np.min(diabetes_data_test))
print('离差标准化后测试集数据的最小值: ', np.min(diabetes_testScaler))
print('离差标准化前测试集数据的最大值: ', np.max(diabetes_data_test))
print('离差标准化后测试集数据的最大值: ', np.max(diabetes_testScaler))
```

```
Out[8]:   离差标准化前训练集数据的最小值: -0.13776722569000302
          离差标准化后训练集数据的最小值: 0.0
          离差标准化前训练集数据的最大值: 0.19878798965729408
          离差标准化后训练集数据的最大值: 1.0
          离差标准化前测试集数据的最小值: -0.12678066991651324
          离差标准化后测试集数据的最小值: -0.0680628272251309
          离差标准化前测试集数据的最大值: 0.17055522598064407
          离差标准化后测试集数据的最大值: 1.038793103448276
```

由代码 6-4 可知，离差标准化后训练集数据的最小值、最大值限定在了[0,1]内，同时由于测试集应用了训练集的离差标准化规则，因此测试集数据的最小值、最大值超出了[0,1]的范围。这也从侧面证明了此处应用了训练集的规则。如果对两个数据集单独进行离差标准化，或将两个数据集合并后进行离差标准化，根据公式，取值范围仍会限定在[0,1]。

sklearn 除了提供离差标准化函数 MinMaxScaler，还提供了一系列数据预处理函数，具体如表 6-4 所示。

表 6-4　sklearn 的部分数据预处理函数及其说明

函数名称	函数说明
StandardScaler	对特征进行标准差标准化
Normalizer	对特征进行归一化
Binarizer	对定量特征进行二值化
OneHotEncoder	对定性特征进行独热编码处理
FunctionTransformer	对特征进行自定义函数变换

sklearn 除了提供基本的特征变换函数，还提供了降维算法、特征选择算法，这些算法也可通过转换器使用。sklearn 的 decomposition 模块提供了 PCA 类，可对数据集进行 PCA 降维，PCA 类的基本使用格式如下。

```
class sklearn.decomposition.PCA(n_components=None, *, copy=True, whiten=False,
svd_solver='auto', tol=0.0, iterated_power='auto', n_oversamples=10,
power_iteration_normalizer='auto', random_state=None)
```

PCA 类的常用参数及其说明如表 6-5 所示。

表 6-5　PCA 类的常用参数及其说明

参数名称	参数说明
n_components	接收 int、float、最大似然估计值。表示降维后要保留的特征维度数目。若未指定参数值，则表示所有特征均会被保留；若传入 int 型参数，则表示将原始数据降低到 n 个维度；若传入 float 型参数，则将根据样本特征方差来决定降维后的维度数目；若传入最大似然估计值，则将使用最大似然估计（Maximum Likelihood Estimate，MLE）算法来根据特征的方差分布情况自动选择一定数量的主成分特征来降维。默认为 None
copy	接收 bool。表示是否在运行算法时对原始训练数据进行复制。若为 True，则运行算法后原始训练数据的值不会有任何改变；若为 False，则运行算法后原始训练数据的值将会发生改变。默认为 True
whiten	接收 bool。若为 True，表示对降维后的特征进行标准化处理，使特征具有相同的方差。默认为 False
svd_solver	接收 str。表示使用的奇异值分解（Singular Value Decomposition，SVD）算法，可选 randomized、full、arpack、auto。randomized 一般适用于数据量大、数据维度多，主成分数目比例较低的 PCA 降维。full 是使用 SciPy 实现的传统 SVD 算法。arpack 和 randomized 的适用场景类似，区别在于 randomized 使用的是 sklearn 的 SVD 算法，而 arpack 直接使用 SciPy 的稀疏版本 SVD 算法。auto 则表示 PCA 类会自动在上述 3 种算法中做权衡，选择一个合适的 SVD 算法来降维。默认为 auto

使用 PCA 类对 diabetes 数据集进行 PCA 降维，如代码 6-5 所示。

代码 6-5　对 diabetes 数据集进行 PCA 降维

```
In[9]:    from sklearn.decomposition import PCA
          pca_model = PCA(n_components=8).fit(diabetes_trainScaler)
          # 将规则应用于训练集
          diabetes_trainPca = pca_model.transform(diabetes_trainScaler)
          # 将规则应用于测试集
          diabetes_testPca = pca_model.transform(diabetes_testScaler)
          print('PCA 降维前训练集数据的形状: ', diabetes_trainScaler.shape)
          print('PCA 降维后训练集数据的形状: ', diabetes_trainPca.shape)
          print('PCA 降维前测试集数据的形状: ', diabetes_testScaler.shape)
          print('PCA 降维后测试集数据的形状: ', diabetes_testPca.shape)

Out[9]:   PCA 降维前训练集数据的形状: (353, 10)
          PCA 降维后训练集数据的形状: (353, 8)
          PCA 降维前测试集数据的形状: (89, 10)
          PCA 降维后测试集数据的形状: (89, 8)
```

由代码 6-5 可知，当 n_components 参数值为 8 时，训练集和测试集的维度都由原来的 10 下降为了 8。

6.2　构建并评价聚类模型

聚类分析是在没有给定划分类别的情况下，根据数据相似度进行样本分组的一种方法。聚类模型可以将无类标签的数据聚集为多个簇，是一种非监督的学习算法。在商业上，聚类可以帮助市场分析人员从消费者数据

6.2　构建并评价
聚类模型

库中区分出不同的消费群体，并且概括出每一类消费群体的消费模式或消费习惯。同时，聚类分析也可以作为数据分析算法中其他分析算法的一个预处理步骤，用于异常值识别、连续型特征离散化等。

6.2.1 使用 sklearn 估计器构建聚类模型

聚类的输入是一组未被标记的样本，聚类根据数据自身的距离或相似度将它们划分为若干组，划分的原则是组内（内部）距离最小化，而组间（外部）距离最大化，如图 6-1 所示。

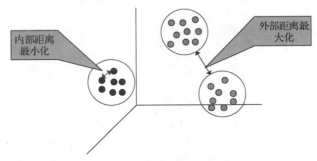

图 6-1　聚类原理示意

常用的聚类算法及其类别如表 6-6 所示。

表 6-6　常用的聚类算法及其类别

算法类别	包括的主要算法
划分（分裂）方法	K-Means 算法（K-均值算法）、K-MEDOIDS 算法（K-中心点算法）和 CLARANS 算法（基于选择的算法）
层次分析方法	BIRCH 算法（平衡迭代归约和聚类）、CURE 算法（代表点聚类）和 CHAMELEON 算法（动态模型）
基于密度的方法	DBSCAN 算法（基于高密度连接区域）、DENCLUE 算法（密度分布函数）和 OPTICS 算法（对象排序识别）
基于网格的方法	STING 算法（统计信息网络）、CLIOUE 算法（聚类高维空间）和 WAVE-CLUSTER 算法（小波变换）

sklearn 常用的聚类算法模块 cluster 提供的聚类算法及其适用范围如表 6-7 所示。

表 6-7　cluster 模块提供的聚类算法及其适用范围

算法名称	参数	适用范围	距离度量
K-Means	簇数	可用于样本数目很多、聚类数目中等的场景	点之间的距离
Spectral clustering	簇数	可用于样本数目中等、聚类数目较少的场景	图距离
Ward hierarchical clustering	簇数	可用于样本数目较多、聚类数目较多的场景	点之间的距离
Agglomerative clustering	簇数、链接类型、距离	可用于样本数目较多、聚类数目较多的场景	任意成对点线图间的距离

算法名称	参数	适用范围	距离度量
DBSCAN	半径大小、最小成员数目	可用于样本数目很多、聚类数目中等的场景	最近的点之间的距离
Birch	分支因子、阈值、可选全局集群	可用于样本数目很多、聚类数目较多的场景	点之间的欧氏距离

聚类算法的实现需要使用 sklearn 估计器。sklearn 估计器拥有 fit()和 predict()两个方法，其说明如表 6-8 所示。

表 6-8　sklearn 估计器两个方法的说明

方法名称	方法说明
fit()	fit()方法主要用于训练算法。该方法可接收用于有监督学习的训练集及其标签，也可以接收用于无监督学习的数据
predict()	predict()方法用于预测有监督学习的测试集标签，亦可以用于划分传入数据的类别

某公司为了划分客户类别，对客户的基本信息进行了调查，并将结果存为 customer 数据集，包括年龄、薪资、在职情况 3 个特征和 1 个客户类别标签。客户基本信息数据的特征/标签说明如表 6-9 所示。

表 6-9　客户基本信息数据的特征/标签说明

特征/标签名称	特征/标签含义	示例
年龄	客户的年龄	18
薪资/万元	客户当前每年薪资（单位：万元）	20
在职情况	客户当前的在职情况（0 表示离职，1 表示在职）	0
客户类别	客户所属的类别，分为 4 类（1~4）	1

使用 customer 数据集，通过 sklearn 估计器构建 K-Means 聚类模型，对客户群体进行划分，并使用 sklearn 的 manifold 模块中的 TSNE 类实现多维数据的可视化展示功能，以便查看聚类效果。TSNE 类的基本使用格式如下。

```
class sklearn.manifold.TSNE(n_components=2, *, perplexity=30.0,
early_exaggeration=12.0, learning_rate='auto', n_iter=1000,
n_iter_without_progress=300, min_grad_norm=1e-07, metric='euclidean',
metric_params=None, init='pca', verbose=0, random_state=None, method='barnes_hut',
angle=0.5, n_jobs=None, square_distances='deprecated')
```

TSNE 类的常用参数及其说明如表 6-10 所示。

表 6-10　TSNE 类的常用参数及其说明

参数名称	参数说明
n_components	接收 int。表示要嵌入空间中的维度。默认为 2
perplexity	接收 float。表示在优化过程中邻近点的数量。默认为 30.0
early_exaggeration	接收 float。表示嵌入空间中簇的紧密程度及簇之间的空间大小。默认为 12.0
learning_rate	接收 float 或 auto。表示梯度下降的速率。默认为 auto

参数名称	参数说明
metric	接收 str、callable 对象。表示计算特征数组中实例之间的距离时使用的度量方式。默认为 euclidean
init	接收 str、ndarray 对象。表示嵌入的初始化方式。默认为 pca
random_state	接收 int。表示所确定的随机数生成器。默认为 None
method	接收 str。表示在进行梯度计算时所选用的优化方法。默认为 barnes_hut

使用 sklearn 估计器构建聚类模型，并使用 TSNE 类对聚类结果进行可视化，如代码 6-6 所示。

代码 6-6　构建聚类模型并对聚类结果进行可视化

```
In[1]:    import pandas as pd
          from sklearn.manifold import TSNE
          import matplotlib.pyplot as plt
          # 读取数据集
          customer = pd.read_csv('../data/customer.csv', encoding='gbk')
          customer_data = customer.iloc[:, :-1]
          customer_target = customer.iloc[:, -1]
          # K-Means 聚类
          from sklearn.cluster import KMeans
          kmeans = KMeans(n_clusters=4, random_state=6).fit(customer_data)
          # 使用 TSNE 类进行数据降维，降成 2 维
          tsne = TSNE(n_components=2, init='random',
                      random_state=2). fit(customer_data)
          df = pd.DataFrame(tsne.embedding_)  # 将原始数据转换为 DataFrame
          df['labels'] = kmeans.labels_  # 将聚类结果存入 df 数据表
          # 提取不同标签的数据
          df1 = df[df['labels'] == 0]
          df2 = df[df['labels'] == 1]
          df3 = df[df['labels'] == 2]
          df4 = df[df['labels'] == 3]
          # 绘制图形
          fig = plt.figure(figsize=(9, 6))  # 设定空白画布，并设定大小
          # 用不同的颜色表示不同数据
          plt.plot(df1[0], df1[1], 'bo', df2[0], df2[1], 'r*',
                   df3[0], df3[1], 'gD', df4[0], df4[1], 'kD')
          plt.show()  # 显示图片
```

Out[1]:

由代码 6-6 的运行结果可知，本次聚类类别分布比较均匀，不同类别数目相差不大。除个别点外，类与类间的界限明显，聚类效果良好。

6.2.2　评价聚类模型

聚类模型的评价标准是组内的对象是相似的（相关的），而不同组中的对象是不同的（不相关的），即组内的相似度越大，组间差别越大，聚类效果就越好。

sklearn 的 metrics 模块提供的聚类模型评价方法如表 6-11 所示。

表 6-11　metrics 模块提供的聚类模型评价方法

方法名称	真实值	最佳值（效果）	sklearn 函数
ARI 评价法	需要	1.0	adjusted_rand_score
AMI 评价法	需要	1.0	adjusted_mutual_info_score
V-measure 评分	需要	1.0	completeness_score
FMI 评价法	需要	1.0	fowlkes_mallows_score
轮廓系数评价法	不需要	1.0	silhouette_score
Calinski-Harabasz 指数评价法	不需要	相交程度最大	calinski_harabaz_score

表 6-11 共列出了 6 种评价方法。其中，前 4 种方法均需要真实值才能评价聚类算法的优劣，后两种则不需要真实值。但是前 4 种方法评价的效果更具有说服力，并且在实际运行的过程中，在有真实值作为参考的情况下，聚类算法的评价可以等同于分类算法的评价。

除 Calinaki-Harabasz 指数评价法以外的评价方法，在不考虑业务场景的情况下都是得分越高，其效果越好，最佳值为 1.0。而轮廓系数评价法则需要判断不同类别数目情况下的轮廓系数的走势，以寻找最优的聚类数目。

在需要真实值的聚类评价方法中选取 FMI 评价法来评价 K-Means 聚类模型，如代码 6-7 所示。

代码 6-7　使用 FMI 评价法评价 K-Means 聚类模型

```
In[2]:    from sklearn.metrics import fowlkes_mallows_score
          for i in range(1, 7):
              # 构建并训练模型
              kmeans = KMeans(n_clusters=i,
                      random_state=6).fit(customer_data)
              score = fowlkes_mallows_score(customer_target, kmeans.labels_)
              print('customer 数据聚%d 类 FMI 评价法分值: %f' % (i, score))

Out[2]:   customer 数据聚 1 类 FMI 评价法分值: 0.500815
          customer 数据聚 2 类 FMI 评价法分值: 0.638073
          customer 数据聚 3 类 FMI 评价法分值: 0.841093
          customer 数据聚 4 类 FMI 评价法分值: 0.907249
          customer 数据聚 5 类 FMI 评价法分值: 0.817502
          customer 数据聚 6 类 FMI 评价法分值: 0.789369
```

由代码 6-7 可知，customer 数据聚 4 类的时候 FMI 评价法分值最高，故聚类为 4 类的时候 K-Means 聚类模型效果最好。

使用轮廓系数评价法评价 K-Means 模型，然后绘制出轮廓系数走势图，根据图形判断聚类效果，如代码 6-8 所示。

代码 6-8　使用轮廓系数评价法评价 K-Means 聚类模型

```
In[3]:    from sklearn.metrics import silhouette_score
          silhouettteScore = []
          for i in range(2, 10):
                  # 构建并训练模型
                  kmeans = KMeans(n_clusters=i,
                              random_state=6).fit(customer_data)
                  score = silhouette_score(customer_data, kmeans.labels_)
                  silhouetteScore.append(score)
          plt.figure(figsize=(10, 6))
          plt.plot(range(2, 10), silhouetteScore,
          linewidth=1.5, linestyle='-')
          plt.show()
```

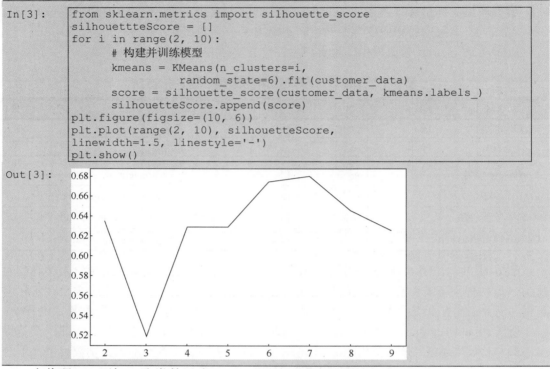

由代码 6-8 可知，聚类数目为 3、4 时平均畸变程度最大。

使用 Calinski-Harabasz 指数评价法评价 K-Means 聚类模型，如代码 6-9 所示。

代码 6-9　使用 Calinski-Harabasz 指数评价法评价 K-Means 聚类模型

```
In[4]:    from sklearn.metrics import calinski_harabasz_score
          for i in range(2, 5):
                  # 构建并训练模型
                  kmeans = KMeans(n_clusters=i,
                              random_state=2).fit(customer_data)
                  score = calinski_harabasz_score(customer_data, kmeans.labels_)
                  print('customer 数据聚%d 类 Calinski_Harabaz 指数: %f' % (i, score))
```

```
Out[4]:   customer 数据聚 2 类 Calinski_Harabaz 指数: 160.059079
          customer 数据聚 3 类 Calinski_Harabaz 指数: 146.644857
          customer 数据聚 4 类 Calinski_Harabaz 指数: 198.251158
```

由代码 6-9 可知，聚类数目为 4 的时候得分最高，所以可以认为 customer 数据聚类为 4 类的时候模型效果最优。

综合以上聚类评价方法，在有真实值作为参考的情况下，FMI 评价法、轮廓系数评价法和 Calinski-Harabasz 指数评价法均可以很好地评价聚类模型。在没有真实值作为参考的时候，可以结合使用轮廓系数评价法和 Calinski-Harabasz 指数评价法。

6.3　构建并评价分类模型

6.3　构建并评价
分类模型

分类是指构造一个分类模型，输入样本的特征值，再输出对应的类别，即将每个样本映射到预先定义好的类别。分类模型建立在已有类标签的数据集上，属于有监督学习。在实际应用场景中，分类算法常用于行为分析、物品识别、图像检测等。

6.3.1　使用 sklearn 估计器构建分类模型

在数据分析领域，分类算法很多，有基于样本距离的最近邻算法、基于特征信息熵的决策树算法、基于 bagging 的随机森林算法、基于 boosting 的梯度提升分类树算法等，虽然其原理千差万别，但实现过程相差不大。分类模型的实现过程如图 6-2 所示。

图 6-2　分类模型的实现过程

sklearn 提供的分类算法非常多，分别存在于不同的模块中。sklearn 的常用分类算法如表 6-12 所示。

表 6-12　sklearn 的常用分类算法

模块名称	函数名称	算法名称
linear_model	LogisticRegression	逻辑回归
svm	SVC	支持向量机
neighbors	KNeighborsClassifier	K 最近邻分类
naive_bayes	GaussianNB	高斯朴素贝叶斯
tree	DecisionTreeClassifier	分类决策树
ensemble	RandomForestClassifier	随机森林分类
ensemble	GradientBoostingClassifier	梯度提升分类树

quit_job 数据集记录了某公司员工的在职和离职情况，其中包含满意度、评分、总项目数、每月平均工作小时数、工龄、工作事故、5 年内升职、薪资 8 个特征信息和 1 个离职类别信息。

为了对员工离职情况进行预测，对 quit_job 数据集使用 sklearn 估计器构建支持向量机模型，如代码 6-10 所示。

代码 6-10　使用 sklearn 估计器构建支持向量机模型

```
In[1]:    import pandas as pd
          # 读取数据集
          quit_job = pd.read_csv('../data/quit_job.csv', encoding='gbk')
          # 划分数据和标签
          quit_job_data = quit_job.iloc[:, :-1]
          quit_job_target = quit_job.iloc[:, -1]
          # 划分训练集和测试集
          from sklearn.model_selection import train_test_split
          quit_job_data_train, quit_job_data_test, \
          quit_job_target_train, quit_job_target_test = \
          train_test_split(quit_job_data, quit_job_target,
                              test_size=0.2, random_state=66)
          # 标准化数据集
          from sklearn.preprocessing import StandardScaler
          stdScale = StandardScaler().fit(quit_job_data_train)
          quit_job_trainScaler = stdScale.transform(quit_job_data_train)
          quit_job_testScaler = stdScale.transform(quit_job_data_test)
          # 构建支持向量机模型
          from sklearn.svm import SVC
          svm = SVC().fit(quit_job_trainScaler, quit_job_target_train)
          # 预测训练集结果
          quit_job_target_pred = svm.predict(quit_job_testScaler)
          print('预测的前 20 个结果: \n', quit_job_target_pred[: 20])
```

```
Out[1]:   预测的前 20 个结果:
          [0 0 0 0 0 0 0 0 1 0 0 0 0 1 0 0 0 1 0 0]
```

将预测结果和真实结果进行比对，求出预测对的结果和预测错的结果的数量，并求出准确率，如代码 6-11 所示。

代码 6-11　分类结果的准确率

```
In[2]:    import numpy as np
          # 求出预测结果和真实结果一样的结果数目
          true = np.sum(quit_job_target_pred == quit_job_target_test )
          print('预测对的结果数目: ', true)
          print('预测错的结果数目: ', quit_job_target_test.shape[0] - true)
          print('预测结果准确率: ', true / quit_job_target_test.shape[0])
```

```
Out[2]:   预测对的结果数目: 2888
          预测错的结果数目: 112
          预测结果准确率: 0.9626666666666667
```

由代码 6-11 可知，支持向量机模型预测结果的准确率约为 96.3%，在 3000 条测试数据中只有 112 条数据识别错误，说明整体模型效果比较理想。

6.3.2　评价分类模型

分类模型对测试集进行预测的准确率并不能很好地反映模型的性能，为了有效评价分类模型的性能表现，需要结合真实值计算出精确率、召回率、F1 值和 Cohen's Kappa 系数等。

分类模型的常规评价方法如表 6-13 所示。

表 6-13　分类模型的常规评价方法

方法名称	最佳值（效果）	sklearn 函数
精确率	1.0	metrics.precision_score
召回率	1.0	metrics.recall_score
F1 值	1.0	metrics.f1_score
Cohen's Kappa 系数	1.0	metrics.cohen_kappa_score
ROC 曲线	最接近 y 轴	metrics. roc_curve

其中，前 4 种评价方法都是分值越高越好，使用方法基本相同。利用精确率、召回率、F1 值和 Cohen's Kappa 系数评价方法对代码 6-10 中建立的支持向量机模型进行评价，如代码 6-12 所示。

代码 6-12　评价支持向量机模型

```
In[3]:   from sklearn.metrics import accuracy_score,precision_score, \
         recall_score,f1_score,cohen_kappa_score
         print('使用支持向量机预测 quit_job 数据的准确率: ',
                 accuracy_score(quit_job_target_test, quit_job_target_pred))
         print('使用支持向量机预测 quit_job 数据的精确率: ',
                 precision_score(quit_job_target_test, quit_job_target_pred))
         print('使用支持向量机预测 quit_job 数据的召回率: ',
                 recall_score(quit_job_target_test, quit_job_target_pred))
         print('使用支持向量机预测 quit_job 数据的 F1 值: ',
                 f1_score(quit_job_target_test, quit_job_target_pred))
         print('使用支持向量机预测 quit_job 数据的 Cohens Kappa 系数: ',
                 cohen_kappa_score(quit_job_target_test,
                                   quit_job_target_pred))

Out[3]:  使用支持向量机预测 quit_job 数据的准确率: 0.9626666666666667
         使用支持向量机预测 quit_job 数据的精确率: 0.9501466275659824
         使用支持向量机预测 quit_job 数据的召回率: 0.8925619834710744
         使用支持向量机预测 quit_job 数据的 F1 值: 0.9204545454545454
         使用支持向量机预测 quit_job 数据的 Cohens Kappa 系数: 0.8960954140968836
```

由代码 6-12 可知，精确率、召回率、F1 值、Cohen's Kappa 系数都较接近 1，说明建立的支持向量机模型的效果相对较好。sklearn 的 metrics 模块除了提供计算精确率等单一评价方法的函数，还提供一个能够输出分类模型评价报告的函数 classification_report。使用 classification_report 函数输出支持向量机模型的评价报告，如代码 6-13 所示。

代码 6-13　输出支持向量机模型的评价报告

```
In[4]:   from sklearn.metrics import classification_report
         print('使用支持向量机预测 quit_job 数据的分类报告: ', '\n',
                 classification_report(quit_job_target_test,
```

		quit_job_target_pred))

Out[4]: 使用支持向量机预测 quit_job 数据的分类报告：

	precision	recall	f1-score	support
0	0.97	0.99	0.98	2274
1	0.95	0.89	0.92	726
accuracy			0.96	3000
macro avg	0.96	0.94	0.95	3000
weighted avg	0.96	0.96	0.96	3000

除了可以使用数值、表格等形式评价分类模型的性能，还可通过绘制 ROC 曲线来评价分类模型，如代码 6-14 所示。

代码 6-14　绘制 ROC 曲线

```
In[5]:    from sklearn.metrics import roc_curve
          import matplotlib.pyplot as plt
          # 求出 ROC 曲线的 x 轴和 y 轴
          fpr, tpr, thresholds = \
          roc_curve(quit_job_target_test, quit_job_target_pred)
          plt.figure(figsize=(10, 6))
          plt.rcParams['font.sans-serif']=['SimHei']
          plt.xlim(0, 1)   # 设定 x 轴的范围
          plt.ylim(0.0, 1.1)   # 设定 y 轴的范围
          plt.xlabel('1-特异性')
          plt.ylabel('灵敏度')
          plt.plot(fpr, tpr, linewidth=2, linestyle='-', color='red')
          plt.plot([0, 1], [0, 1], linestyle='-.', color='blue')
          plt.show()
```

Out[5]:

ROC 曲线的横、纵坐标范围为[0,1]，通常情况下，ROC 曲线与 x 轴围成的面积越大，模型性能越好。当 ROC 曲线为代码 6-14 运行结果中的虚线时，说明模型的计算结果基本都是随机得来的，在此情况下，模型起到的作用几乎为零。故在实际中，ROC 曲线离虚线越远，表示模型效果越好。

6.4　构建并评价回归模型

回归算法的实现过程与分类算法类似，原理也相差不大。分类算法和回归算法的主要

区别在于，分类算法的标签是离散的，而回归算法的标签是连续的。回归算法在交通、物流、社交网络和金融等领域能发挥巨大作用。

6.4　构建并评价
回归模型

6.4.1　使用 sklearn 估计器构建线性回归模型

从 19 世纪初高斯提出最小二乘估计法起，回归分析的历史已有 200 多年。根据研究方法，可以将回归分析方法分为经典回归分析方法和近代回归分析方法。回归分析研究的范围大致如图 6-3 所示。

图 6-3　回归分析研究的范围

在回归模型中，自变量与因变量具有相关关系，自变量的值是已知的，因变量的值是要预测的。回归算法的实现步骤和分类算法的基本相同，分为学习和预测。学习是指通过训练样本数据来拟合回归方程；预测则是指利用学习过程中拟合出的回归方程，将测试数据放入方程中求出预测值。常用的回归模型如表 6-14 所示。

表 6-14　常用的回归模型

回归模型名称	适用条件	算法描述
线性回归	因变量与自变量有线性关系	对一个或多个自变量和因变量之间的线性关系进行建模，可用最小二乘估计法求解模型系数
非线性回归	因变量与自变量没有线性关系	对一个或多个自变量和因变量之间的非线性关系进行建模。如果非线性关系可以通过简单的函数变换转化成线性关系，那么可用线性回归的思想求解；如果不能转化，那么可用非线性最小二乘估计法求解模型系数
逻辑回归	因变量一般有 1 和 0（是与否）两种取值	利用逻辑回归相关函数将因变量的取值范围控制在 0～1，表示取值为 1 的概率
岭回归	参与建模的自变量之间具有多重共线性	是对最小二乘估计法的改进
主成分回归	参与建模的自变量之间具有多重共线性	主成分回归是根据 PCA 的思想提出来的，是对最小二乘估计法的一种改进，它是参数估计的一种有偏估计。可以消除自变量之间的多重共线性

177

Python 数据分析与实战（微课版）

sklearn 中有不少回归算法，常用的如表 6-15 所示。

表 6-15　sklearn 中常用的回归算法

模块名称	函数名称	算法名称
linear_model	LinearRegression	线性回归
svm	SVR	支持向量回归
neighbors	KNeighborsRegressor	最近邻回归
tree	DecisionTreeRegressor	回归决策树
ensemble	RandomForestRegressor	随机森林回归
	GradientBoostingRegressor	梯度提升回归树

　　建筑工程中需要对混凝土抗压强度进行检测，以保证建筑物的结构安全。利用机器学习技术构建混凝土抗压强度检测模型，可以提高检测效率和准确性，节省人力和物力，为推进新型工业化，加快建设制造强国、质量强国添砖加瓦。concrete 数据集记录了不同成分的混凝土的强度，其中包括水泥含量、矿渣含量、石灰含量、水含量等 8 个输入特征和 1 个混凝土抗压强度输出标签，部分数据如表 6-16 所示。

表 6-16　concrete 数据集中的部分数据

水泥含量/（kg/m³）	矿渣含量/（kg/m³）	石灰含量/（kg/m³）	水含量/（kg/m³）	超塑化剂含量/（kg/m³）	粗骨料含量/（kg/m³）	细骨料含量/（kg/m³）	达到特定抗压强度所需天数/天	混凝土抗压强度/MPa
540.0	0	0	162	2.5	1040.0	676.0	28	79.99
540.0	0	0	162	2.5	1055.0	676.0	28	61.89
332.5	142.5	0	228	0	932.0	594.0	270	40.27
332.5	142.5	0	228	0	932.0	594.0	365	41.05
198.6	132.4	0	192	0	978.4	825.5	360	44.30
266.0	114.0	0	228	0	932.0	670.0	90	47.03
380.0	95.0	0	228	0	932.0	594.0	365	43.70
380.0	95.0	0	228	0	932.0	594.0	28	36.45
266.0	114.0	0	228	0	932.0	670.0	28	45.85

　　为了对混凝土的强度进行预测，对 concrete 数据集使用 sklearn 估计器构建线性回归模型，如代码 6-15 所示。

代码 6-15　使用 sklearn 估计器构建线性回归模型

```
In[1]:    import pandas as pd
          # 读取数据集
          concrete = pd.read_csv('../data/concrete.csv', encoding='gbk')
          # 划分数据和标签
          concrete_data = concrete.iloc[:, :-1]
          concrete_target = concrete.iloc[:, -1]
          # 划分训练集和测试集
          from sklearn.model_selection import train_test_split
          concrete_data_train, concrete_data_test, \
          concrete_target_train, concrete_target_test = \
```

```
train_test_split(concrete_data, concrete_target,
                 test_size=0.2, random_state=20)
from sklearn.linear_model import LinearRegression
concrete_linear = LinearRegression().fit(concrete_data_train,
                                          concrete_target_train)

# 预测测试集结果
y_pred = concrete_linear.predict(concrete_data_test)
print('预测的前 20 个结果: ','\n', y_pred[: 20])
```

Out[1]:
```
预测的前 20 个结果:
[19.81028428   17.3151452   30.53534308   23.98192714   53.18933559
 30.57631518   12.35744614   24.61923422   24.45495639   31.20651327
 43.87924638   53.90881503   37.38608652   31.74830703   44.37240085
 59.65671572   23.77370353   29.18579391   48.52149378   30.74767163]
```

根据预测结果和真实结果画出折线图，以更直观地展示线性回归模型效果，如代码 6-16 所示。

代码 6-16　回归结果可视化

In[2]:
```
import matplotlib.pyplot as plt
from matplotlib import rcParams
rcParams['font.sans-serif'] = 'SimHei'
fig = plt.figure(figsize=(12, 6))  # 创建空白画布，并设定其大小
plt.plot(range(concrete_target_test.shape[0]),
         list(concrete_target_test), color='blue')
plt.plot(range(concrete_target_test.shape[0]),
         y_pred, color='red', linewidth=1.5, linestyle='-.')
plt.xlabel('结果数值')
plt.ylabel('强度/MPa')
plt.legend(['真实结果', '预测结果'])
plt.savefig('../tmp/回归结果.jpg')
plt.show()  # 显示图片
```

Out[2]:

代码 6-16 所示的折线图说明除了部分预测结果和真实结果相差较大，整体拟合效果良好，即模型的效果相对较好。

6.4.2　评价回归模型

回归模型的性能评价不同于分类模型的性能评价，虽然都是根据真实值进行评价，但

由于回归模型的预测结果和真实结果都是连续的，所以不能够求出精确率、召回率和 F1 值等。回归模型拥有一套独立的评价方法。

常用的回归模型评价方法如表 6-17 所示。

表 6-17 常用的回归模型评价方法

方法名称	最优值	sklearn 函数
平均绝对误差	0.0	metrics. mean_absolute_error
均方误差	0.0	metrics. mean_squared_error
中值绝对误差	0.0	metrics. median_absolute_error
可解释方差	1.0	metrics. explained_variance_score
R^2 值	1.0	metrics. r2_score

平均绝对误差、均方误差和中值绝对误差的值越接近 0，模型性能越好。可解释方差和 R^2 值越接近 1，模型性能越好。对 6.4.1 小节中的线性回归模型使用表 6-17 中的评价方法进行评价，如代码 6-17 所示。

代码 6-17 评价线性回归模型

```
In[3]:   from sklearn.metrics import explained_variance_score,\
         mean_absolute_error, mean_squared_error,\
         median_absolute_error, r2_score
         print('concrete 数据线性回归模型的平均绝对误差：',
                 mean_absolute_error(concrete_target_test, y_pred))
         print('concrete 数据线性回归模型的均方误差：',
                 mean_squared_error(concrete_target_test, y_pred))
         print('concrete 数据线性回归模型的中值绝对误差：',
                 median_absolute_error(concrete_target_test, y_pred))
         print('concrete 数据线性回归模型的可解释方差：',
                 explained_variance_score(concrete_target_test, y_pred))
         print('concrete 数据线性回归模型的 R² 值：',
                 r2_score(concrete_target_test, y_pred))

Out[3]:  concrete 数据线性回归模型的平均绝对误差：7.825592863407587
         concrete 数据线性回归模型的均方误差：93.08098484719206
         concrete 数据线性回归模型的中值绝对误差：6.245315189356777
         concrete 数据线性回归模型的可解释方差：0.6730854439765637
         concrete 数据线性回归模型的 R² 值：0.6678152427265549
```

由代码 6-17 可知，建立的线性回归模型拟合效果一般，还有较大的改进空间。

小结

本章首先介绍了 sklearn 中 datasets 模块的作用与使用方法、数据集的划分方法以及如何使用 sklearn 转换器进行数据预处理；然后根据数据分析的应用分类（聚类、分类和回归），重点介绍了对应的模型构建方法和评价方法。

实训

实训 1　使用 sklearn 处理竞标行为数据集

1. 训练要点

（1）掌握 sklearn 转换器的用法。

（2）掌握训练集、测试集的划分方法。

（3）掌握使用 sklearn 进行 PCA 降维的方法。

2. 需求说明

某网络交易平台为了分析竞标者的竞标行为，收集整理了部分拍卖数据，并将其存储为竞标行为数据集（shill_bidding.csv）。其中包括记录 ID、竞标者倾向、竞标比率等 11 个输入特征和 1 个类别标签，共 6321 条记录，其特征/标签说明如表 6-18 所示。本实训需要读取竞标行为数据集，进行训练集和测试集的划分，为后续的模型构建提供训练数据和测试数据；并对数据集进行降维，以适当减少数据的特征维度。

表 6-18　竞标行为数据集的特征/标签说明

特征/标签名称	特征/标签含义	示例
记录 ID	数据集中记录的唯一标识符	1
拍卖 ID	拍卖的唯一标识符	732
竞标者倾向	竞标者仅参加少数卖方的情况，该情况更有可能发生欺诈和同谋串通的行为	0.2
竞标比率	竞标者参与报价的频率	0.4
连续竞标	竞标者在第一次中标的情况下，再中第二次乃至第 n 次标的情况	0
上次竞标	在竞标的最后时间（超过竞标持续时间 90%），竞标者参与竞标的情况。一般情况下，恶意竞标者一般不会在竞标的最后时间参与竞标，以避免中标	0.0000278
竞标量	竞标者的平均竞标量情况	0
拍卖起拍	竞标者首先发起竞标的情况	0.993592814
早期竞标	在开始竞标时（少于竞标持续时间 25%），竞标者参与竞标的情况。一般情况下，恶意竞标者偏向于在竞标的早期参与竞标，以吸引其他竞标者的注意	0.0000278
胜率	竞标者成功赢得拍卖的情况	0.666666667
拍卖持续时间/小时	拍卖持续了多长时间（单位：小时）	5
类别	0 表示正常竞标行为，否则为 1	0

3. 实现思路及步骤

（1）使用 pandas 读取竞标行为数据集。

（2）对竞标行为数据集的数据和标签进行划分。

（3）将竞标行为数据集划分为训练集和测试集，测试集数据量占总样本数据量的 20%。

（4）对竞标行为数据集进行 PCA 降维，设定 n_components=0.999，即降维后数据能保留的信息为原来的 99.9%，并查看降维后的训练集、测试集的大小。

实训 2　构建基于竞标行为数据集的 K-Means 聚类模型

1. 训练要点

（1）掌握 sklearn 估计器的用法。
（2）掌握聚类模型的构建方法。
（3）掌握聚类模型的评价方法。

2. 需求说明

本实训使用实训 1 中的竞标行为数据集。竞标行为标签分为 0、1 两种（0 表示正常竞标行为，1 表示非正常竞标行为），为了通过竞标者的行为特征将竞标行为划分为簇，选择数据集中的竞标者倾向、竞标比率、连续竞标 3 个特征，构建 K-Means 模型。对这 3 个特征的数据进行聚类，将它们聚集为两个簇，实现竞标行为的类别划分，并对聚类模型进行评价，确定最优聚类数目。

3. 实现思路及步骤

（1）选取竞标行为数据集中的竞标者倾向、竞标比率、连续竞标、类别等特征。
（2）使用划分后的训练集构建 K-Means 模型。
（3）使用 ARI 评价法评价建立的 K-Means 模型。
（4）使用 V-measure 评分评价建立的 K-Means 模型。
（5）使用 FMI 评价法评价建立的 K-Means 模型，并在聚类数目为 1～3 类时，确定最优聚类数目。

实训 3　构建基于竞标行为数据集的支持向量机分类模型

1. 训练要点

（1）掌握 sklearn 估计器的用法。
（2）掌握分类模型的构建方法。
（3）掌握分类模型的评价方法。

2. 需求说明

为了对竞标者的竞标行为进行类别判断，根据训练集构建支持向量机分类模型，利用构建的模型判断测试集的竞标行为类别归属，并对分类模型性能进行评价。

3. 实现思路及步骤

（1）标准差标准化构建的训练集和测试集。
（2）构建支持向量机分类模型，并展示前 10 个预测结果。
（3）打印分类模型评价报告，评价分类模型的性能。

实训 4　构建基于竞标行为数据集的回归模型

1. 训练要点

（1）掌握 sklearn 估计器的用法。
（2）掌握回归模型的构建方法。

（3）掌握回归模型的评价方法。

2．需求说明

本实训基于实训 1 处理后的数据。为了对竞标者的竞标行为进行预测，构建线性回归模型，用训练集对线性回归模型进行训练，并对测试集进行预测；计算回归模型评价指标得分，通过得分评价回归模型的优劣。

3．实现思路及步骤

（1）根据竞标行为训练集构建线性回归模型，并预测测试集结果。

（2）计算线性回归模型的平均绝对误差、均方误差、R^2 值。

（3）根据得分评价模型的优劣。

课后习题

1．选择题

（1）sklearn 转换器的主要方法不包括（　　　）。

    A．fit()　　　　　　B．transform()　　　　C．fit_transform()　　D．fit_transforms()

（2）sklearn 中用于对特征进行归一化的函数是（　　　）。

    A．StandardScaler　　　　　　　　　B．Normalizer

    C．Binarizer　　　　　　　　　　　　D．MinMaxScaler

（3）下列算法中属于分类方法的是（　　　）。

    A．SVC 算法　　　　　　　　　　　　B．CLIOUE 算法

    C．CLARANS 算法　　　　　　　　　　D．K-MEDOIDS 算法

（4）classification_report 函数用于输出分类模型评价报告，其内容不包括（　　　）。

    A．precision　　　B．recall　　　　　C．f1-score　　　　D．true_postive_rate

（5）下列关于回归模型评价指标的说法不正确的是（　　　）。

    A．平均绝对误差的值越接近 0，模型性能越好

    B．R^2 值越接近 1，模型性能越好

    C．可解释方差越接近 1，模型性能越好

    D．均方误差越接近 1，模型性能越好

2．操作题

某加工厂采购了一批玻璃，玻璃的特性及元素成分存储于玻璃类别数据集（glass.csv）中。该数据集包括折射率、钠含量、镁含量、铝含量等 9 个输入特征和 1 个类别标签，类别标签包括 1、2、3、4（代表 4 种玻璃），数据集共包含 192 条数据。玻璃类别数据集的部分数据如表 6-19 所示。

表 6-19　玻璃类别数据集的部分数据

折射率/%	钠含量/%	镁含量/%	铝含量/%	硅含量/%	钾含量/%	钙含量/%	钡含量/%	铁含量/%	类别
1.52101	13.64	4.49	1.10	71.78	0.06	8.75	0	0	1
1.51761	13.89	3.60	1.36	72.73	0.48	7.83	0	0	1

续表

折射率/%	钠含量/%	镁含量/%	铝含量/%	硅含量/%	钾含量/%	钙含量/%	钡含量/%	铁含量/%	类别
1.51618	13.53	3.55	1.54	72.99	0.39	7.78	0	0	1
1.51766	13.21	3.69	1.29	72.61	0.57	8.22	0	0	1
1.51742	13.27	3.62	1.24	73.08	0.55	8.07	0	0	1

为了实现根据玻璃的特征对玻璃进行类别判定，需要通过玻璃类别数据集构建分类模型，具体步骤如下。

（1）加载玻璃类别数据集，划分训练集、测试集。

（2）对训练集、测试集进行标准差标准化，并分别输出标准化后的训练集、测试集的方差和均值。

（3）使用支持向量机算法对玻璃类别数据集进行分类，输出分类模型评价报告。

（4）使用梯度提升回归树对玻璃类别数据集进行回归，并计算回归模型的 5 项评价指标得分。

3. 实践题

为了预测新能源汽车是否热门及其成交金额，利用第 4 章实践题预处理后的新能源汽车销售数据构建分类模型和回归模型，并对其进行评价，具体操作步骤如下。

（1）读取"新能源汽车销售数据_经过第 4 章处理.csv"文件。

（2）将访客数、加购率和下单率作为特征变量；将成交客户数高于中位数的商品定义为热门，并为其赋值 1；否则为非热门，并为其赋值 0，作为分类分析的目标变量；将成交金额作为回归分析的目标变量。

（3）将数据集划分为训练集和测试集，采用 20%的数据作为测试集。

（4）使用 sklearn 构建逻辑回归模型，预测商品是否为热门商品。

（5）使用 classification_report 函数输出模型的精确率、召回率和 F1 值，评价分类模型的性能。

（6）使用 sklearn 构建随机森林回归模型，预测成交金额。

（7）使用 R^2 值评价回归模型的性能。

第 ❼ 章 竞赛网站用户行为分析

　　我国正从网络大国向网络强国迈进，截至 2021 年 12 月，我国网民规模达 10.32 亿。互联网是信息时代人类生活的重要组成部分，也是信息传播的主要渠道。网站运营商对于网站的运营也越发重要。网站运营包括用户行为分析、网站页面布局、服务器维护等。运营商可以通过分析用户的行为特征，为不同用户群提供差异化的服务，以达到增加访问量的目的。

　　本章依据竞赛网站的用户访问数据构建用于聚类的特征，结合 K-Means 聚类算法将用户按一定的规律聚集成不同的群体，分析每一类用户的特点以便网站运营商进行个性化营销。

学习目标

　　（1）熟悉竞赛网站用户行为分析的步骤和流程。
　　（2）掌握竞赛网站用户访问数据的预处理方法。
　　（3）掌握 K-Means 聚类算法的使用方法。
　　（4）根据模型的聚类结果为网站运营商提供建议。

素养目标

　　（1）通过应用 K-Means 聚类算法，将理论与实践相结合，实现知行合一，树立正确的认知观。
　　（2）了解数据分析流程，养成严谨、细致的职业习惯。

思维导图

7.1 竞赛网站用户行为分析的背景和方法

7.1 竞赛网站用户行为分析的背景和方法

互联网的用户规模已不容小视，因此互联网市场的价值巨大。为了充分利用互联网市场的价值，某竞赛网站的运营商需要积极采取措施，分析用户的行为特征，以便为不同用户群提供差异化的服务。

7.1.1 分析竞赛网站背景

根据竞赛网站提供的数据，对用户行为进行分析，以解决基于竞赛网站现状提出的为网站用户提供差异化服务和增加访问量的问题。

1. 分析竞赛网站现状

本案例的研究对象是广东泰迪智能科技股份有限公司旗下的"泰迪杯"竞赛网站。广东泰迪智能科技股份有限公司是一家专门从事大数据挖掘研发工作、提供咨询和培训服务的高科技企业。"泰迪杯"竞赛网站致力于为用户提供丰富的"泰迪杯"竞赛信息、竞赛优秀作品，以及丰富的教学资源，如案例教程、图书配套资料、建模工具等。丰富的网站内容与多样的服务使得网站面向的用户群体多种多样，如参加比赛的学生、需要教学资源的老师和参与合作的企业或院校等。

互联网市场环境的变化既给网站运营商带来了不少机会，也带来了一些威胁。随着大数据的兴起，以及各种大数据产品企业的涌现，网站的访问量出现了小幅度的下降。在信息时代，访问量的下降对运营商的影响是巨大的。

因此竞赛网站运营商想要为网站用户提供差异化服务以增加访问量，但是想要在庞大的互联网用户群体中精确定位各种用户存在一定的困难，运营商需使用快速、有效的方法解决用户分群问题。传统的用户分群主要根据用户的性别、年龄、所在区域等信息，但这种分群方式是粗糙的，未能考虑到用户的行为特征和兴趣偏好，分群结果可能出现较大偏差，难以为差异化服务提供决策的支持。

本案例通过分析用户的历史访问记录，获得用户的兴趣偏好、需求，并将用户分成不同群体。后续可以针对不同群体提供差异化的服务，提高用户的使用体验。

2. 了解竞赛网站数据的基本情况

竞赛网站的系统数据库中积累了大量的用户访问数据。当用户访问网站时，系统将会自动记录用户访问网站的日志。本案例主要对竞赛网站 2024 年 1 月的访问数据（共 200196条记录）进行分析。用户访问表的特征说明如表 7-1 所示。

表 7-1　用户访问表的特征说明

特征名称	特征说明	示例
page_path	网址	/ts/578.jhtml
userid	用户 ID	4187
ip	IP 地址	220.181.108.112
sessionid	单次访问 ID	8C6E30E3355675932AA9EF78AAF87346
date_time	访问时间	2024/1/1　0:00:00
uniqueVisitorId	唯一访问 ID	9db6b30b-9443-071d-edbf-5d3a20e6148b

userid、sessionid、uniqueVisitorId 的解释如下。

userid：在网站上，每个用户都有唯一的 ID，这个 ID 用于标识用户，通常在注册时获得。

sessionid：可以理解为商场的购物车。当你进入一家商场时，会获得一辆购物车，这个购物车用于在购物过程中放置商品。当完成购物离开商场时，购物车也会被清理。在互联网上，sessionid 就像购物车一样，它会在用户的一次访问过程中保持不变，用于存储用户的相关信息。关闭浏览器后再次打开网站，sessionid 会更新。

uniqueVisitorId：通常用于标识用户的多次访问行为，以便记录用户的访问历史和偏好。uniqueVisitorId 基于用户的 Cookie 信息生成，Cookie 可以存储用户账号、密码、浏览记录等信息，并将它们保存在浏览器创建的文件夹中。当新的 Cookie 生成时，uniqueVisitorId 也会随之更新。更换浏览器、清除浏览器记录和更换设备都可能生成新的 Cookie。

7.1.2　认识用户行为分析

用户行为包括时间、地点、人物、交互内容等元素。进行用户行为分析有助于运营商制定稳定已有用户和增加新用户的策略。分析用户访问网站的内容和时间，可以了解用户的习惯和偏好。此外，用户的性别、年龄、职位等基本属性也在用户行为中有所体现。在当前产品同质化严重和竞争对手增加的背景下，用户流失现象加剧，网站运营成本上升。为了减少用户流失，可以根据用户行为制订精准的营销方案。例如，对可能成为稳定用户的对象及时进行电话跟进，对已经稳定的用户偶尔进行满意度调查等。

本章中，用户行为主要表现为用户在竞赛网站的访问行为。用户访问网页的类别体现了他们的关注点，用户在网站中的下意识操作更能反映他们的真实想法。

7.1.3　竞赛网站用户行为分析的步骤与流程

为制定差异化服务策略，首先需要对竞赛网站用户访问数据进行分析，然后使用预处理后的数据构建特征，并调用 sklearn 的 KMeans 类对用户进行聚类。竞赛网站用户行为分析流程如图 7-1 所示，主要包括以下步骤。

图 7-1　竞赛网站用户行为分析流程

（1）从数据库中读取竞赛网站的用户访问数据。

（2）对数据进行用户识别、数据清洗、网页分类，得到拥有用户唯一标识和网页分类的数据，并进行特征的构造，构建用户访问不同类别网页的次数的特征。

（3）使用 K-Means 聚类算法根据构造的特征对用户进行分群。

（4）对不同的分类人群进行分析并提出相应建议。

7.2 预处理竞赛网站用户访问数据

观察竞赛网站的用户访问表后发现，该表的数据结构虽然完整，但是不适合直接用于分析。需要根据用户聚类的要求，通过用户识别、数据清洗得到用户唯一标识，通过网页分类、构造特征得到网页类别。

7.2.1 用户识别

7.2.1 用户识别

用户识别的前提是原始数据拥有区分用户的特征。因此，用户识别的作用在于构建唯一识别用户的特征。

在原始的特征中，ip 代表用户的 IP 地址，但使用同一局域网访问的用户拥有相同的 ip，仅用 ip 作为用户唯一标识并不严谨。sessionid 表示单次访问的 id，关闭网页后重新打开网页，sessionid 会发生变化，同一 ip 对应不同的 sessionid 的示例如表 7-2 所示。使用 sessionid 作为用户的唯一标识可能导致将同一用户在不同时间段内的访问记录被识别成不同用户的访问记录。

表 7-2　同一 ip 对应不同的 sessionid 的示例

ip	sessionid
112.94.22.73	A784AEA509EA8DC60DB8B3DC18A31F64
112.94.22.73	77E3EDBB70FF89B185F6A18AF56D2A76
112.94.22.73	E3D8840029B49481A74F7C1732CCEBDC

userid 可以作为注册用户的唯一标识，但非注册用户的 userid 为 NA，因此 NA 不能作为非注册用户的唯一标识。uniqueVisitorId 是用户的唯一访问 id，但在原始数据中，uniqueVisitorId 特征有较多的缺失值，将其单独作为识别非注册用户的标识也不严谨。userid 和 uniqueVisitorId 中缺失值与非缺失值的占比如图 7-2 所示。

图 7-2　userid 和 uniqueVisitorId 中缺失值与非缺失值的占比

综合考虑，最终选取 ip、userid、uniqueVisitorId 这 3 个特征构建用户的唯一标识 reallID，具体的构建规则如下。

（1）当 userid 不为 NA 时，使用 userid 作为用户唯一标识。

（2）当 userid 为 NA 且 uniqueVisitorId 不为 NA 时，使用 uniqueVisitorId 作为用户唯一

标识。

（3）当 userid 与 uniqueVisitorId 都为 NA 时，使用 ip 作为用户的唯一标识。

根据这 3 条规则进行用户识别，如代码 7-1 所示。

代码 7-1　进行用户识别

In[1]:	```python
	import pandas as pd
	# 读取数据
	tipdm_data = pd.read_excel('../data/website_user.xlsx')
	print('数据形状: ', tipdm_data.shape)
	``

Out[1]:	数据形状: (200196, 6)

In[2]:	```python
	import numpy as np
	tipdm_data['reallID'] = np.nan # 新建 reallID 列
	# 当 userid 不为 NA 时，使用 userid 作为用户唯一标识
	tipdm_data.loc[tipdm_data['userid'].notnull(),
	'reallID']= tipdm_data.loc[tipdm_data['userid'].notnull(),'userid']
	
	# 当 userid 为 NA 且 uniqueVisitorId 不为 NA 时，使用 uniqueVisitorId 作为用户
	唯一标识
	tipdm_data.loc[tipdm_data['userid'].isnull() &
	tipdm_data['uniqueVisitorId'].notnull(),
	'reallID'] = tipdm_data.loc[tipdm_data['userid'].isnull() &
	tipdm_data['uniqueVisitorId'].notnull(), 'uniqueVisitorId']
	
	# 当 userid 与 uniqueVisitorId 都为 NA 时，使用 ip 作为用户的唯一标识
	tipdm_data.loc[tipdm_data['userid'].isnull() &
	tipdm_data['uniqueVisitorId'].isnull(),
	'reallID'] = tipdm_data.loc[tipdm_data['userid'].isnull() &
	tipdm_data['uniqueVisitorId'].isnull(), 'ip']
	print('新增 reallID 特征后的数据形状: ', tipdm_data.shape)
	``

Out[2]:	新增 reallID 特征后的数据形状: (200196, 7)

In[3]:	```python
	# 计算用户总数
	total_user = len(tipdm_data['reallID'].drop_duplicates())
	print('用户的总数: ', total_user)
	``

Out[3]:	用户的总数: 28904

由代码 7-1 可知，原始的数据形状为 200196 行 6 列，新增唯一标识 reallID 后数据形状为 200196 行 7 列。统计 reallID 后发现，2024 年 1 月共有 28904 个用户访问了竞赛网站。

7.2.2　数据清洗

点击网页数可以反映用户对网站的兴趣度。一般情况下，点击网页数越高，说明用户对网站的兴趣度越高；点击网页数越低，说明用户对网站的兴趣度越低。根据用户的唯一标识得到用户点击网页数，并绘制用户点击网页数柱形图，如图 7-3 所示。

7.2.2　数据清洗

由图 7-3 可知，大部分的用户点击网页数为 1。经过统计，点击网页数在 35 以上的共有 328 人。对点击网页数为 1 的用户点击的网页进行统计，得到访问记录中有超过 100000 条记录为 "/"，这种记录可能与分析目标不符。

图 7-3　用户点击网页数柱形图

由于网站是提供数据挖掘知识的网站，在只访问一个网页的情况下，用户很难获得所需的全部知识，同时只根据一个网页确定用户的喜好有较高的局限性，因此这部分用户不参与分析。此外，对于点击网页数在 35 次以内的用户，不同点击网页数的用户的平均点击间隔如图 7-4 所示，点击网页数为 21 的某用户的部分访问记录如表 7-3 所示。

图 7-4　不同点击网页数的用户的平均点击间隔

表 7-3　点击网页数为 21 的某用户的部分访问记录

date_time	reallID	date_time	reallID
2024-01-16 21:09:58	0362……5458	2024-01-20 20:35:57	0362……5458
2024-01-16 21:25:16	0362……5458	2024-01-20 20:36:20	0362……5458
2024-01-16 21:25:16	0362……5458	2024-01-20 20:37:03	0362……5458
2024-01-16 21:25:19	0362……5458	2024-01-20 20:52:50	0362……5458
2024-01-16 21:26:46	0362……5458	2024-01-20 20:52:51	0362……5458
2024-01-16 21:26:46	0362……5458	2024-01-20 20:52:54	0362……5458
2024-01-20 20:32:57	0362……5458	2024-01-20 20:53:04	0362……5458
2024-01-20 20:32:58	0362……5458	2024-01-20 20:53:04	0362……5458
2024-01-20 20:33:24	0362……5458	2024-01-23 15:21:08	0362……5458
2024-01-20 20:35:39	0362……5458	2024-01-23 15:21:08	0362……5458
2024-01-20 20:35:57	0362……5458		

由图 7-4、表 7-3 可知，点击网页数越高的用户的平均点击间隔越短。对点击网页数为 21 的某用户进行分析后发现，该用户在短时间内对网站进行了大量的访问且访问时间间隔较短，有可能为爬虫用户。点击网页数超过 20 的用户极少，经统计此类用户约占总用户的 1.5%，所以此类用户的数据同样不参与分析。因此，需要删除点击网页数为 1 和超过 20 的用户数据，如代码 7-2 所示。

代码 7-2　删除点击网页数为 1 和超过 20 的用户数据

```
In[4]:    # 对确定用户兴趣度的参考价值不大的数据进行清洗
          # 删除访问记录为/的数据
          clear = tipdm_data.loc[tipdm_data['page_path']!='/']

          # 对 reallID、sessionid 进行去重处理，可以防止只登录一次网站的用户的数据被去除
          tmp = clear.drop_duplicates(subset=['reallID','sessionid'])

          # 删除点击网页数为 1 和超过 20 的用户数据
          # 统计各用户的点击网页数
          gb = tmp.groupby('reallID')['page_path'].count()
          # 选取点击网页数大于 1 且小于等于 20 的用户
          valid_id = gb[(gb>1) & (gb<=20)].index
          clear = clear[clear['reallID'].apply(lambda x: x in valid_id)]

          print('清洗后的数据形状: ', clear.shape)

Out[4]:   清洗后的数据形状：(50321, 7)

In[5]:    # 提取 page_path、realID 字段组成新的 Data Frame
          data = clear[['page_path','reallID']]
          data.reset_index(drop=True, inplace=True)  # 重置数据索引
          print(data.head())

Out[5]:   page_path  \
          0                          /ts/578.jhtml
          1                    /tzjingsai/1628.jhtml
```

191

```
2                http://www.tipdm.org/tzjingsai/1628.jhtml
3    http://www.tipdm.org/bdrace/tzbstysj/20200228/...
4    http://www.tipdm.org/bdrace/tzbstysj/20200228/...

                                  reallID
0                   220.181.108.112
1    c82ebd6e-646f-0d8a-fae2-a2060e8a3c68
2    c82ebd6e-646f-0d8a-fae2-a2060e8a3c68
3    c82ebd6e-646f-0d8a-fae2-a2060e8a3c68
4    c82ebd6e-646f-0d8a-fae2-a2060e8a3c68
```

由代码 7-2 可知，清洗后的数据只有 50321 行，相比于原始数据，清洗后的数据量大幅度减少。对用户数据的处理基本完成，得到用于识别用户的 reallID 特征，后续需要对用户点击的网址（即 page_path 特征）进行处理，提取清洗后数据的 reallID、page_path 特征作为新的数据。

7.2.3　网页分类

7.2.3　网页分类

虽然数据中的 page_path 特征为用户点击的网址，但是无法直接从网址中获取用户的行为习惯。因此，还需对 page_path 特征进行结构化处理。

通过对网址进行分析以及与网站技术人员的交流可知，竞赛网站的网页大致可以划分为 6 个类别，包括主页、教学资源、竞赛、新闻动态、项目与合作、优秀作品。但由于主页主要起导航作用，不具有分析意义，因此本小节不介绍其网页信息。在进行网页分类前，需要删除清洗后的 page_path 数据中的主页内容，即含有"bdracem/""bdrace/"的数据。

网址的具体形式为"前缀/栏目符号/具体内容号.扩展名"。网址的栏目符号是对网页进行分类的主要依据，栏目符号的字段和所属类别已经整理在网页相关信息表中。部分网页相关信息表如表 7-4 所示。

表 7-4　部分网页相关信息表

字段	说明	分类
tj/	图书配套资料	教学资源
zytj/	教学资源	教学资源
jmgj/	建模工具	教学资源
ganhuofenxiang/	"干货"分享	教学资源
information/	案例教程	教学资源
rcfh/	人才孵化	项目与合作
tzjingsai/	竞赛通知	竞赛
jingsa/	竞赛	竞赛
youxiuzuopin/	优秀作品	优秀作品
notices/	公告与通知	新闻动态
stpj/	获奖名单	新闻动态
rmpx/	培训信息	新闻动态
news/	新闻与动态	新闻动态

对网页进行分类主要包括以下 4 个步骤。

（1）删除网址中的网页前缀字段。因为网页前缀无法用于网页分类，并会对网页分类造成一定的影响。

（2）删除主页的相关字段，即含有 "bdracem/""bdrace/" 的字段。

（3）提取分类所需字段。在剩余的字段中，网页分类所需的栏目符号字段均在 "/" 前，使用正则表达式匹配所有 "/" 前的字段，即可提取出所需的栏目符号字段。

（4）获得分类。根据网页相关信息表与提取的栏目符号划分网页类别。

对网页进行分类，如代码 7-3 所示。

代码 7-3　对网页进行分类

```
In[6]:    # 删除网址中的网页前缀字段
          data['page_path'] = data['page_path'].apply(
              lambda x:x.replace('http://www.tipdm.org/',''))
          data['page_path'] = data['page_path'].apply(
              lambda x:x.replace('https://www.tipdm.org/',''))
          data['page_path'] = data['page_path'].apply(
              lambda x:x.replace('https://tipdm.org/',''))

          # 删除主页的相关字段，即含有 bdracem/ 和 bdrace/ 的字段
          data['page_path'] = data['page_path'].apply(
              lambda x:x.replace('bdracem/',''))
          data['page_path'] = data['page_path'].apply(
              lambda x:x.replace('bdrace/',''))

          data['page_path'].value_counts()
```

```
Out[6]:   page_path
          index.html                                        4639
          wqljszx/20210106/1735.html                        2941
          tzjingsai/                                        2065
          dwqbygajrsxjmjs/20200916/1693.html                1871
          jljingsai/20200903/1688.html                      1826
                                                             ...
          /rmpx/858.jhtml                                      1
          /zytj/index_10.jhtml                                 1
          /sj/index_2.jhtml                                    1
          /;jsessionid=B5199475691698D4E28A087E46262BA9        1
          /news/index_3.jhtml                                  1
          Name: count, Length: 1505, dtype: int64
```

```
In[7]:    import re
          # 提取分类所需字段
          data['page'] = data['page_path'].apply(
              lambda x:re.findall('[a-z]+/', x))

          # 删除空行，同时将列表转换成字符串格式
          data['page'] = data['page'].apply(
              lambda x:np.nan if len(x)==0 else x[0])
          print('提取网页分类所需字段后的数据形状: ', data.shape)
```

```
Out[7]:   提取网页分类所需字段后的数据形状: (50321, 3)
```

```
In[8]:    data.dropna(inplace=True)
          print('删除缺失值的后数据形状: ', data.shape)
```

Out[8]:　删除缺失值后的数据形状: (44238, 3)

In[9]:
```
# 读取网页相关信息表
page_info = pd.read_csv('../data/网页相关信息.csv',encoding='gbk')

data = pd.merge(data, page_info, left_on='page', right_on='字段')
data = data.drop(columns=['字段','含义'])
print('网页分类示例数据: \n', data[['reallID', 'page', '分类']].head(5))
```

Out[9]:　网页分类示例数据:

	reallID	page	分类
0	220.181.108.112	ts/	教学资源
1	61.52.18.9	ts/	教学资源
2	116.179.32.207	ts/	教学资源
3	106.8.77.60	ts/	教学资源
4	7ad90abe-2882-4ccc-acf7-50bfcc9a71c4	ts/	教学资源

　　由代码 7-3 可知，处理后用于分类的数据有 44238 行。分类后，数据中的 page 特征为用于进行网页分类的栏目符号，分类特征为该次点击网址的类别。

7.2.4　构造特征

　　在构造特征时要结合业务知识和数据情况，构造特征后的数据常为建模数据。

　　本案例主要挖掘的目标是网站用户的分群，观察数据后发现，可以根据用户对各个类型的网页的兴趣度将用户分群，而用户点击网页数可以体现用户对网页的兴趣度。

　　对每位用户访问的各类网页分别进行计数，使用访问计数作为建模特征，最终得到建模所需的数据。构造特征，具体实现如代码 7-4 所示。

代码 7-4　构造特征

In[10]:
```
# 对每位用户访问的各类网页分别进行计数，使用访问计数作为建模特征
data['counts'] = 1 # 便于统计
features = pd.pivot_table(data[['reallID', '分类', 'counts']],
                    index='reallID', columns='分类',
                    values='counts', aggfunc=np.sum)
features.fillna(0,inplace=True)
print('建模数据: \n', features.head(2))
features.to_excel('../tmp/mode_data.xlsx')
```

Out[10]:　建模数据:

分类	优秀作品	教学资源	新闻动态	竞赛	项目与合作
reallID					
1.0	0.0	2.0	4.0	17.0	0.0
4187.0	2.0	0.0	0.0	19.0	0.0

　　由代码 7-4 可知，建模数据为用户访问各类网页的次数，根据建模数据可以初步看出用户的喜好，从而将用户按喜好分成不同群体。

7.3　对竞赛网站用户进行分群

　　基于 K-Means 聚类算法对新的数据进行聚类，得到每个类的聚类中心，并使用雷达图

画出每个类的图像,最后结合网站的实际运营情况提出相应的运营建议。

7.3.1　K-Means 聚类算法

因为建模数据中只有用户点击各类网页的计数,所以为了将用户分为不同的群体,本案例选用较为简单的 K-Means 聚类算法。

7.3　对竞赛网站
用户进行分群

1. 基本原理

K-Means 聚类算法是一种迭代求解的聚类分析算法,具体实现步骤如下。

(1)确定 K 值,即将数据集经过聚类得到 K 个集合。

(2)从数据集中随机选择 K 个数据点作为聚类中心。

(3)针对数据集中的每一个点,计算其与每一个聚类中心的距离(如欧氏距离),划分该点到距离最近的聚类中心所属的集合。

(4)集合划分完毕后重新计算每个集合的聚类中心。

(5)如果新计算出来的聚类中心和原来的聚类中心之间的距离小于设置的阈值,那么可以认为聚类已经达到期望的效果,算法终止。否则迭代步骤(2)~步骤(5)。

2. 适用场景

K-Means 聚类算法通常可以应用于维度、数据都很小且数据连续的数据集,在随机分布的事物集合中对相同事物进行分组。在没有类别标签的情况下,K-Means 聚类算法不仅可以用于得到数据可能存在的类别数以及每条记录所属的类别,还可以用于在数据预处理中发现异常值。异常值是相对于整体数据对象而言的少数数据对象,这些对象的行为特征与一般的数据对象不一致,通过 K-Means 聚类算法可以快速将其识别出来。

3. 优缺点

相较于其他算法,K-Means 聚类算法的优点在于原理较为简单,可以轻松实现,对算法进行调参时只需调整 K 的大小。算法的计算速度较快,聚类效果优良,聚类结果的可解释性强。K-Means 聚类算法的缺点在于难以确定 K 的值,采用迭代的方式容易导致模型陷入局部最优解,而且对噪声和异常值十分敏感。

4. KMeans 类的主要参数介绍

使用 sklearn 的 KMeans 类可以实现 K-Means 聚类算法,KMeans 类的基本使用格式如下。

```
class sklearn.cluster.KMeans(n_clusters=8, *, init='k-means++', n_init=10,
max_iter=300, tol=0.0001, verbose=0, random_state=None, copy_x=True,
algorithm='lloyd')
```

KMeans 类的常用参数及其说明如表 7-5 所示。

表 7-5　KMeans 类的常用参数及其说明

参数名称	参数说明
n_clusters	接收 int。表示聚类数。默认为 8
init	接收 k-means++、random 和 ndarray。表示产生初始聚类中心的方法。默认为 k-means++
n_init	接收 int。表示用不同的初始聚类中心运行算法的次数。默认为 10

续表

参数名称	参数说明
max_iter	接收 int。表示最大迭代次数。默认为 300
tol	接收 float。表示容忍的最小误差。当误差小于 tol 时算法将会退出迭代。默认为 0.0001
verbose	接收 int。表示是否输出详细信息。默认为 0
random_state	接收 int、numpy.RandomState。表示用于初始化聚类中心的生成器。若值为整数，则确定一个种子。默认为 None
copy_x	接收 bool。表示是否提前计算距离。默认为 True
algorithm	接收 lloyd、elkan、auto、full。表示优化算法的选择。默认为 lloyd

7.3.2 使用 K-Means 聚类算法进行用户分群

对构建特征后的数据进行标准化，采用 K-Means 聚类算法进行用户分群。根据网页的分类和聚类中心数值，使用自定义函数绘制雷达图。用户分群与绘制雷达图的实现如代码 7-5 所示。

代码 7-5　用户分群与绘制雷达图

```
In[1]:    from sklearn.preprocessing import scale
          from sklearn.cluster import KMeans
          import pandas as pd
          import numpy as np
          # 对数据进行标准差标准化
          features = pd.read_excel('../tmp/mode_data.xlsx', index_col=0)
          scale_data = scale(features)
          result = KMeans(n_clusters=5, random_state=1234).fit(scale_data)
          # 查看聚类结果
          label = result.labels_    # 获取聚类标签
          features['类别'] = label
          print('聚类结果: ', features['类别'].value_counts())
```

```
Out[1]:   聚类结果:   类别
          1         5418
          4          613
          2          509
          0          179
          3           37
          Name: count, dtype: int64
```

```
In[2]:    # 获取聚类中心
          center = pd.DataFrame(result.cluster_centers_,
                          columns=['新闻动态', '教学资源', '项目与合作',
                              '竞赛', '优秀作品'])
          print('聚类中心: ', center)
```

```
Out[2]:   聚类中心:   新闻动态      教学资源       项目与合作      竞赛          优秀作品
          0          0.148349    0.831440    0.169353    -0.216648    4.623837
          1         -0.072584   -0.262727   -0.047867    -0.179817   -0.134291
          2         -0.065256   -0.455074    0.735362     2.513990   -0.161340
          3         10.365661   -0.272525   -0.228635     0.438416   -0.198204
          4          0.026740    2.473643   -0.223178    -0.461364   -0.017326
```

```
In[3]:    import matplotlib.pyplot as plt
```

```
# 可视化分群结果
def plot(model_center=None,label=None):
    plt.rcParams['axes.unicode_minus'] = False  #设置正常显示负号
    plt.rcParams['font.sans-serif'] = 'SimHei'  #设置正常显示中文
    n = len(label)  # 特征个数
    # 间隔采样，设置雷达图的角度，用于平分切开一个圆面
    #endpoint 设置为 False 表示随机采样不包括 stop 的值
    angles = np.linspace(0, 2 * np.pi, n, endpoint=False)
    # 拼接多个数组，使雷达图封闭起来
    angles = np.concatenate((angles, [angles[0]]))
    fig = plt.figure(figsize=(6, 6))  # 创建空白画布
    # 创建子图，polar=True 表示设置一个坐标系为极坐标系，绘制圆形
    ax = fig.add_subplot(1, 1, 1, polar=True)
    ax.set_yticklabels([])  # 取消 y 轴
    # 添加每个特征的标签
    ax.set_thetagrids(angles[: -1] * 180 / np.pi, label)
    ax.grid(True)  # 添加网格线
    # 设置备选的折线颜色和样式,防止线条重复
    sam = ['blue','black','purple','orange','red',
           'green','skyblue','cyan','pink']
    mak = ['-', '--', '-.', ':', (0,(3, 1, 1, 1, 1, 1)),
           'dashed', 'dashdot', 'dotted']
    labels = []
    # 绘制雷达图，循环添加每个类别的线圈
    for i in range(len(model_center)):
        values = np.concatenate((
            model_center[i], [model_center[i][0]]))
        ax.plot(angles, values, color=sam[i], linestyle=mak[i])
        labels.append('用户群' + str(i + 1),)
    # 添加图例
    plt.legend(labels,bbox_to_anchor=(0.85, 0.85), loc=3)

plot(scale(result.cluster_centers_), center.columns)
plt.savefig('../tmp/用户分群雷达图.jpg', dpi=1080)
```

Out[3]:

注：在不同的运行环境下，得到的雷达图类别标签可能存在一定的差异。

由代码 7-5 可知各群体的特点如下。

（1）用户群 1 在优秀作品上有最大取值，对项目与合作和教学资源的关注度也不低，这类用户可能为正在学习数据挖掘的人。

（2）用户群 2 在各个分类上的取值都很小，关注度较高的是项目与合作，这个群体可能是有一定合作意向的个人用户。

（3）用户群 3 在竞赛和项目与合作上均有最大取值，对其他方面的关注度极低，这类用户可能为网站竞赛参与者，或有合作意向的教师、企业。

（4）用户群 4 在新闻动态上有最大取值，对竞赛的关注度也不低，这类用户可能是参加竞赛的学生的辅导老师。

（5）用户群 5 在教学资源上有最大取值，这类用户对资源的关注度极高，可能是使用了竞赛网站相应教学资源的教师。

7.3.3　模型应用

在使用 K-Means 聚类算法分出的群体中，根据不同群体用户对不同类别的网页的关注度，大致认为用户群 3、用户数 5 是竞赛网站的主要发展对象。对用户群 3、用户群 5 的分析如下。

（1）用户群 5 表示次重要用户，该用户群重点关注网站的教学资源，说明用户对网站提供的学习资源比较感兴趣。网站运营商可以与这一群体的用户保持沟通，及时了解用户需要何种培训服务以及用户目前对数据挖掘知识的掌握情况，根据用户的需求制订更加个性化的培训计划。

（2）用户群 3 表示重要用户，该用户群重点关注网站的竞赛、项目等方面，有一定的合作意向。网站运营商可以主动与这一群体的用户进行沟通，并向用户展示公司的优点，以达到合作的目的。

由 7.2.2 小节可知，存在很多点击网页数为 1 的用户，这类用户大多访问的是关于图书配套资源的内容，可以看出这类用户对数据挖掘也有一定兴趣，网站运营商可以展示更多数据挖掘在实际生活中应用的例子，以吸引用户。

小结

本章主要介绍了 K-Means 聚类算法在用户行为分析及用户分群中的应用，首先根据竞赛网站用户访问的原始数据构建用户唯一标识并对网页进行分类；然后结合实际业务情况构建了聚类特征；最后用 K-Means 聚类算法建立用户分群模型，并对聚类得到的结果进行分析，根据各个群体的特点，结合网站的实际运营情况，提出了相应的运营建议。

实训

实训 1　处理某 App 用户信息数据集

1．训练要点

（1）掌握 pandas 数据读取的操作。

（2）掌握异常值的处理方法。

（3）掌握缺失值的识别与处理方法。

2. 需求说明

在 App 上架前需要收集测试用户的体验数据，分析反馈的数据，从而对 App 进行相应的调整。某研发团队为调查所设计的 App 是否可以上架，统计了约 13 万测试用户的 App 使用数据，并存储于"某 App 用户信息数据.csv"数据集中，部分用户信息数据如表 7-6 所示。通过对数据进行聚类，区分不同的用户群体，同时将聚类结果与是否点击分享特征数据进行对比，评价聚类分析结果。

表 7-6　部分用户信息数据

用户名	在线时长/分钟	时间所占比例	不愿分享概率	愿意分享概率	是否点击分享
George	1495736	0.004093442	NA	0.02	T
Ruth	832959	0.002279593	0	0.85	F
Jack	1124354	0.003532150	−0.50	0.40	F
Joy	342119	0.000233500	1.50	−1.50	T
Jessica	1173979	0.003212876	0.32	1.00	F

通过对表 7-6 的观察可发现该数据集中存在一定的缺失值与异常值。正常情况下概率的范围为 0～1，但该数据集中与分享意愿相关的概率有负数与大于 1 的值，可将这部分数据视为异常值。

3. 实现思路及步骤

（1）使用 pandas 读取"某 App 用户信息数据.csv"数据集。

（2）将不愿分享概率与愿意分享概率特征中的缺失值用 0.0 替换。

（3）将不愿分享概率与愿意分享概率特征中的负值改为 0，并将大于 1 的值改为 1。

（4）将是否点击分享特征中的 T 重新定义为 1，将 F 重新定义为 0。

实训 2　构建与用户使用信息相关的特征

1. 训练要点

（1）掌握 pandas 中 apply()方法的使用。

（2）掌握构建自定义函数的方法。

（3）构建适用于聚类模型的特征。

2. 需求说明

由于适用于 sklearn 中的 K-Means 聚类模型的数据为数值型数据，因此需要基于实训 1 预处理后的数据集，通过字符串数据类型的用户名特征构建新的数值型特征，即对用户名的首字母进行编码。在线时长等特征中的数据过于离散，增加了聚类算法的计算压力，可对离散数据进行分段或分等级来减轻计算压力。

3. 实现思路及步骤

（1）自定义 to_code 函数，对用户名特征首字母进行编码。

（2）使用 apply()方法构建首字母编码特征。

（3）对在线时长特征进行分段处理，生成分段的在线时长特征。

实训 3　构建 K-Means 聚类模型

1. 训练要点

（1）掌握 K-Means 聚类算法的应用。

（2）掌握聚类模型评价方法。

2. 需求说明

基于实训 2 构建新特征后的数据集，构建 K-Means 聚类模型，通过聚类分析区分使用 App 且分享意愿不同的用户群体，并将聚类结果与用户的点击分享操作进行对比，以检验和评价聚类分析结果。使用 FMI 评价法对模型的聚类效果进行评价。

3. 实现思路及步骤

（1）读取实训 2 中构建新特征后的数据集，区分标签和数据。

（2）构建 K-Means 模型，且聚类数为 2。

（3）使用 FMI 评价法评价聚类效果。

课后习题

操作题

某部电影的宣传部门为了确定电影首映的影院，对所在地区的影院的电影票售卖情况和影院容纳量等信息进行了调查，调查结果存储于"电影票数据.csv"中。"电影票数据.csv"主要包含不同电影在不同影院的销售情况与放映历史，其特征说明如表 7-7 所示。

表 7-7　"电影票数据.csv"的特征说明

特征名称	特征说明	示例
film_code	电影 ID	1492
cinema_code	影院 ID	304
total_sales	每段放映时间总销售额（单位：元）	390000
tickets_sold	售出电影票数量	26
tickets_out	取消电影票数量	0
show_time	放映次数	4
ticket_price	总计票价	150000.0
occu_perc	影院可用容量占比	4.26
capacity	影院容纳量	610.32
ticket_use	购买用户数	26

通过构建 K-Means 模型对数据进行聚类，并对模型进行评价，以确定满足要求的首映影院，了解划分的影院类别情况，具体操作步骤如下。

（1）读取"电影票数据.csv"数据集。

（2）筛选出与影院有关的特征，并处理缺失值，将处理后的数据赋给新建的 Data Frame "cinema"。

（3）使用 K-Means 模型对"cinema"数据进行聚类。

（4）使用轮廓系数评价法对模型进行评价，并绘制轮廓系数走势图。

第 8 章 企业所得税预测分析

随着信息技术的发展和科学技术的进步，数据分析开始得到广泛应用。人们面对海量的数据，在这些海量数据中隐藏着人们需要的具有决策意义的信息。数据分析技术可以帮助人们利用数据，从中发现有用的、隐藏的信息。

税制改革关系着现代财政制度的建立、国家长治久安和共同富裕等目标的实现。企业所得税在组织财政收入、调控经济、监督管理、维护国家税收权益等方面具有重要的作用。本章主要运用数据分析技术对企业所得税进行分析，挖掘其中隐藏的运行模式，并对未来两年的企业所得税进行预测，以辅助政府制订各项工作计划，以及检验已实施计划取得的成果。

学习目标

（1）熟悉企业所得税预测的步骤和流程。
（2）掌握相关性分析方法与应用。
（3）掌握使用 Lasso 回归方法选取特征的方法。
（4）掌握使用灰色预测算法和 SVR 算法预测企业所得税的方法。

素养目标

（1）通过学习企业所得税的概念，了解相关的法律法规，增强纳税意识和法律意识。
（2）使用 Lasso 回归方法选取关键特征，以节省存储空间和计算资源，认识到在资源有限的情况下应更有效地利用资源。

思维导图

8.1 企业所得税
预测的背景与方法

8.1 企业所得税预测的背景与方法

　　某市在实现经济快速发展的同时，实现了企业所得税等各项税收的增加。企业所得税作为税收的重要组成部分，在一定程度上影响了地方财政收入。基于企业所得税历史数据，分析影响税收的因素，预测未来两年的企业所得税，对政府实施市场经济调节有重大意义。

8.1.1 分析企业所得税预测背景

　　企业所得税在财政收入和宏观调控等方面起着重要作用。结合企业所得税预测的目标以及数据的基础情况，对企业所得税预测进行初步的了解。

1. 企业所得税简介和需求

　　企业所得税是国家对境内的企业和其他取得收入的组织的生产经营所得和其他所得征收的一种所得税。《中华人民共和国企业所得税法》于 2007 年 3 月 16 日由第十届全国人民代表大会第五次会议通过，并于 2018 年 12 月 29 日第二次修正。

　　企业所得税在组织财政收入、促进社会经济发展、实施宏观调控等方面起着重要作用。企业所得税调节的是国家与企业之间的利润分配关系，这种分配关系是国家经济分配制度中非常重要的一个方面，是处理其他分配关系的前提和基础。企业所得税的作用主要体现在以下两个方面。

　　（1）组织财政收入。企业所得税是国家第二大主体税种，对国家税收非常重要。

　　（2）宏观调控。企业所得税是国家实施税收优惠政策的主要税种，有减免税、降低税率、加计扣除、加速折旧、投资抵免、减计收入等众多税收优惠措施，是贯彻国家产业政策和社会政策，实施宏观调控的主要政策工具。在作为国家组织财政收入的同时，企业所得税作为国家宏观调控的一种重要手段，也促进了产业结构调整和经济的快速发展。

为了帮助政府进行宏观调控并制定各项政策，需要根据 2005 年—2022 年的企业所得税预测 2023 年、2024 年的企业所得税，同时对预测模型进行检验以确保模型的可信度。

2. 企业所得税预测数据基础情况

企业所得税采取收入来源地管辖权和居民管辖权相结合的双管辖权，将企业分为居民企业和非居民企业，分别确定不同的纳税义务。一般而言影响企业所得税的因素有以下两个。

（1）生产总值。生产总值是指一个地区在一定时期内生产出的全部最终产品和劳务的价值，常根据三大产业分为 3 类。

（2）民生。这里的民生主要是指反映民众生活水平的因素，主要包括人均可支配收入、全市总人口等。

本案例仅对 2005 年—2022 年的数据进行分析（本章所用数据均来自《广州统计年鉴》）。数据的各项特征及其说明如表 8-1 所示。

表 8-1　数据的各项特征及其说明

特征名称	特征含义
x1（人均可支配收入/元）	人均可支配收入越高，消费能力越强，其工作积极性也越高，创造出的财富越多，从而带动企业的发展
x2（全市总户数/户）	在地方经济发展水平既定的条件下，人均地方企业所得税与全市总户数呈反比例变化
x3（全社会从业人员数/人）	全社会从业人员数的上升随着企业生产力的提高，从而使企业所得税增加
x4（固定资产投资额/万元）	固定资产投资额是以货币表现的建造和购置固定资产的工作量以及与此有关的费用的总称。主要通过投资来促进经济增长、扩大税源
x5（全市用电量/10000kWh）	用电量是电力消费过程中一个非常重要的特征，是一项重要的能源消费指标，用电量也反映了企业的生产水平
x6（城市居民消费价格指数）	该特征反映出居民家庭购买的消费品及服务价格水平的变动情况，会影响城镇居民的生活支出和各大服务企业的收入
x7（第一产业生产总值/万元）	取消农业税，实施"三农"政策，第一产业对企业所得税的影响更小
x8（第二产业生产总值/万元）	第二产业主要为采矿业、制造业、建筑业。企业所得税相当大的一部分由第二产业企业提供，第二产业的繁荣与否会影响经济发展水平的高低
x9（第三产业生产总值/万元）	第三产业即各类服务或商品，城市的消费水平越高，第三产业生产总值越高，侧面反映了企业的发展程度
x10（地方财政收入/亿元）	财政收入是衡量政府财力的重要特征。政府在社会经济活动中提供的公共物品和服务的范围和数量，在很大程度上取决于财政收入的状况
x11（进出口总值/亿美元）	进出口货物总金额。进出口总值用于观察对外贸易方面的总规模，在一定程度上反映了城市的规模
x12（非私营单位从业人员工资总额/万元）	该特征反映的是社会分配情况，主要影响个人的潜在消费能力
x13（人均地区生产总值/元）	人均地区生产总值代表国民经济水平，也是衡量人民生活水平的一个标准

3. 企业所得税预测分析目标

结合企业所得税预测的需求分析，本次数据分析建模目标主要有以下两个。

（1）分析、识别影响地方企业所得税的关键特征。

（2）预测 2023 年和 2024 年的企业所得税。

8.1.2　企业所得税预测的方法

众多学者对企业所得税的影响因素进行了研究，但是他们大多先建立企业所得税与各待定的影响因素之间的多元线性回归模型，再运用最小二乘估计法来估计回归模型的系数，通过系数来检验它们之间的关系。模型的结果对数据的依赖程度很大，并且使用普通最小二乘估计法求得的解往往是局部最优解，后续步骤的检验可能会失去应有的意义。

本章在已有研究的基础上运用 Lasso 特征选择方法来研究影响地方企业所得税的因素。在 Lasso 特征选择的基础上，鉴于灰色预测对少量数据进行预测时的优良性能，对某个选定的特征建立灰色预测模型，得到该特征在 2023 年和 2024 年的预测值。由于 SVR 具有较强的适用性和容错能力，因此使用该回归方法对历史数据建立训练模型，将灰色预测的数据结果代入训练完成的模型中，充分考虑历史数据信息，可以得到较为准确的预测结果，即 2023 年和 2024 年的企业所得税。

8.1.3　企业所得税预测的步骤与流程

企业所得税预测分析的总体流程如图 8-1 所示，主要包括以下步骤。

（1）对原始数据进行探索性分析，了解原始特征之间的相关性。

（2）利用 Lasso 特征选择模型进行特征提取。

（3）建立某个特征的灰色预测模型（GM(1,1)模型）和支持向量回归预测模型（SVR 模型）。

（4）使用 SVR 预测模型得出 2023 年、2024 年企业所得税的预测值。

（5）对建立的企业所得税预测模型进行评价。

图 8-1　企业所得税预测分析的总体流程

8.2 分析企业所得税数据特征的相关性

8.2 分析企业
所得税数据特征的
相关性

根据企业所得税来源，可以发现众多的影响因素，需要计算各影响因素与目标特征之间的相关系数，通过相关系数的大小间接判断企业所得税与选取的特征之间的相关性。

8.2.1 相关性分析

相关性分析是指对两个或多个具备相关性的特征进行分析，从而衡量两个或多个特征的相关密切程度。在统计学中，常用 Pearson 相关系数进行相关性分析。

1. Pearson 相关系数基本原理

Pearson 相关系数可用于衡量两个特征 X 和 Y 之间的相互关系（线性相关程度的强弱），是较为简单的一种相关系数，通常用 r 或 ρ 表示，取值范围为[-1,1]。

当 $0 < r < 1$ 时，X 和 Y 呈正相关关系；当 $-1 < r < 0$ 时，X 和 Y 呈负相关关系。若 $r = 0$，则 X 和 Y 不相关；若 $r = 1$，则 X 和 Y 完全正相关；若 $r = -1$，则 X 和 Y 完全负相关。$|r|$ 越接近 1，X 和 Y 的相关性越强。

Pearson 相关系数的一个关键特性是，它不会随特征的位置或大小的变化而变化。例如，将 X 变为 $a + bx$，将 Y 变为 $c + dy$（a、b、c、d 都是常数），不会改变它们之间的相关性。

2. corr()方法的主要参数介绍

pandas 的 corr()方法可计算 Pearson 相关系数，corr()方法的基本使用格式如下。

```
DataFrame.corr(method='pearson', min_periods=1, numeric_only=False)
```

corr()方法的参数及其说明如表 8-2 所示。

表 8-2 corr()方法的参数及其说明

参数名称	参数说明
method	接收 pearson、kendall、spearman。表示计算相关系数的方法。默认为 pearson
min_periods	接收 int。表示样本最少的数据量。默认为 1
numeric_only	接收 bool。表示是否只计算数值列之间的相关性。默认为 False

8.2.2 计算 Pearson 相关系数

通过计算各特征之间的 Pearson 相关系数，得到特征之间的相关性，相关系数保留两位小数，并使用热力图进行可视化展示，如代码 8-1 所示。

代码 8-1 计算并展示 Pearson 相关系数

```
In[1]:     import numpy as np
           import pandas as pd
           # 读取数据
           income_data = pd.read_csv('../data/income_tax.csv', index_col=0)
           # 计算 Pearson 相关系数，并保留两位小数
           data_cor = np.round(income_data.corr(method='pearson'), 2)
           print('Pearson 相关系数: \n', data_cor)

Out[1]:       x1    x2    x3    x4    x5    x6    x7    x8    x9   x10   x11   x12
           x1 1.00  1.00  0.98  0.99  1.00  0.99  0.98  0.98  1.00  0.98  0.95  0.98
           x2 1.00  1.00  0.98  0.99  1.00  0.99  0.98  0.97  1.00  0.98  0.94  0.98
```

```
x3  0.98  0.98  1.00  0.98  0.98  0.99  0.94  0.96  0.98  0.98  0.94  0.94
x4  0.99  0.99  0.98  1.00  0.99  0.99  0.98  0.98  0.99  0.98  0.95  0.97
x5  1.00  1.00  0.98  0.99  1.00  0.99  0.98  0.98  0.99  0.97  0.96  0.97
x6  0.99  0.99  0.99  0.99  0.99  1.00  0.97  0.98  0.99  0.97  0.96  0.96
x7  0.98  0.98  0.94  0.98  0.98  0.97  1.00  0.96  0.99  0.96  0.91  0.99
x8  0.98  0.97  0.96  0.98  0.98  0.98  0.96  1.00  0.97  0.95  0.98  0.94
x9  1.00  1.00  0.98  0.99  0.99  0.99  0.99  0.97  1.00  0.98  0.93  0.99
x10 0.98  0.98  0.98  0.98  0.97  0.97  0.96  0.95  0.98  1.00  0.92  0.96
x11 0.95  0.94  0.94  0.95  0.96  0.96  0.91  0.98  0.93  0.92  1.00  0.88
x12 0.98  0.98  0.94  0.97  0.97  0.96  0.99  0.94  0.99  0.96  0.88  1.00
x13 0.99  0.99  0.96  0.99  0.99  0.99  0.98  0.99  0.99  0.97  0.96  0.96
y   0.99  0.98  1.00  0.98  0.99  0.99  0.94  0.96  0.98  0.97  0.95  0.94

       x13     y
x1    0.99   0.99
x2    0.99   0.98
x3    0.96   1.00
x4    0.99   0.98
x5    0.99   0.99
x6    0.99   0.99
x7    0.98   0.94
x8    0.99   0.96
x9    0.99   0.98
x10   0.97   0.97
x11   0.96   0.95
x12   0.96   0.94
x13   1.00   0.97
y     0.97   1.00
```

In[2]:
```python
from matplotlib import pyplot as plt
import seaborn as sns
plt.rcParams['font.sans-serif'] = ['SimHei']
sns.heatmap(data_cor)  # 绘制热力图
plt.title('相关系数热力图')  # 添加图表标题
plt.show()  # 显示图形
```

Out[2]:

热力图的数值表示数值所在行特征和列特征的相关性，数值越大，相关性越强。当数值为 1 时，特征之间完全相关；当数值为 0 时，特征之间完全不相关，相关系数越接近 1，热力图对应位置的颜色越浅。

　　数据中的全部特征与企业所得税（y）之间都存在高度的正相关关系，按相关性强弱排列，依次是 x3、x1、x5、x6、x2、x4、x9、x10、x13、x8、x11、x7 和 x12。同时，各特征之间存在多重共线性。例如，x1（人均可支配收入/元）与其他全部特征的相关性都超过 0.95。

　　综上，数据的全部特征都可以用于企业所得税预测分析，但特征之间存在信息的重复，需要对特征进行进一步筛选。

8.3　使用 Lasso 回归方法选取企业所得税预测的关键特征

　　在数据探索性分析中引入的特征太多，因此需要对原始特征进行进一步筛选，只保留重要的特征。考虑到传统的特征选择方法存在一定的局限性，故本章采用 Lasso 特征选择方法对特征进行进一步筛选。

8.3　使用 Lasso
回归方法选取企业
所得税预测的关键
特征

8.3.1　Lasso 回归方法

　　数据降维是处理具有多重共线性的数据的主要方法之一，常见的数据降维方法有直接筛选特征和构建新特征两种。本案例使用的 Lasso 回归方法属于直接筛选特征。

1. 基本原理

　　Lasso 回归方法是正则化方法的一种，是压缩估计方法。它通过构造惩罚函数得到较为精练的模型。Lasso 回归方法压缩一些系数，同时设定一些系数为零，保留子集收缩的优点，此过程是一种处理具有多重共线性的数据的有偏估计方法。

　　Lasso 回归方法可以对特征的系数进行压缩并使某些回归系数变为 0，进而达到选择特征的目的，可以广泛地应用于模型改进与选择。也可以通过选择惩罚函数，借用 Lasso 方法实现特征选择。模型选择本质上是寻求模型稀疏表达的过程，而这种过程可以通过优化损失+惩罚的函数来完成。

2. 适用场景

　　Lasso 回归是一种很好的处理多重共线性的方法，它可以对存在多重共线性的特征进行有效筛选。在面对海量的数据时，一般首先要做的是降维，争取用尽可能少的数据解决问题，从这层意义上说，使用 Lasso 模型进行特征选择也是一种有效的降维方法。从理论上说，Lasso 对数据类型没有太多限制，可以接收大部分类型的数据。

3. 优缺点

　　Lasso 回归方法的优点是可以弥补最小二乘估计法和逐步回归局部最优估计的不足，可以很好地进行特征的选择，有效地解决各特征之间存在多重共线性的问题。其缺点是当存在一组高度相关的特征时，Lasso 回归方法倾向于选择其中一个特征，而忽视其他所有特征，这种情况会导致结果的不稳定性。虽然 Lasso 回归方法存在弊端，但是在合适的场景中其效果还是不错的。在企业所得税预测中，各原始特征存在严重的多重共线性，因此这里采用 Lasso 回归方法进行特征选取是恰当的。

4．Lasso 类的主要参数介绍

使用 sklearn 的 Lasso 类可实现 Lasso 回归，Lasso 类的基本使用格式如下。

```
class sklearn.linear_model.Lasso(alpha=1.0, *, fit_intercept=True, normalize=False,
precompute=False, copy_X=True, max_iter=1000, tol=0.0001, warm_start=False,
positive=False, random_state=None, selection='cyclic')
```

Lasso 类的常用参数及其说明如表 8-3 所示。

表 8-3　Lasso 类的常用参数及其说明

参数名称	参数说明
alpha	接收 float。表示乘 Lasso 回归的常数。默认为 1.0
fit_intercept	接收 bool。表示是否计算模型的截距。默认为 True
copy_X	接收 bool。表示 X 是否会被覆盖。默认为 True
max_iter	接收 int。表示最大迭代次数。默认为 1000
random_state	接收 int 或 RandomState 实例。表示伪随机数生成器的种子。默认为 None

8.3.2　选取关键特征

由于 2005 年—2022 年的数据中特征间的量纲差异较大，直接进行 Lasso 回归可能出现惩罚系数过小而导致回归系数中没有 0 的情况，所以需要对数据进行标准差标准化，如代码 8-2 所示。

代码 8-2　对数据进行标准差标准化

```
In[1]:    import pandas as pd
          import numpy as np
          from sklearn.linear_model import Lasso

          # 读取数据
          income_data = pd.read_csv('../data/income_tax.csv', index_col=0)
          data_train = income_data.iloc[: , 0:13].copy()
          # 进行标准差标准化
          from sklearn.preprocessing import StandardScaler
          Scaler = StandardScaler().fit(data_train)   # 生成规则
          # 将规则应用于训练集
          dataScaler = Scaler.transform(data_train)
          print('标准差标准化处理后的第 1 列数据: ', dataScaler[:1])

Out[1]:   标准差标准化处理后的第 1 列数据: [[-1.42628641 -1.41863807 -1.48209338
          -1.42000399 -1.58738792 -1.58900931 -1.36142636 -1.77778968
          -1.36650308 -1.45873346 -1.90084992 -1.15154788 -1.76727349]]
```

使用 Lasso 回归方法得到特征的回归系数，选取系数非零的特征作为新的特征，如代码 8-3 所示。

代码 8-3　使用 Lasso 回归方法进行特征选取

```
In[2]:    lasso = Lasso(alpha=1000, random_state=1234)   # 构建 Lasso 回归模型
          lasso.fit(dataScaler, income_data['y'])
          # 输出回归系数，并保留 5 位小数
```

```
          print('Lasso 回归系数: ', np.round(lasso.coef_, 5))
Out[2]:   Lasso 回归系数: [       0.              0.         486325.85901  -74627.88518
          170598.92819
                 0.            -0.            -0.             0.            -0.
            46215.02741       -0.            -0.            ]
In[3]:    # 计算系数非零的特征个数
          print('系数非零的特征个数: ', np.sum(lasso.coef_ != 0))
Out[3]:   系数非零的特征个数: 4
In[4]:    mask = lasso.coef_ != 0   # 返回系数非零的特征
          print('系数非零的特征: ', income_data.columns[:-1][mask])
Out[4]:   系数非零的特征: Index(['x3', 'x4', 'x5', 'x11'], dtype='object')
In[5]:    # 返回系数非零的数据
          new_reg_data = income_data.iloc[:, 0: 13].iloc[:, mask]
          new_reg_data.to_csv('../tmp/new_reg_data.csv')   # 存储数据
          print('输出数据的形状: ', new_reg_data.shape)   # 查看输出数据的形状
Out[5]:   输出数据的形状: (18, 4)
```

由代码 8-3 可知，经过 Lasso 回归后系数非零的特征共 4 个，分别为 x3（全社会从业人员数/人）、x4（固定资产投资额/万元）、x5（全市用电量/10000kWh）、x11（进出口总值/亿美元），为需选取的关键特征。

8.4 使用灰色预测算法和 SVR 算法构建企业所得税预测模型

基于灰色预测算法在小样本数据集方面的优良性能，首先对单个特征建立灰色预测模型，得到各特征 2023 年和 2024 年的预测值；然后对 2005 年—2022 年的训练集建立 SVR 预测模型，将建立好的模型与灰色预测模型相结合，对 2023 年和 2024 年的企业所得税进行预测；最后采用相应的回归预测评价指标对模型进行整体评价。

8.4 使用灰色预测算法和 SVR 算法构建企业所得税预测模型

8.4.1 灰色预测算法

因为需要对比预测值与真实值，所以需预测 2023 年和 2024 年的特征值。对于这种时间序列短、统计数据少的场景，灰色预测十分有用。

1. 基本原理

灰色预测算法是一种对含有不确定因素的系统进行预测的方法。在建立灰色预测模型之前，需要对原始时间序列进行处理，经过处理后的时间序列称为生成列。灰色预测常用的数据处理方式有累加和累减两种。

灰色预测以灰色模型为基础，在众多的灰色模型中，GM(1,1)模型较为常用。灰色预测的结果可通过后验差检验进行评价。后验差检验精度判别参照如表 8-4 所示，其中，P 为小误差概率，C 为后验差比。

表 8-4　后验差检验精度判别参照

P	C	.	模型精度
>0.95	<0.35		好
>0.80	<0.50		合格
>0.70	<0.65		勉强合格
<0.70	>0.65		不合格

2. 适用场景

灰色预测的通用性较强，在一般的时间序列场合中都可以使用，尤其适用于规律性差且不清楚数据产生原理的情况。

3. 优缺点

灰色预测模型的优点是预测精度高，模型可检验，参数估计方法简单，对小数据集有很好的预测效果。其缺点是对原始数据序列的光滑度要求很高，在原始数据序列光滑度较低的情况下，灰色预测模型的预测精度不高甚至可能无法通过检验。

8.4.2　SVR 算法

基于自变量与因变量的类型、数据的维度、数据的基本特征，本章选择 SVR 算法计算2023 年和 2024 年的企业所得税。

1. 适用场景

由于支持向量机拥有完善的理论基础和良好的特性，因此人们对其进行了广泛的研究和应用，涉及分类、回归、聚类、时间序列分析、异常点检测等诸多方面，具体的研究内容包括统计学理论基础、各种模型的建立、相应优化算法的改进和实际应用等。SVR 算法也在这些研究中得到了发展和完善，目前已有许多研究成果。

2. 优缺点

相较于其他方法，SVR 算法的优点是不仅适用于线性模型，而且也能很好地处理数据和特征之间的非线性关系；让用户不需要担心多重共线性问题，可以避免局部极小化问题的出现，提高泛化性能，解决高维问题；虽然不会在处理过程中直接排除异常点，但是会使得由异常点引起的偏差更小。其缺点是计算复杂度高，当面临大量数据时，计算耗时长。

3. LinearSVR 类的主要参数介绍

使用 sklearn 的 LinearSVR 类可实现 SVR 算法，LinearSVR 类的基本使用格式如下。

```
class sklearn.svm.LinearSVR(epsilon=0.0, tol=0.0001, C=1.0, loss=
'epsilon_insensitive', fit_intercept=True, intercept_scaling=1.0, dual=True,
verbose=0, random_state=None, max_iter=1000)
```
LinearSVR 类的常用参数及其说明如表 8-5 所示。

表 8-5　LinearSVR 类的常用参数及其说明

参数名称	参数说明
epsilon	接收 float。表示 loss 参数中的 ε 参数。默认为 0.0
tol	接收 float。表示终止迭代的阈值。默认为 0.0001

续表

参数名称	参数说明
C	接收 float。表示罚项系数。默认为 1.0
loss	接收 epsilon_insensitive、squared_epsilon_insensitive。表示损失函数。默认为 epsilon_insensitive
fit_intercept	接收 bool。表示是否计算模型的截距。默认为 True
intercept_scaling	接收 float。表示在实例向量 X 上附加的常数值。默认为 1.0
dual	接收 bool。当接收值为 True 时解决对偶问题；当接收值为 False 时解决原始问题。默认为 True
verbose	接收 int。表示是否进行详细输出。默认为 0
random_state	接收 int、RandomState 实例、None。表示使用的随机数生成器的种子。默认为 None
max_iter	接收 int。表示最大迭代次数。默认为 1000

使用 sklearn 构建的 SVR 模型的属性及其说明如表 8-6 所示。

表 8-6　SVR 模型的属性及其说明

属性名称	属性说明
coef_	返回 array。给出各个特征的权重
intercept_	返回 array。给出截距，即决策函数（用于计算样本点到分割平面距离的函数）中的常数项

8.4.3　预测企业所得税

导入自定义的灰色预测函数，构建灰色预测模型，预测特征在 2023 年和 2024 年的值，如代码 8-4 所示。

代码 8-4　特征的灰色预测模型

```
In[1]:    import numpy as np
          import pandas as pd
          from gm11 import gm11   # 导入自定义的灰色预测函数

          # 读取经过特征选择后的数据
          new_reg_data = pd.read_csv('../tmp/new_reg_data.csv', index_col=0)
          # 读取原始数据
          income_data = pd.read_csv('../data/income_tax.csv', index_col=0)
          new_reg_data.index = range(2005, 2023)
          new_reg_data.loc[2023] = None
          new_reg_data.loc[2024] = None

          c = []
          p = []
          # 进行灰色预测
          for i in list(new_reg_data.columns):
              f = gm11(np.array(new_reg_data.loc[range(2005, 2023), i]))[0]
              c.append(gm11(np.array(new_reg_data.loc[range(2005, 2023),
                       i]))[4])
              p.append(gm11(np.array(new_reg_data.loc[range(2005, 2023),
                       i]))[5])
              new_reg_data.loc[2023, i] = f(len(new_reg_data) - 1)
```

```
            new_reg_data.loc[2024, i] = f(len(new_reg_data))
            new_reg_data[i] = new_reg_data[i].round(2)    # 保留两位小数
# 合并预测结果与"y"特征
new_reg_data = pd.concat([new_reg_data, income_data['y']], axis=1)
new_reg_data.to_csv('../tmp/new_reg_data_GM11.csv')    # 存储数据
print('预测结果: \n', new_reg_data.iloc[-2:, :4])    # 预测结果展示
```

Out[1]:　预测结果:

	x3	x4	x5	x11
2023	12889823.15	9.968724e+07	12081992.88	1804.99
2024	13459579.58	1.088406e+08	12730082.84	1892.22

In[2]:
```
print('P 值: \n', p)
print('C 值: \n', c)
```

Out[2]:　P 值:
　　[1.0, 1.0, 1.0, 1.0]
　　C 值:
　　[0.1302728541458509,   0.10434204495565715,   0.05356506234383455,
0.17575840463821618]

运行代码 8-4，可成功预测出所选取特征在 2023 年、2024 年的值，并获得灰色预测函数返回的 P 值和 C 值。根据表 8-4、灰色预测函数返回的 P 值和 C 值对所筛选特征的预测精度等级进行判定，如表 8-7 所示。

表 8-7　特征的预测精度等级

	P	C	预测精度等级
x3	1.0	0.1302728541458509	好
x4	1.0	0.10434204495565715	好
x5	1.0	0.05356506234383455	好
x11	1.0	0.17575840463821618	好

从表 8-7 可以看出 x3、x4、x5、x11 这 4 个特征的预测精度等级都是"好"，可以用于构建 SVR 算法预测模型。

读取灰色预测得到的数据，对数据进行标准差标准化，使用 SVR 算法预测 2023 年和 2024 年的企业所得税，并对预测模型进行评价，如代码 8-5 所示。

代码 8-5　使用 SVR 算法预测企业所得税及模型评价

In[3]:
```
# 读取灰色预测得到的数据
gm11_data = pd.read_csv('../tmp/new_reg_data_GM11.csv', index_col=0)
feature = gm11_data.columns[: -1]
# 取 2005 年—2022 年的数据建模
data_train = gm11_data.loc[range(2005, 2023)].copy()

# 进行标准差标准化
data_mean = data_train.mean()
data_std = data_train.std()
data_train = (data_train - data_mean) / data_std

x_train = np.array(data_train[feature])    # 特征数据
```

```
y_train = np.array(data_train['y'])  # 标签数据

from sklearn.svm import LinearSVR
linearsvr = LinearSVR(random_state=1234)  # 调用 LinearSVR 类
linearsvr.fit(x_train, y_train)
# 预测并还原结果
x = np.array(((gm11_data[feature] -data_mean[feature]) /
data_std[feature]))
gm11_data['y_pred'] = linearsvr.predict(x) * data_std['y'] +
data_mean['y']

# SVR 预测后保存的结果
gm11_data.to_csv('../tmp/new_reg_data_GM11_revenue.csv')
print('真实值与预测值: \n', gm11_data[['y', 'y_pred']])
```

Out[3]:　真实值与预测值:

```
              y        y_pred
2005     373397.0   3.631036e+05
2006     455820.0   4.751186e+05
2007     596693.0   5.981546e+05
2008     756412.0   6.887538e+05
2009     732282.0   7.322820e+05
2010     935248.0   9.354527e+05
2011    1061594.0   1.062515e+06
2012    1075045.0   1.147265e+06
2013    1155923.0   1.201566e+06
2014    1385753.0   1.372560e+06
2015    1493552.0   1.490089e+06
2016    1615390.0   1.633268e+06
2017    1909983.0   1.860994e+06
2018    2064211.0   2.059169e+06
2019    2126665.0   2.122515e+06
2020    2131800.0   2.139112e+06
2021    2269841.0   2.278969e+06
2022    2177609.0   2.177227e+06
2023         NaN    2.609533e+06
2024         NaN    2.775213e+06
```

In[4]:
```
# 对预测模型进行评价
from sklearn.metrics import explained_variance_score,\
mean_absolute_error, median_absolute_error, r2_score
print('可解释方差: ',
        explained_variance_score(gm11_data['y'][:-2],
                        gm11_data['y_pred'][:-2]))
print('平均绝对误差: ',
        mean_absolute_error(gm11_data['y'][:-2],
                    gm11_data['y_pred'][:-2]))
print('中值绝对误差: ',
        median_absolute_error(gm11_data['y'][:-2],
                    gm11_data['y_pred'][:-2]))
print('R2 值: ',
        r2_score(gm11_data['y'][:-2], gm11_data['y_pred'][:-2]))
```

Out[4]:　可解释方差: 0.9978235904521997
平均绝对误差: 18179.954046159
中值绝对误差: 8220.34344468452
R2 值: 0.9978201663361963

通过真实值与预测值在 2005 年—2022 年的对比说明建立的 SVR 模型拟合效果优良，2023 年、2024 年企业所得税的预测值分别为 2609533 万元和 2775213 万元（注：预测结果已转换为常用形式）。模型的平均绝对误差与中值绝对误差相对较小，可解释方差与 R^2 值都十分接近 1，表明模型的可信度较高。

为了更直观地观察企业所得税真实值与预测值的变化趋势，绘制真实值与预测值的对比图，如代码 8-6 所示。

代码 8-6　绘制真实值与预测值的对比图

```
In[5]:    import matplotlib.pyplot as plt
          p = plt.figure(figsize=(8, 3), dpi=1080)   #设置画布
          plt.rcParams['font.sans-serif'] = 'SimHei'  # 设置中文显示
          # 绘制真实值点线图
          plt.plot(gm11_data.index, gm11_data['y'],
                  c='b', linestyle='-', marker='*')
          # 绘制预测值点线图
          plt.plot(gm11_data.index, gm11_data['y_pred'],
                  c='r', linestyle='-', marker='d')
          plt.xlabel('年份/年')  # 添加 x 轴标签
          plt.ylabel('企业所得税/万元')  # 添加 y 轴标签
          plt.xticks(range(2005, 2025, 1), rotation=45)  # 设置 x 轴刻度标签
          plt.title('真实值与预测值对比')  # 添加图表标题
          plt.savefig('../tmp/真实值与预测值对比.jpg', dpi=1080,
                  bbox_inches='tight')
          plt.show()
```

Out[5]:

由代码 8-6 可知，企业所得税呈平稳的上升趋势。真实值与预测值之间的差距较小，因此，预测值可以为政府进行宏观调控和制定各项政策提供一定的参考。

小结

本章主要介绍了如何使用灰色预测算法和 SVR 算法对企业所得税进行预测。其中包括使用 Pearson 相关系数对收集的数据进行分析，运用 Lasso 回归选取关键特征，构建灰色预测模型预测 2023 年与 2024 年的特征值，根据特征值使用 SVR 算法预测 2023 年与 2024 年的企业所得税。

实训

实训 1　处理二手汽车交易数据集

1．训练要点

（1）掌握异常值的检测和处理方法。

（2）掌握缺失值的检测和处理方法。

2．需求说明

二手汽车交易训练集（used_car_train.csv）和测试集（used_car_test.csv）中记录了交易记录数据，包括 SaleID、name、regDate 等字段，其中有 15 个为匿名信息，字段说明如表 8-8 所示。观察数据后发现，power、notRepairedDamage 字段中存在异常值况，bodyType 和 fuelType 等字段中存在缺失值，因此需要利用 pandas 对异常值和缺失值进行处理，并对 price 进行 log 变换，以便将其用于线性回归模型训练。

表 8-8　二手汽车交易字段说明

字段名	说明	字段名	说明
SaleID	交易 ID	power	发动机功率，范围为[0,600]
name	汽车交易名称	kilometer	汽车已行驶里程，单位为 km
regDate	汽车注册日期	notRepairedDamage	汽车有尚未修复的损坏。是：0。否：1
model	车型编码	regionCode	地区编码
brand	汽车品牌	creatDate	汽车上线时间，即开始售卖时间
bodyType	车身类型。豪华轿车：0。微型车：1。厢型车：2。大巴车：3。敞篷车：4。双门汽车：5。商务车：6。搅拌车：7	price	二手汽车交易价格（预测目标）
fuelType	燃油类型。汽油：0。柴油：1。液化石油气：2。天然气：3。混合动力：4。其他：5。电动：6	v 系列属性	匿名变量，包括 v0~v14 在内的 15 个匿名属性
gearbox	变速箱。手动：0。自动：1		

3．实现思路及步骤

（1）使用 pandas 读取"used_car_train.csv"和"used_car_test.csv"数据集。

（2）查看"used_car_train.csv"数据集中的 power 特征范围不在[0,600]的异常数据，并绘制箱线图查看数据的分布情况。

（3）对"used_car_train.csv"数据集中的 power 特征范围不在[0,600]的异常数据进行删除，并绘制箱线图查看处理后的数据分布情况。

（4）将"used_car_train.csv"数据集的 notRepairedDamage 特征中的"-"替换为 nan。

（5）查看"used_car_train.csv"数据集中的缺失值，并对缺失值使用众数进行填充。

（6）对"used_car_train.csv"数据集中的 price 特征进行 log 变换，使其呈正态分布。

（7）参考"used_car_train.csv"数据集的处理方法，对"used_car_test.csv"数据集进行相关的处理。

实训 2   构建二手汽车价格预测关键特征

1. 训练要点

（1）掌握日期的拆分处理方法。

（2）掌握从数据集中提取统计特征的方法。

（3）掌握用 seaborn 绘制相关系数热力图的方法。

（4）掌握构建适合线性回归模型的特征的方法。

2. 需求说明

基于实训 1 预处理后的数据，对数据集进行属性构造和属性规约，包括通过 regDate 和 creatDate 构建年、月、日特征，通过 15 个匿名变量构建统计特征。为减轻模型的计算压力，可将与价格不相关的特征剔除。

3. 实现思路及步骤

（1）将"used_car_train.csv"数据集中的 regDate 特征和 creatDate 特征转换为 Datetime 对象，并提取年、月、日特征。

（2）利用 regDate 特征和 creatDate 特征计算二手汽车的使用时间（以年为单位）。

（3）对 v0～v14 在内的 15 个匿名变量进行求和、求平均值和求标准差。

（4）利用 seaborn 绘制价格特征相关系数热力图，查看特征之间的相关性，并剔除与 price 特征相关系数小于 0.2 的特征。

（5）参考"used_car_train.csv"数据集的处理方法，对"used_car_test.csv"数据集进行相关的处理。

实训 3   构建线性回归模型

1. 训练要点

（1）掌握线性回归模型的应用。

（2）掌握线性回归模型的评价方法。

2. 需求说明

基于实训 2 构建的二手汽车价格预测关键特征，构建线性回归模型对二手汽车售价进行预测，并通过线性回归模型评价方法评价模型性能。

3. 实现思路及步骤

（1）读取实训 2 中构建新特征后的数据集。

（2）构建线性回归模型，并使用训练集进行训练。

（3）使用均方误差、平均绝对误差、R^2 值评价模型的性能。

（4）使用训练好的模型预测测试集的价格。

课后习题

操作题

某珠宝店新增钻石回收业务，为了对客户提供的钻石更好地进行估价，该店铺收集了行业内近期所售钻石的 4C 等级、尺寸和价格等数据，并将其存为钻石价格数据集（diamond_price.csv），其中包括克拉、切工等级、色泽、净度等 9 个特征。钻石价格数据集的特征说明如表 8-9 所示。

表 8-9　钻石价格数据集的特征说明

特征名称	特征含义	示例
克拉	钻石的重量	0.23
切工等级	包括 5 个等级，其中 1 表示完美；2 表示十分珍贵；3 表示很好；4 表示好；5 表示一般	1
色泽	钻石色泽从 D 到 J 分为 7 个级别，其中 1 表示 D 级，完全无色；2 表示 E 级，无色；3 表示 F 级，几乎无色；4 表示 G 级，接近无色；5 表示 H 级，接近无色；6 表示 I 级，肉眼可见少量黄色；7 表示 J 级，肉眼可见少量黄色	2
净度	钻石净度由高到低分为 8 个级别，其中 1 表示 IF，内无瑕级；2 表示 VVS1，极轻微内含级 1；3 表示 VVS2，极轻微内含级 2；4 表示 VS1，轻微内含级 1；5 表示 VS2，轻微内含级 2；6 表示 SI1，微含级 1；7 表示 SI2，微含级 2；8 表示 I1，内含级	7
台宽比	钻石桌面的宽度占其平均直径的百分比	55
长度/毫米	钻石的长度	3.96
宽度/毫米	钻石的宽度	3.98
高度/毫米	钻石的高度	2.43
价格/美元	钻石的价格	326

根据钻石价格数据集，构建回归模型预测回收的钻石价格，具体步骤如下。

（1）读取钻石价格数据集。

（2）观察数据后发现，长度、宽度、高度特征中存在 0 值，删除这 3 个特征中所有出现 0 值的数据行，并对其他数据重新进行索引。

（3）新增"价格/元"特征，假定 1 美元等于 7.23 元人民币。

（4）拆分特征数据和标签数据，特征数据为克拉、切工等级、色泽、净度、台宽比、长度、宽度、高度，标签数据为价格/元。

（5）划分训练集和测试集，并对训练集和测试集进行标准差标准化。

（6）构建 SVR 模型，并输出回归模型评价指标，查看模型效果。

第 **9** 章 餐饮企业客户流失预测

在"互联网+"的背景下，数字经济是未来经济发展的重要引擎，数字信息技术的广泛应用可以弥补人们在信息处理分析等方面的不足。随着数字经济和实体经济的深度融合，餐饮企业的经营方式发生了很大的变化。例如，团购和线上线下商务（Online to offline，O2O）拓宽了销售渠道，微博、微信等社交网络加强了企业与消费者、消费者与消费者之间的沟通，电子点餐、店内 Wi-Fi 等信息技术提升了服务水平，大数据、私人定制等更好地满足了细分市场的需求。同时，餐饮企业面临着更多的问题，如如何提高服务水平、留住客户、提高利润等。

本章依据客户基本信息和消费产生的订单信息，构建客户流失特征，并结合分类算法中的决策树算法和支持向量机算法预测客户流失，为餐饮企业针对不同类型的客户调整销售策略提供依据。

学习目标

（1）了解餐饮企业客户流失预测的步骤和流程。
（2）掌握餐饮企业数据的预处理方法。
（3）掌握构建决策树模型和支持向量机模型的方法。
（4）对比分析决策树算法和支持向量机算法的预测结果。

素养目标

（1）根据数据的具体情况选择合适的方法进行缺失值处理，培养科学决策的习惯，认识到在解决问题时，需要根据实际情况选择合适的方法。
（2）通过对比决策树算法和支持向量机算法的模型效果，并结合实际需求，选取相对最优的模型，培养将实践与理论相结合的能力，认识到理论指导实践，实践检验理论的重要性。

思维导图

9.1　餐饮企业客户分析需求

某餐饮企业的增长陷入迟滞，同时不同经营模式的餐馆层出不穷。在这样的情况下，该餐饮企业希望结合餐饮行业现状，分析客户和订单的相关数据，挖掘数据中的信息，通过对客户流失进行预测找到相应的对策，从而提高利润。

9.1　餐饮企业客户分析需求

9.1.1　分析餐饮企业客户流失预测背景

根据某餐饮企业面对的问题，结合餐饮企业提供的客户信息数据和订单数据，掌握餐饮企业的基本情况，以便展开后续工作。

1．分析餐饮行业现状

餐饮行业作为我国第三产业中的一个传统服务性行业，始终保持着一定的增长势头。同时，餐饮行业的收入在一定程度上反映了经济的发展。

目前，餐饮企业正面临着房租价格高、人工费用高、服务工作效率低等问题。企业经营的目的为盈利，而餐饮企业盈利的核心是其菜品和客户，也就是其提供的产品和服务对象。如何在保证产品质量的同时提高企业利润，成为某餐饮企业急需解决的问题。

2．了解餐饮企业数据的基本情况

本案例将使用某餐饮企业的系统数据库中积累的大量与客户用餐相关的数据，其中包括客户信息表（user_loss.csv）和订单详情表（info_new.csv）。客户信息表中记录了 2431

位客户的基本信息，包括客户 ID、姓名、年龄、性别等，其特征说明如表 9-1 所示。订单详情表中记录了 6611 条消费记录，包含 21 个特征，其特征说明如表 9-2 所示。

表 9-1 客户信息表的特征说明

特征名称	特征说明	特征名称	特征说明
USER_ID	客户 ID	IP	IP 地址
MYID	客户自编码	DESCRIPTION	备注
NAME	姓名	QUESTION_ID	问题代码
ORGANIZE_ID	组织代码	ANSWER	回复
ORGANIZE_NAME	组织名称	ISONLINE	是否在线
DUTY_ID	职位代码	CREATED	创建日期
TITLE_ID	职位等级代码	LASTMOD	修改日期
PASSWORD	密码	CREATER	创建人
EMAIL	电子邮箱	MODIFYER	修改人
LANG	语言	TEL	电话
THEME	样式	QQ	客户的 QQ
FIRST_VISIT	第一次登录	WEIXIN	客户的微信号
PREVIOUS_VISIT	上一次登录	SEX	性别
LAST_VISITS	最后一次登录	POO	籍贯
LOGIN_COUNT	登录次数	ADDRESS	地址
ISEMPLOYEE	是否为职工	AGE	年龄
STATUS	状态	TYPE	客户状态

表 9-2 订单详情表的特征说明

特征名称	特征说明	特征名称	特征说明
info_id	订单 ID	lock_time	锁单时间
emp_id	客户 ID	cashier_id	收银员 ID
number_consumers	消费人数（单位：人）	pc_id	终端 ID
mode	消费方式	order_number	订单号
dining_table_id	桌子 ID	org_id	门店 ID
dining_table_name	桌子名称	print_doc_bill_num	打印账单的编码
expenditure	消费金额（单位：元）	lock_table_info	桌子关闭信息
dishes_count	总菜品数（单位：个）	order_status	订单状态
accounts_payable	付费金额（单位：元）	phone	电话
use_start_time	开始时间	name	客户名，即客户的姓名
check_closed	支付结束		

9.1.2　认识餐饮企业客户流失预测

客户流失指客户出于某种原因转向购买其他企业的产品或服务的现象。餐饮企业进行客户流失预测的根本目的是提高盈利，而提高盈利的方法有降低成本、增强宣传等。降低成本是最直接的提高盈利的方式，增强宣传则可以吸引更多的客户和使客户养成消费习惯。例如，在提及快餐和蒸饺时，部分客户首先会想到沙县小吃，产生这种效果的部分原因就是它们的宣传效果相对较好。

面对日益激烈的市场竞争，大多数企业越来越重视客户保留工作，通过不断地开展活动（如消费积分与积分兑换、满减活动、优惠套餐等）来尽力留住客户。

在餐饮行业中，维护一个老客户的成本低于开发一个新客户的成本，并且老客户在复购的同时会在无意间对企业进行了宣传，带动了新客户的产生，减少了宣传的成本。可见，一旦老客户流失，将对企业造成不小的损失，因此减少客户流失尤为重要。预测有可能流失的客户，在客户流失前制定相应的策略，减少客户流失。

9.1.3　餐饮企业客户流失预测的步骤与流程

通过对某餐饮企业的数据进行分析，构建客户流失预测模型，对客户的流失进行预测，以便企业及时做出应对。餐饮企业客户流失预测流程如图 9-1 所示，主要包括以下步骤。

（1）读取客户信息表和订单详情表。

（2）探索客户信息表中年龄、性别与客户流失的关系。

（3）查看数据中的重复值情况，并对重复值、异常值、缺失值进行处理。

（4）构建总用餐次数、距观测窗口（即以 2023 年 7 月 31 日为结束时间，宽度为两年的时间段）结束时间的天数、人均消费额、总消费金额 4 个客户流失特征。

（5）将数据划分为训练集和测试集，并使用决策树和支持向量机构建客户流失预测模型，对客户流失进行预测。

（6）使用精确率、召回率、F1 值评价使用决策树和支持向量机构建的模型的效果。

图 9-1　餐饮企业客户流失预测流程

9.2　预处理餐饮企业数据

由于原始数据含有大量特征，因此需要初步探索数据，了解数据的基本情况，并构建客户流失特征。数据中可能存在的重复值、缺失值、异常值会对后续的建模产生不利的影响，因此建模前需对数据进行预处理。

9.2.1 数据探索

客户信息表和订单详情表中都包含大量的特征，无法将全部特征用于数据建模，因此需对特征进行筛选。在对客户信息表的特征进行筛选前，选择客户的年龄、性别进行探索，了解它们与客户流失的关系。

针对客户的年龄提出猜测：随着客户年龄的增加，客户流失数量减小。例如，年龄为20岁的客户可能喜欢尝试更多新事物，经常更换就餐餐馆，于是造成了客户流失；随着年龄增加，客户与餐馆之间会形成较为稳固的关系，因此客户流失数量将会减小。

探索客户流失与年龄的关系，如代码9-1所示。

代码9-1　探索客户流失与年龄的关系

```
In[1]:      import pandas as pd
            import matplotlib.pyplot as plt
            import seaborn as sns

            # 读取数据
            users = pd.read_csv('../data/user_loss.csv', encoding='gbk')
            info = pd.read_csv('../data/info_new.csv')
            print('客户信息表的形状: ', users.shape)
            print('订单详情表的形状: ', info.shape)

Out[1]:     客户信息表的形状:  (2431, 36)
            订单详情表的形状:  (6611, 21)

In[2]:      # 将时间字符串转为时间格式
            users['CREATED'] = pd.to_datetime(users['CREATED'])
            info['use_start_time'] = pd.to_datetime(info['use_start_time'])
            info['lock_time'] = pd.to_datetime(info['lock_time'])

            # 客户流失与年龄的关系
            a = users.loc[users['TYPE'] == '已流失', ['AGE', 'TYPE']]['AGE'].
            value_counts().sort_index()
            b = users.loc[users['TYPE'] == '非流失', ['AGE', 'TYPE']]['AGE'].
            value_counts().sort_index()
            c = users.loc[users['TYPE'] == '准流失', ['AGE', 'TYPE']]['AGE'].
            value_counts().sort_index()

            # 绘制折线图
            df = pd.DataFrame({'已流失': a.values,
                               '非流失': b.values,
                               '准流失': c.values},
                              index=range(20, 61, 1))
            plt.rcParams['font.sans-serif']='SimHei'      #设置中文显示
            plt.rcParams['axes.unicode_minus']=False
            plt.figure(figsize=(8, 4))  # 确定画布大小
            sns.lineplot(data=df)
            plt.xlabel('年龄/岁')  # 添加 x 轴标签
```

```
plt.ylabel('客户流失数量/人')  # 添加 y 轴标签
plt.title('客户流失数量与年龄的关系')  # 添加图表标题
plt.show()
```

Out[2]:

由代码 9-1 可知，客户流失与年龄的关系如下。

（1）3 种流失状态（已流失、非流失、准流失）的客户数量变化趋势存在一定的相似性，说明年龄对客户流失的影响不大。

（2）3 种流失状态（已流失、非流失、准流失）的客户数量在整体上基本呈下降趋势。

对于不同性别的客户，较多的男性客户会挑选用餐方便、上菜速度快、性价比较高的餐馆，而女性客户则可能会选择口味合适、环境较好的餐馆。因为一个餐饮企业的经营模式不会轻易改变，所以在吸引一种性别的客户时可能会导致另一种性别的客户的流失。探索客户流失与性别的关系，如代码 9-2 所示。

代码 9-2　探索客户流失与性别的关系

In[3]:
```
# 统计男性客户各流失状态的数量
count1 = users[users['SEX']=='男']['TYPE'].value_counts()

# 统计女性客户各流失状态的数量
count2 = users[users['SEX']=='女']['TYPE'].value_counts()

fig = plt.figure(figsize=[8, 4])  # 确定画布大小
plt.subplot(1,2,1)  # 创建一个 1 行 2 列的图，并开始绘制第一幅子图
plt.bar(count1.index, count1)
plt.title('男性客户各流失状态数量')  # 添加第一幅子图的图表标题
plt.ylabel('数量/人')  # 添加第一幅子图的 y 轴标签

plt.subplot(1,2,2)  # 绘制第二幅子图
plt.bar(count2.index,count2)
plt.title('女性客户各流失状态数量')  # 添加第二幅子图的图表标题
plt.ylabel('数量/人')  # 添加第二幅子图的 y 轴标签
plt.show()
```

Out[3]:

由代码 9-2 可知，客户流失与性别的关系如下。

（1）男性客户和女性客户各流失状态的数量比较相似，说明性别对客户流失的影响不大。

（2）男性客户的总数量比女性客户的总数量多，说明本案例分析的餐饮企业可能更受男性欢迎。

根据对客户信息表的探索可知，客户的年龄、性别不是影响客户流失的主要因素。

9.2.2 查看重复值

在预测分析中，如果数据存在重复值，将会影响特征值的计算，导致模型的预测出错。因此在构建特征前需要去除数据的重复值。

订单详情表中客户名和开始时间的组合是唯一的，如果存在不唯一的值，那么该值就是重复值。查看订单详情表的重复值数量，如代码 9-3 所示。

代码 9-3 查看订单详情表的重复值数量

```
In[4]:    print('订单详情表重复值数量: ',
             info.duplicated(subset=['name', 'use_start_time']).sum())
Out[4]:   订单详情表重复值数量:  0
```

由代码 9-3 可知，在订单详情表中不存在重复值，因此不需要对数据进行去重处理。

9.2.3 处理异常值

因为构建客户流失特征时主要使用订单详情表的数据，所以本小节主要对订单详情表进行异常值处理。经观察发现，数据中存在一张桌子同时被不同客户使用的情况，这属于异常情况。因此，判定订单详情表的异常值的条件如下。

两个订单的桌子 ID（dining_table_id）和开始时间（use_start_time）相同。

当异常值的数量远小于总数据的数量时，可直接将其删除。处理订单详情表的异常值，如代码 9-4 所示。

代码 9-4　处理订单详情表的异常值

| In[5]: | ```
# 选取 dining_table_id 和 use_start_time 都重复的的索引值
ind = info[info.duplicated(['dining_table_id',
                            'use_start_time'])].index
print('同一时间同一张桌子被不同人使用的订单: \n',
      info[(info['dining_table_id'] == info.iloc[ind[1], :]
            ['dining_table_id']) &
           (info['use_start_time'] == info.iloc[ind[1], :]
           ['use_start_time'])]
      [['info_id', 'dining_table_id','use_start_time']])
``` |
|---|---|
| Out[5]: | ```
同一时间同一张桌子被不同人使用的订单:
      info_id  dining_table_id       use_start_time
2052     3392             1484  2023-03-26 21:55:00
2140     3480             1484  2023-03-26 21:55:00
``` |
| In[6]: | ```
info.drop(index=ind, inplace=True)
info = info.reset_index(drop=True)
print('异常值个数: ', len(ind))
print('去除异常值后订单详情表的形状: ', info.shape)
``` |
| Out[6]: | ```
异常值个数: 17
去除异常值后订单详情表的形状: (6594, 21)
``` |

由代码 9-4 可知，数据中共有 17 个异常值，数量较少，可以直接去除。去除异常值后的订单详情表形状为 6594 行 21 列。

9.2.4　处理缺失值

客户信息表中存在大量全为缺失值的特征，可能是因为客户在填写资料时存在一定程度的遗漏。虽然订单详情表是由系统记录的，数据相对完整，但是同样存在一定数量的缺失值。

处理缺失值可以采取的方法有很多，如删除法、替换法、插值法等。虽然删除法是较为常用的处理缺失值的方法之一，但是当缺失值过多时，直接删除带有缺失值的行或列将会导致数据量减少。因此，在进行缺失值处理前需要先查看缺失值的数量。

查看客户信息表和订单详情表的缺失值数量，如代码 9-5 所示。

代码 9-5　查看客户信息表和订单详情表的缺失值数量

| In[7]: | ```
print('客户信息表缺失值数量: ', info.isnull().sum().sum())
print('订单详情表缺失值数量: ', users.isnull().sum().sum())
``` |
|---|---|
| Out[7]: | ```
客户信息表缺失值数量: 46158
订单详情表缺失值数量: 50842
``` |

由代码 9-5 可知，在原始的客户信息表和订单详情表中存在大量的缺失值。由于存在全为缺失值的特征，如果直接对缺失值按行进行删除，将会造成大量信息的流失。因此需对两个表进行初步的整理。

提取客户信息表的 USER_ID、LAST_VISITS、TYPE 特征和订单详情表的 emp_id、number_consumers、expenditure 特征的数据。将提取的数据按 USER_ID（作为合并主键）

进行合并，查看缺失值数量并对缺失值进行处理，如代码 9-6 所示。

代码 9-6　合并数据并处理缺失值

```
In[8]:    # 获取最后一次用餐时间
          for i in range(len(users)):
                  info1 = info.iloc[info[info['name'] ==
              users.iloc[i, 2]].index.tolist(), :]
                  if sum(info['name'] == users.iloc[i, 2]) != 0:
                      users.iloc[i, 14] = max(info1['use_start_time'])
          # 获取订单状态为 1 的订单
          info = info.loc[info['order_status'] == 1,
          ['emp_id', 'number_consumers', 'expenditure']]
          info = info.rename(columns={'emp_id': 'USER_ID'})   # 修改列名
          user = users[['USER_ID', 'LAST_VISITS', 'TYPE']]

          # 合并两个表
          info_user = pd.merge(user, info, left_on='USER_ID',
                          right_on= 'USER_ID', how='left')
          print('合并表缺失值个数: \n', info_user.isnull().sum())
          info_user.dropna(inplace=True)    #处理缺失值

          info_user.to_csv('../tmp/info_user.csv', index=False,
                      encoding= 'utf-8')
```

```
Out[8]:   合并表缺失值个数：
          USER_ID               0
          LAST_VISITS         155
          TYPE                  0
          number_consumers      7
          expenditure           7
          dtype:int64
```

```
In[9]:    print('处理缺失值后的数据形状: \n', info_user.shape)
```

```
Out[9]:   处理缺失值后的数据形状：
          (6443, 5)
```

由代码 9-6 可知，合并表的缺失值数量相对较少，只在最后一次登录（LAST_VISITS）、消费人数（number_consumers）、消费金额（expenditure）中存在一定数量的缺失值，于是使用删除法对所有存在缺失值的记录进行了处理。

9.2.5　构建客户流失特征

在餐饮企业中，客户流失主要体现在以下 4 个方面。

（1）用餐次数越来越少。

（2）长时间未到店进行消费。

（3）人均消费处于较低水平。

（4）总消费金额越来越少。

基于这 4 个方面，本案例将构造以下 4 个关于客户流失的特征。

（1）总用餐次数（frequence）：观测时间内每个客户的总用餐次数。

（2）距观测窗口结束时间的天数（recently）：客户最近一次用餐的时间距离观测窗口结束时间的天数。

（3）人均消费额（average）：客户在观测时间内的总消费金额除用餐总人数。

（4）总消费金额（amount）：客户在观测时间内消费金额的总和。

基于缺失值处理后的数据，使用分组聚合的方法构建客户流失特征，如代码 9-7 所示。

代码 9-7　构建客户流失特征

```
In[10]:    # 提取数据
           info_user = pd.read_csv('../tmp/info_user.csv', encoding= 'utf-8')
           # 统计每个客户的总用餐次数
           info_user1 = info_user['USER_ID'].value_counts()
           info_user1 = info_user1.reset_index()
           info_user1.columns = ['USER_ID', 'frequence']  # 修改列名

           # 求出每个客户的总消费金额
           # 分组求和
           info_user2 = info_user[['number_consumers','expenditure'
                               ]].groupby(info_user['USER_ID']).sum()
           info_user2 = info_user2.reset_index()
           info_user2.columns = ['USER_ID', 'numbers', 'amount']
           # 合并客户的总用餐次数和总消费金额
           data_new = pd.merge(info_user1, info_user2,left_on='USER_ID',
                            right_on='USER_ID', how= 'left')

           # 提取数据
           info_user = info_user.iloc[:, :4]
           info_user = info_user.groupby(['USER_ID']).last()
           info_user = info_user.reset_index()
           # 合并数据
           info_user_new = pd.merge(data_new, info_user,left_on='USER_ID',
                            right_on='USER_ID', how='left')
           print(info_user_new.head())
```

```
Out[10]:   USER_ID frequence numbers amount LAST_VISITS TYPE    number_consumers
           0  2361      41       237.0   34784.0  2023-07-30 13:29:00  非流失   7.0
           1  3478      37       231.0   33570.0  2023-07-27 11:14:00  非流失   5.0
           2  3430      34       224.0   31903.0  2023-07-26 13:38:00  非流失   5.0
           3  3762      33       208.0   30394.0  2023-07-27 13:41:00  非流失   10.0
           4  2797      33       198.0   30849.0  2023-07-23 13:28:00  非流失   2.0
```

```
In[11]:    # 求人均消费额，并保留 2 位小数
           info_user_new['average'] = info_user_new['amount'] /
           info_user_new['numbers']
           info_user_new['average'] = info_user_new['average'].apply(lambda
           x: '%.2f' % x)

           # 计算每个客户最近一次用餐的时间距离观测窗口结束时间的天数
           # 修改时间列为日期
           info_user_new['LAST_VISITS'] = pd.to_datetime(
               info_user_new['LAST_VISITS'])
           datefinally = pd.to_datetime('2023-7-31')  # 观测窗口结束时间
           time = datefinally - info_user_new['LAST_VISITS']
           # 计算时间差
           info_user_new['recently'] = time.apply(lambda x: x.days)
           # 特征选取
           info_user_new = info_user_new.loc[:, ['USER_ID', 'frequence',
                                     'amount', 'average',
```

```
                                        'recently', 'TYPE']]
info_user_new.to_csv('../tmp/info_user_clear.csv', index=False,
                        encoding='gbk')
print(info_user_new.head())
```

```
Out[11]:       USER_ID    frequence     amount     average    recently    TYPE
        0       2361          41       34784.0     146.77        0      非流失
        1       3478          37       33570.0     145.32        3      非流失
        2       3430          34       31903.0     142.42        4      非流失
        3       3762          33       30394.0     146.12        3      非流失
        4       2797          33       30849.0     155.80        7      非流失
```

由代码 9-7 可知，构建客户流失特征的数据包含 6 个特征，第 1 个特征为客户的 ID，不参与建模，第 2~5 个特征为建模会用到的特征数据，第 6 个特征为客户流失标签。

9.3 使用决策树算法和支持向量机算法进行餐饮企业客户流失预测

9.3 使用决策树算法和支持向量机算法进行餐饮企业客户流失预测

在激烈的市场竞争中，客户拥有更多的选择空间和消费渠道，因此客户容易流失。本节通过客户流失特征构建决策树和支持向量机模型，对客户的流失情况进行预测，以便为企业制定策略提供一定的参考。

9.3.1 决策树算法

使用决策树算法不仅可以预测出客户的流失状态，而且可以发现客户流失的规律。

1. 基本原理

决策树基本结构如图 9-2 所示。决策树采用树状结构，包含一个根节点、若干内部节点和若干叶节点。根节点包含样本全集，叶节点对应决策结果，内部节点对应特征或属性测试。从根节点到每个叶节点的路径对应一个判定测试序列，决策树的学习目的是产生一颗泛化能力强（处理未知样本能力强）的决策树。决策树基本流程遵循简单而直观的分而治之策略，决策树的生成是一个递归过程。

图 9-2　决策树基本结构

构造决策树的核心问题在于如何选择适当的特征对样本进行拆分，主要算法有 CART、ID3、C4.5。CART 使用基尼指数作为选择特征的准则，ID3 使用信息增益作为选择特征的准则，C4.5 使用信息增益比作为选择特征的准则。决策树的剪枝（包括预剪枝和后剪枝）用于防止树的过拟合，以增强其泛化能力。

2. 适用场景

在某种程度上，很多分类算法的能力都超过了决策树算法，但是决策树算法可以轻松可视化分类规则的能力让其无可替代。可视化分类规则在各个行业中都有相对广泛的用途。决策树常被用于分析对某种响应影响最大的因素，如判断具有什么特征的客户的流失概率更高。

3. 优缺点

决策树的优点为结果易于理解和解释，能进行可视化分析，容易提取出规则。决策树可同时处理类别型和数值型数据，并且决策树能很好地扩展到大型数据库中，模型大小独立于数据库大小。

决策树的缺点为在特征太多而样本较少的情况下容易出现过拟合，且容易忽略数据集中特征之间的关联。在选择 ID3 算法计算信息增益时结果会偏向数值比较多的特征。

4. DecisionTreeClassifier 类的主要参数介绍

sklearn 的 tree 模块提供了 DecisionTreeClassifier 类，用于构建决策树分类模型，DecisionTreeClassifier 类的基本使用格式如下。

```
class sklearn.tree.DecisionTreeClassifier(criterion='gini', splitter='best',
max_depth=None, min_samples_split=2, min_samples_leaf=1, min_weight_ fraction_
leaf=0.0, max_features=None, random_state=None, max_leaf_nodes=None,
min_impurity_decrease=0.0, min_impurity_split=None, class_weight=None,
ccp_alpha=0.0)
```

DecisionTreeClassifier 类的常用参数及其说明如表 9-3 所示。

表 9-3　DecisionTreeClassifier 类的常用参数及其说明

参数名称	参数说明
criterion	接收 gini、entropy。表示选择节点（特征）的准则。默认为 gini
splitter	接收 best、random。表示特征划分点选择标准。默认为 best
max_depth	接收 int。表示决策树的最大深度。默认为 None
min_samples_split	接收 int、float。表示子数据集再切分需要的最小样本量。默认为 2
min_samples_leaf	接收 int、float。表示叶节点所需的最小样本数。默认为 1
min_weight_fraction_leaf	接收 float。表示叶节点处的所有输入样本权重总和的最小加权分数。默认为 0.0
max_features	接收 int、float、str。表示按特征切分时考虑的最大特征数量。默认 None
random_state	接收 int、RandomState 实例。表示用于初始化聚类中心的生成器，若值为整数，则确定一个种子。默认为 None
max_leaf_nodes	接收 int。表示最大叶节点数。默认为 None
min_impurity_decrease	接收 float。表示切分点不纯度最小减少程度。默认为 0.0
min_impurity_split	接收 float。表示切分点最小不纯度。默认为 None
class_weight	接收 dict、dict 型 list、balanced。表示分类模型中各种类别的权重。默认为 None
ccp_alpha	接收 float。表示用于最小成本复杂度修剪的复杂度参数。默认为 0.0

9.3.2　支持向量机算法

决策树算法虽然可以发现客户流失规律，但是其分类能力略显不足。本章将使用被广泛运用的支持向量机算法进行预测并将其预测结果与决策树算法的预测结果进行比较。

1. 基本原理

支持向量机是定义在特征空间中间隔最大的线性分类器；支持向量机还包括核函数，这使得支持向量机成为实质上的非线性分类器。支持向量机的学习策略是间隔最大化，可将最大化形式转化为一个求解凸二次规划的问题，也等价于正则化的合页损失函数的最小化问题。支持向量机的学习算法是求解凸二次规划的较好方法。

2. 适用场景

支持向量机算法是有监督的数据挖掘算法，是一种二分类算法，经过改造后也可以用于多分类。支持向量机在非线性分类方面有明显优势，通常用于解决二元分类问题，而对于多元分类问题，通常将其分解为多个二元分类问题，再进行分类。

在机器学习领域，支持向量机算法可以用于模式识别、分类、异常值检测和回归分析，SVR 为支持向量机算法在回归方面的运用。支持向量机算法还可以用于字符识别、面部识别、行人检测、文本分类等领域。

3. 优缺点

支持向量机能对非线性决策边界进行建模，有许多可选的核函数。在面对过拟合时，支持向量机有很强的鲁棒性，尤其在高维空间中。支持向量机的最终决策函数只由少数的支持向量确定，计算的复杂性取决于支持向量的数目，而不是样本空间的维数，在某种意义上避免了维数灾难。

不过，使用支持向量机时选择正确的核函数需要技巧。支持向量机借助二次规划来求解支持向量，而求解二次规划涉及 m 阶矩阵的计算（ m 为样本的个数），当 m 很大时，对矩阵的存储和计算将耗费大量的计算机内存和运算时间，支持向量机不太适用于较大的数据集。

4. LinearSVC 类的主要参数介绍

sklearn 的 LinearSVC 类可实现支持向量机算法，LinearSVC 类的基本使用格式如下。

```
class sklearn.svm.LinearSVC(penalty='l2', loss='squared_hinge', *, dual=True,
tol=0.0001, C=1.0, multi_class='ovr', fit_intercept=True, intercept_scaling=1,
class_weight=None, verbose=0, random_state=None, max_iter=1000)
```

LinearSVC 类的常用参数及其说明如表 9-4 所示。

表 9-4 LinearSVC 类的常用参数及其说明

参数名称	参数说明
penalty	接收 l1、l2。表示惩罚中使用的规范。默认为 l2
loss	接收 hinge、quared_hinge。表示损失函数。默认为 squared_hinge
dual	接收 bool。表示是否选择算法以解决双优化或原始优化问题。默认为 True
tol	接收 float。表示迭代停止的容忍度，即精度要求。默认为 0.0001
C	接收 float。表示惩罚系数。默认为 1.0

参数名称	参数说明
multi_class	接收 ovr、crammer_singer。表示类别包含两个以上的类时确定的多类策略。默认为 ovr
fit_intercept	接收 bool。表示是否计算模型的截距。默认为 True
intercept_scaling	接收 float。表示在实例向量 X 上附加的常数位，默认为 1
class_weight	接收 dict、balanced。表示分类模型中各种类别的权重。默认为 None
verbose	接收 int。表示多少次迭代时输出评价信息。默认为 0
random_state	接收 int、RandomState 实例。表示用于初始化聚类中心的生成器，若值为整数，则确定一个种子。默认为 None
max_iter	接收 int。表示最大迭代次数。默认为 1000

9.3.3　预测餐饮企业客户流失

为了对比决策树模型和支持向量机模型的分类能力，需保证用于训练和测试的数据是一致的，并且使用相同的模型评价方式。

基于构建特征得到的数据，删除已流失客户的数据，将非流失和准流失的数据按 4 : 1 的比例划分为训练集和测试集，使用 sklearn 构建决策树模型并对其进行训练。同时自定义评价函数，使用评价函数计算模型的混淆矩阵、精确率、召回率、F1 值，对训练完毕的模型进行评价并预测客户流失。

评价决策树模型与预测客户流失，如代码 9-8 所示。

代码 9-8　评价决策树模型与预测客户流失

```
In[1]:     import pandas as pd
           from sklearn.metrics import confusion_matrix
           # 自定义评价函数
           def test_pre(pred):
               # 混淆矩阵
               hx = confusion_matrix(y_te, pred, labels=['非流失', '准流失'])
               print('混淆矩阵: \n', hx)
               # 精确率
               P = hx[1, 1] / (hx[0, 1] + hx[1, 1])
               print('精确率: ', round(P, 3))
               # 召回率
               R = hx[1, 1] / (hx[1, 0] + hx[1, 1])
               print('召回率: ', round(R, 3))
               # F1 值
               F1 = 2 * P * R / (P + R)
               print('F1 值: ', round(F1, 3))

           # 读取数据
           info_user = pd.read_csv('../tmp/info_user_clear.csv',
                             encoding='gbk')
           # 删除已流失客户的数据
           info_user = info_user[info_user['TYPE'] != '已流失']
           model_data = info_user.iloc[:, [1, 2, 3, 4, 5]]
           # 划分测试集、训练集
```

```
from sklearn.model_selection import train_test_split
x_tr, x_te, y_tr, y_te = train_test_split(model_data.iloc[:, :-1],
                                           model_data['TYPE'],
                                           test_size=0.2,
                                           random_state=12345)
# 构建决策树模型
from sklearn.tree import DecisionTreeClassifier as DTC
dtc = DTC(random_state=12345)
dtc.fit(x_tr, y_tr)  # 训练模型
pre = dtc.predict(x_te)
# 评价模型
test_pre(pre)
```

Out[1]:　混淆矩阵：
　　　　[[149 19]
　　　　[10 204]]
　　　　精确率：0.915
　　　　召回率：0.953
　　　　F1 值：0.934

In[2]:
```
print('真实值: \n', y_te[:10].to_list())
print('预测结果: \n', pre[:10])
```

Out[2]:　真实值：
　　　　['准流失', '准流失', '准流失', '非流失', '准流失', '准流失', '准流失', '准流失', '准流失', '准流失']
　　　　预测结果：
　　　　['准流失' '准流失' '准流失' '非流失' '准流失' '准流失' '准流失' '准流失' '准流失' '准流失']

从预测结果的混淆矩阵可以看出决策树模型的精确率、召回率、F1 值的值都很高，且相差不大，说明该决策树模型的预测效果很好，而且该模型对非流失和准流失的分类能力相对均衡。

使用决策树模型预测测试集客户的流失状态，由于预测结果过长，这里仅展示前 10 个预测结果。

使用 sklearn 构建支持向量机模型并进行训练，对模型效果进行评价，然后预测客户流失，如代码 9-9 所示。

代码 9-9　评价支持向量机模型与预测客户流失

In[3]:
```
# 构建支持向量机模型
from sklearn.svm import LinearSVC
svc = LinearSVC(random_state=123)
svc.fit(x_tr, y_tr)
pre = svc.predict(x_te)
test_pre(pre)
```

Out[3]:　混淆矩阵：
　　　　[[156 12]
　　　　[13 201]]
　　　　精确率：0.944
　　　　召回率：0.939
　　　　F1 值：0.941

In[4]:	print('真实值：\n', y_te[:10].to_list()) print('预测结果：\n', pre[:10])

| Out[4]: | 真实值：
['准流失', '准流失', '准流失', '非流失', '准流失', '准流失', '准流失', '准流失', '准流失', '准流失']
预测结果：
['准流失' '准流失' '准流失' '非流失' '准流失' '准流失' '准流失' '准流失' '准流失' '准流失'] |

由代码 9-9 可知，支持向量机模型的精确率、召回率、F1 值的值都很高，且相差不大。

根据餐饮企业对客户流失预测的需求，预测准流失客户比较重要，因为对于未流失客户只需保持现状，而对于准流失客户，企业需及时做出应对，所以可以认为决策树模型较适用于客户的流失预测。

小结

本章主要介绍了如何使用决策树算法和支持向量机算法预测餐饮企业客户流失。本章首先探索年龄、性别与客户流失的关系，然后对数据进行预处理，构建客户流失特征；使用决策树和支持向量机模型进行预测，并对比分析两种模型对非流失客户和准流失客户的分类能力。

实训

实训 1　预处理尺码信息数据

1. 训练要点

（1）掌握异常值的处理方法。

（2）掌握缺失值的处理方法。

2. 需求说明

某淘宝成年女装店铺为了给客户推荐合适的女装尺寸，构建了相应的尺寸预测模型。店铺利用已购买服装的客户的数据集（size_data.csv）进行模型的训练，其中部分客户的尺寸信息数据如表 9-5 所示。

表 9-5　部分客户的尺寸信息数据

体重/kg	年龄/岁	身高/cm	尺寸
70	28	172.72	XL
65	36	167.64	L
61	34	165.1	M
71	27	175.26	L
62	45	160.02	M

由于部分顾客未填写或随意填写年龄、身高等信息，导致尺寸信息数据中存在部分异

常值和缺失值，因此需对数据集中的异常值和缺失值进行处理。可根据女子标准体重对照表，将体重低于 30kg 的数据视为异常值，并对其进行处理。

3．实现思路及步骤

（1）利用 read_csv 函数读取 size_data.csv。

（2）查看数据集大小。

（3）利用 dropna() 方法删除缺失值。

（4）删除年龄、体重异常值（年龄小于 18 岁的数据和体重低于 30kg 的数据）。

（5）查看数据异常值和缺失值是否删除成功。

实训 2　构建支持向量机分类模型预测客户服装尺寸

1．训练要点

（1）掌握构建特征的方法。

（2）掌握支持向量机算法的应用。

（3）掌握对分类算法结果的分析方法。

2．需求说明

为改善模型预测效果，根据原有特征构建新特征。使用实训 1 预处理后的数据，计算 BMI（Body Mass Index，体重指数）并构建 BMI_range 特征。BMI 计算公式如式（9-1）所示。

$$BMI = \frac{体重（kg）}{身高^2（m^2）} \qquad (9\text{-}1)$$

BMI_range 特征的构建规则如下。

（1）当 BMI < 18.5 时，BMI_range 值为 0。

（2）当 18.5 ≤ BMI < 24 时，BMI_range 值为 1。

（3）当 24 ≤ BMI < 28 时，BMI_range 值为 2。

（4）当 BMI ≥ 28 时，BMI_range 值为 3。

为了提高客户满意度，需要基于客户基本信息为客户推荐合适的服装尺寸，因此需要使用处理后的数据构建支持向量机分类模型，以预测客户服装尺寸。

3．实现思路及步骤

（1）构建 BMI_range 特征。

（2）构建支持向量机分类模型预测服装尺寸。

（3）评价支持向量机分类模型的效果。

课后习题

操作题

某回收二手手机的公司为了在公司的交易软件中显示预测的二手手机价格，准备使用用户在交易软件上的交易数据（phone.csv）预测二手手机的价格。交易数据的特征说明如表 9-6 所示。

表 9-6　交易数据的特征说明

特征	说明	示例
id	用户编码	1
battery_power	电池容量（单位：mA）	1520
blue	蓝牙是否正常。其中 0 表示否，1 表示是	0
clock_speed	开机时间（单位：min）	0.5
dual_sim	是否双卡双待。其中 0 表示否，1 表示是	0
fc	前置摄像头像素（单位：px）	14
four_g	是否支持 4G。其中 0 表示否，1 表示是	1
int_memory	内存剩余大小（单位：GB）	5
m_dep	手机厚度（单位：cm）	0.5
mobile_wt	手机重量（单位：g）	192
n_cores	处理器内核数	4
pc	主摄像头像素（单位：px）	16
px_height	像素分辨率高度（单位：px）	1270
px_width	像素分辨率宽度（单位：px）	1366
ram	运行内存（单位：MB）	3506
sc_h	手机屏幕高度（单位：cm）	12
sc_w	手机屏幕宽度（单位：cm）	7
talk_time	充满电耗时（单位：h）	2
three_g	是否支持 5G。其中 0 表示否，1 表示是	0
touch_screen	触摸屏是否正常。其中 0 表示否，1 表示是	1
wifi	Wi-Fi 连接是否正常。其中 0 表示否，1 表示是	1
price_range	手机价格等级，其中 0 表示低，1 表示中，2 表示较高，3 表示高	0

　　现需利用交易数据建立分类模型对二手手机价格进行预测，步骤如下。

（1）删除有异常值的行（如手机厚度小于等于 0cm）。

（2）划分训练集和测试集，并对训练集和测试集进行标准差标准化。

（3）建立随机森林分类模型对数据进行训练。

（4）计算模型准确率，评价分类模型的效果。

第 ⑩ 章 基于 TipDM 大数据挖掘建模平台进行客户流失预测

第 9 章介绍了餐饮企业客户流失预测分析，本章将使用 TipDM 大数据挖掘建模平台进行客户流失预测。相较于传统 Python 解释器，TipDM 大数据挖掘建模平台具有流程化、去编程化等特点，可满足不了解编程的用户使用数据分析技术的需求。

学习目标

（1）了解 TipDM 大数据挖掘建模平台的相关概念和特点。

（2）熟悉使用 TipDM 大数据挖掘建模平台配置客户流失预测案例的总体流程。

（3）掌握使用 TipDM 大数据挖掘建模平台配置数据源的方法。

（4）掌握使用 TipDM 大数据挖掘建模平台进行数据探索、查看重复值、处理异常值、处理缺失值、构建特征等操作的方法。

（5）掌握使用 TipDM 大数据挖掘建模平台构建决策树和支持向量机模型的方法。

素养目标

（1）通过了解 TipDM 大数据挖掘建模平台的相关概念、模块等，快速掌握该平台的使用，提升快速学习的能力。

（2）参考第 9 章的餐饮企业客户流失预测流程，在 TipDM 大数据挖掘建模平台上配置对应工程，提升总结概括信息的能力。

（3）使用 TipDM 大数据挖掘建模平台的组件解决具体问题，提升学以致用的实践能力。

思维导图

10.1　平台简介

TipDM 大数据挖掘建模平台（简称"平台"）是由广东泰迪智能科技股份有限公司自主研发的、面向大数据挖掘项目的工具。平台使用 Java 语言开发，采用 B/S（Browser/Server，浏览器-服务器）结构，用户不需要下载客户端，可通过浏览器进行访问。平台具有支持多种语言、操作简单等特点，以流程化的方式将数据输入/输出、统计分析、数据预处理、挖掘与建模等环节进行连接，使用户无须具备编程语言基础即可进行大数据挖掘。平台界面如图 10-1 所示。

图 10-1　平台界面

读者可访问平台查看具体的界面情况，操作方法如下。

（1）微信搜索公众号"泰迪学社"或"TipDataMining"，关注公众号。

（2）关注公众号后，回复"建模平台"，获取平台访问方式。

在介绍如何使用大数据挖掘建模平台进行项目分析之前，需要引入平台的几个概念，其基本介绍如表 10-1 所示。

表 10-1　大数据挖掘建模平台的概念

概念	基本介绍
组件	将建模过程中涉及的输入/输出、数据探索、数据预处理、绘图、建模等操作分别进行封装，封装好的模块称为组件。 组件分为系统组件和个人组件。 （1）系统组件可供所有用户使用 （2）个人组件由个人用户编辑，仅供个人用户使用
工程	为实现某一数据挖掘目标，将各组件通过流程化的方式进行连接，整个数据流程称为一个工程
参数	每个组件都有提供给用户进行设置的内容，这部分内容称为参数
共享库	用户可以将配置好的工程、数据集分别公开到模型库、数据集库中作为模板，分享给其他用户，其他用户可以使用共享库中的模板创建无须配置组件便可运行的工程

平台主要有以下几个特点。

（1）平台组件基于 Python、R 语言以及 Hadoop/Spark 分布式引擎，适用于数据分析。Python、R 语言以及 Hadoop/Spark 是常见的用于数据分析的语言或工具，高度契合行业需求。

（2）用户可在没有 Python、R 语言或 Hadoop/Spark 编程基础的情况下，使用直观的拖曳式图形界面构建数据分析流程，无须进行编程。

（3）平台提供公开、可用的数据分析示例工程，以实现一键创建、快速运行；支持在线预览挖掘流程中每个节点的结果。

（4）平台包含 Python、Spark、R 这 3 种工具的组件包，用户可以根据实际需求灵活选择不同的语言进行数据挖掘建模。

下面将对平台的"共享库""数据连接""数据集""我的工程""个人组件"这 5 个模块进行介绍。

10.1.1　共享库

登录平台后，用户即可看到"共享库"模块提供的示例工程（模板），如图 10-1 所示。

"共享库"模块主要用于标准大数据挖掘建模案例的快速创建和展示。通过"共享库"模块，用户可以创建无须导入数据及配置参数就能够快速运行的工程。用户可以将自己创建的工程公开到"共享库"模块作为工程模板，供其他用户一键创建。同时，模板的创建者具有模板的所有权，能够对模板进行管理。

10.1.2　数据连接

"数据连接"模块支持从 Db2、SQL Server、MySQL、Oracle、PostgreSQL 等常用关系数据库中导入数据，导入数据时的"新建连接"对话框如图 10-2 所示。

图 10-2 "新建连接"对话框

10.1.3 数据集

"数据集"模块主要用于数据挖掘建模工程中数据的导入与管理,支持从本地导入任意类型的数据。导入数据时的"新增数据集"对话框如图 10-3 所示。

图 10-3 "新增数据集"对话框

10.1.4 我的工程

"我的工程"模块主要用于数据挖掘建模流程的创建与管理,工程示例流程如图 10-4 所示。通过单击"工程"栏中的 ⊞ (新建工程)按钮,用户可以创建空白工程并通过"组件"栏中的组件进行工程配置,将数据输入/输出、预处理、挖掘建模、模型评估等环节通过流程化的方式进行连接,达到数据挖掘与分析的目的。对于完成度高的工程,可以将其公开到"共享库"中,作为模板让其他用户学习和借鉴。

在"组件"栏下,平台提供了输入/输出组件、Python 组件、R 语言组件、Spark 组件等系统组件,如图 10-5 所示,用户可直接使用。输入/输出组件包括输入源、输出源、输出到数据库。下面具体介绍 Python 组件、R 语言组件和 Spark 组件。

图 10-4　工程示例流程

图 10-5　平台提供的系统组件

1．Python 组件

Python 组件包含 Python 脚本、预处理、统计分析、时间序列、分类、模型评估、模型预测、回归、聚类、关联规则、文本分析、深度学习和绘图这 13 个类别。Python 组件的类别介绍如表 10-2 所示。

表 10-2　Python 组件的类别

类别	说明
Python 脚本	"Python 脚本"类提供 Python 代码编辑框。用户可以将已经编写好的程序代码复制到代码编辑框中并直接运行，无须额外配置组件
预处理	"预处理"类提供对数据进行预处理的组件，包括数据标准化、缺失值处理、表堆叠、数据筛选、行列转置、修改列名、衍生变量、数据拆分、主键合并、新增序列、数据排序、记录去重和分组聚合等
统计分析	"统计分析"类提供对数据整体情况进行统计的常用组件，包括因子分析、全表统计、正态性检验、相关性分析、卡方检验、主成分分析和频数统计等
时间序列	"时间序列"类提供常用的时间序列组件，包括 ARCH、AR 模型、MA 模型、灰色预测、模型定阶和 ARIMA 等
分类	"分类"类提供常用的分类组件，包括朴素贝叶斯、支持向量机、CART 分类树、逻辑回归、神经网络和 K 最近邻等

类别	说明
模型评估	"模型评估"类提供用于进行模型评估的组件，包括模型评估
模型预测	"模型预测"类提供用于进行模型预测的组件，包括模型预测
回归	"回归"类提供常用的回归组件，包括 CART 回归树、线性回归、支持向量回归和 K 最近邻回归等
聚类	"聚类"类提供常用的聚类组件，包括层次聚类、DBSCAN 密度聚类和 KMeans 等
关联规则	"关联规则"类提供常用的关联规则组件，包括 Apriori 和 FP-Growth 等
文本分析	"文本分析"类提供对文本数据进行清洗、特征提取与分析的常用组件，包括情感分析、文本过滤、TF-IDF、Word2Vec 等
深度学习	"深度学习"类提供常用的深度学习组件，包括循环神经网络、implici ALS 和卷积神经网络
绘图	"绘图"类提供常用的绘图组件，可以用于绘制柱形图、折线图、散点图、饼图和词云图等

2. R 语言组件

R 语言组件包含 R 语言脚本、预处理、统计分析、分类、时间序列、聚类、回归和关联分析这 8 个类别，R 语言组件的类别介绍如表 10-3 所示。

表 10-3　R 语言组件的类别

类别	说明
R 语言脚本	"R 语言脚本"类提供 R 语言代码编辑框。用户可以将已经编写好的代码复制到代码编辑框中并直接运行，无须额外配置组件
预处理	"预处理"类提供对数据进行预处理的组件，包括缺失值处理、异常值处理、表连接、表合并、数据标准化、记录去重、数据离散化、排序、数据拆分、频数统计、新增序列、字符串拆分、字符串拼接、修改列名等
统计分析	"统计分析"类提供对数据整体情况进行统计的常用组件，包括卡方检验、因子分析、主成分分析、相关性分析、正态性检验和全表统计等
分类	"分类"类提供常用的分类组件，包括朴素贝叶斯、CART 分类树、C4.5 分类树、BP 神经网络、KNN、SVM 和逻辑回归等
时间序列	"时间序列"类提供常用的时间序列组件，包括 ARIMA 和指数平滑等
聚类	"聚类"类提供常用的聚类组件，包括 K-Means、DBSCAN 密度聚类和系统聚类等
回归	"回归"类提供常用的回归组件，包括 CART 回归树、C4.5 回归树、线性回归、岭回归和 KNN 回归等
关联分析	"关联分析"类提供常用的关联规则组件，包括 Apriori 等

3. Spark 组件

Spark 组件包含预处理、统计分析、分类、聚类、回归、降维、协同过滤和频繁模式挖掘这 8 个类别，Spark 组件的类别介绍如表 10-4 所示。

表 10-4　Spark 组件的类别

类别	说明
预处理	"预处理"类提供对数据进行预处理的组件，包括数据去重、数据过滤、数据映射、数据反映射、数据拆分、数据排序、缺失值处理、数据标准化、衍生变量、表连接、表堆叠和数据离散化等
统计分析	"统计分析"类提供对数据整体情况进行统计的常用组件，包括行列统计、全表统计、相关性分析和重复值缺失值探索
分类	"分类"类提供常用的分类组件，包括逻辑回归、决策树、梯度提升树、朴素贝叶斯、随机森林、线性支持向量机和多层感知分类器等
聚类	"聚类"类提供常用的聚类组件，包括 K-Means 聚类、二分 K-Means 聚类和混合高斯聚类等
回归	"回归"类提供常用的回归组件，包括线性回归、广义线性回归、决策树回归、梯度提升树回归、随机森林回归和保序回归等
降维	"降维"类提供常用的数据降维组件，包括 PCA 降维等
协同过滤	"协同过滤"类提供常用的智能推荐组件，包括 ALS 组件、ALS 推荐和 ALS 模型预测
频繁模式挖掘	"频繁模式挖掘"类提供常用的频繁项集挖掘组件，包括 FP-Growth 等

10.1.5　个人组件

"个人组件"模块可满足用户的个性化需求。用户在使用过程中，可根据自己的需求定制组件，以方便使用。目前支持通过 Python 和 R 语言进行个人组件的定制，"个人组件"界面如图 10-6 所示。

图 10-6　"个人组件"界面

10.2　使用平台进行客户流失预测

以第 9 章中的餐饮企业客户流失预测案例为例，在 TipDM 大数据挖掘建模平台上配置对应工程，展示流程的配置过程。流程的具体配置和参数可访问平台进行查看。

10.2.1　使用平台配置客户流失预测案例的步骤和流程

在 TipDM 大数据挖掘建模平台上配置客户流失预测案例的总体流程如图 10-7 所示，主要包括以下 4 个步骤。

（1）**数据源配置**。在 TipDM 大数据挖掘建模平台配置客户信息表、订单详情表的输入源组件。

（2）**数据预处理**。探索相关数据后，查看重复值并进行处理异常值、处理缺失值、构建特征等操作。

（3）**模型构建与训练**。构建并训练决策树模型和支持向量机模型。

（4）**模型评价**。使用混淆矩阵对训练好的模型进行评价（注：平台已设定在构建与训练模型的同时进行模型评价操作）。

图 10-7　配置客户流失预测案例的总体流程

在平台上配置案例得到的流程如图 10-8 所示。

图 10-8　平台中的案例流程

10.2.2　数据源配置

本案例的数据为两个 CSV 文件，一个为客户信息表，另一个为订单详情表。使用 TipDM 大数据挖掘建模平台导入数据，具体步骤如下。

（1）新增数据集。单击"数据集"模块，单击"新增"按钮，如图 10-9 所示。

图 10-9　新增数据集

（2）设置新增数据集的参数。随意选择一张封面图片，在"名称"文本框中输入"餐饮企业客户流失预测"，在"有效期（天）"下拉列表中选择"永久"，在"描述"文本框中输入对数据集的简短描述，单击"点击上传"超链接，选择需要上传的文件。显示成功后，单击"确定"按钮即可上传数据，如图 10-10 所示。

图 10-10　设置新增数据集的参数

数据上传完成后，新建名为"客户流失预测"的空白工程，配置"输入源"组件，具体步骤如下。

（1）拖曳"输入源"组件。在"我的工程"界面的"组件"栏中找到"系统组件"模块下的"输入/输出组件"类。拖曳"输入/输出组件"类中的"输入源"组件至画布中。

（2）配置"输入源"组件。单击画布中的"输入源"组件，然后在画布右侧的"参数配置"栏的"数据集"文本框中输入"餐饮企业客户流失预测",在弹出的下拉列表中选择"餐饮企业客户流失预测",在"名称"列表中勾选"user_loss.csv"复选框。右击画布中的"输入源"组件,在弹出的快捷菜单中选择"重命名"命令并输入"客户信息表",单击"确定"按钮,配置完成,如图 10-11 所示。

图 10-11　配置"输入源"组件

使用相同的方式配置订单详情表的"输入源"组件。

10.2.3　数据预处理

本案例先对读取的数据进行探索,再查看重复值并进行处理异常值、处理缺失值、构建特征等操作。

10.2.3　数据预处理

1. 数据探索

在进行正式的数据预处理操作前先对数据进行初步的探索,步骤如下。

(1)创建"数据探索"组件。单击"个人组件"模块,单击 ⊞ "添加组件"。在"组件名称"文本框中输入"数据探索",在"计算引擎"下拉列表中选择"Python"。把"数据探索.txt"文件的代码粘贴到"组件代码"文本框中。单击"确定"按钮即可创建成功,如图 10-12 所示。

图 10-12　创建"数据探索"组件

（2）连接"数据探索"组件。拖曳"个人组件"模块下的"数据探索"组件至画布中，并将其与"客户信息表""订单详情表"组件相连接，如图 10-13 所示。

图 10-13　连接"数据探索"组件

（3）运行"数据探索"组件。右击"数据探索"组件，在弹出的快捷菜单中选择"运行该节点"命令。运行成功后，再次右击"数据探索"组件，在弹出的快捷菜单中选择"查看日志"命令，查看日志，如图 10-14 所示。

注：结果未完整显示。

图 10-14　运行"数据探索"组件的结果

2. 查看重复值

由于重复值会对模型的精度造成影响，因此需要对订单详情表进行去重处理，具体步骤如下。

（1）连接"记录去重"组件。拖曳"Python 组件"模块下"预处理"类的"记录去重"组件至画布中，并与"数据探索"组件相连接。重命名"记录去重"组件为"查看重复值"。

（2）配置"查看重复值"组件。在"字段设置"栏中选择"特征"的全部字段，选择"去重主键"的"name"（由于数据字段较多，且通过滚动条进行选择，所以该字段在图 10-15 中不显示）和"use_start_time"字段，如图 10-15 所示。

（3）运行"查看重复值"组件。右击"查看重复值"组件，在弹出的快捷菜单中选择"运行该节点"命令。运行成功后，再次右击"查看重复值"组件，在弹出的快捷菜单中选择"查看日志"命令，查看日志，如图 10-16 所示。

以相同的方式配置客户信息表的"查看重复值"组件，选择"去重主键"的"USER_ID"字段。运行成功后，查看日志的结果如图 10-17 所示。

图 10-15　配置"查看重复值"组件

记录去重前数据维度为：　(6611,21)
记录去重后数据维度为：　(6611,21)

记录去重前数据维度为：　(2431,36)
记录去重后数据维度为：　(2431,36)

图 10-16　运行"查看重复值"组件的结果　　图 10-17　运行客户信息表的"查看重复值"组件的结果

3. 处理异常值

数据集中往往存在一些不合常理的数据，这些数据需在建模之前去除，处理订单详情表的异常值的步骤如下。

（1）连接"记录去重"组件。拖曳"Python 组件"模块下"预处理"类的"记录去重"组件至画布中，并与"查看重复值"组件相连接。重命名"记录去重"组件为"处理异常值"。

（2）配置"处理异常值"组件。在"字段设置"栏中选择"特征"的全部字段，选择"去重主键"的"dining_table_id"和"use_start_time"字段，如图 10-18 所示。

图 10-18　配置"处理异常值"组件

（3）运行"处理异常值"组件。右击"处理异常值"组件，在弹出的快捷菜单中选择"运行该节点"命令。运行成功后，再次右击"处理异常值"组件，在弹出的快捷菜单中选择"查看日志"命令，查看日志，如图 10-19 所示。

记录去重前数据维度为：　(6611,21)
记录去重后数据维度为：　(6594,21)

图 10-19　运行"处理异常值"组件的结果

4．数据处理

处理完重复值和异常值后，还需要对数据进行特别的处理，步骤如下。

（1）创建"数据处理"组件。单击"个人组件"模块，单击 ▣ "添加组件"。在"组件名称"文本框中输入"数据处理"，在"计算引擎"下拉列表中选择"Python"。把"数据处理.txt"文件的代码粘贴到"组件代码"文本框中。单击"确定"按钮即可创建成功，如图 10-20 所示。

图 10-20　创建"数据处理"组件

（2）连接"数据处理"组件。拖曳"个人组件"模块下的"数据处理"组件至画布中，并与"查看重复值""处理异常值"组件相连接，如图 10-21 所示。

图 10-21　连接"数据处理"组件

5．处理缺失值

由于建模数据中不允许存在缺失值，因此需要对数据中的缺失值进行处理，步骤如下。

（1）连接"主键合并"组件。拖曳"Python 组件"模块下"预处理"类的"主键合并"组件至画布中，并与"数据处理"组件相连接。

（2）配置"主键合并"组件。在"字段设置"栏中选择"左表特征"的"USER_ID""LAST_VISITS""TYPE"字段，以及"右表特征"的"USER_ID""number_consumers""expenditure"字段。在"参数配置"栏中设置"连接方式"为"左连接"，选择"left_on"的"USER_ID"字段，以及"right_on"的"USER_ID"字段，如图 10-22 所示。

图 10-22　配置"主键合并"组件

（3）运行"主键合并"组件。右击"主键合并"组件，在弹出的快捷菜单中选择"运行该节点"命令。

（4）连接"缺失值处理"组件。拖曳"Python 组件"模块下"预处理"类的"缺失值处理"组件至画布中，并与"主键合并"组件相连接。

（5）配置"缺失值处理"组件。在"字段设置"栏中选择"特征"的全部字段，如图 10-23 所示。

图 10-23　配置"缺失值处理"组件

（6）运行"缺失值处理"组件。右击"缺失值处理"组件，在弹出的快捷菜单中选择"运行该节点"命令。运行成功后，再次右击"缺失值处理"组件，在弹出的快捷菜单中选择"查看日志"命令，查看日志，如图 10-24 所示。

图 10-24　运行"缺失值处理"组件的结果

6. 构建特征

构建客户流失特征，具体步骤如下。

（1）创建"构建特征"组件。单击"个人组件"模块，单击 ![添加组件图标] "添加组件"。在"组件名称"文本框中输入"构建特征"，在"计算引擎"下拉列表中选择"Python"。把"构建特征.txt"文件的代码粘贴到"组件代码"文本框中。单击"确定"按钮即可创建成功，如图 10-25 所示。

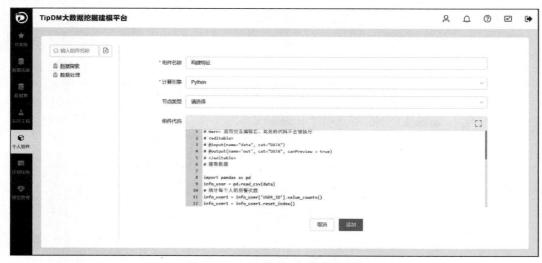

图 10-25　创建"构建特征"组件

（2）连接"构建特征"组件。拖曳"个人组件"模块下的"构建特征"组件至画布中，并与"缺失值处理"组件相连接，如图 10-26 所示。

（3）运行"构建特征"组件。右击"构建特征"组件，在弹出的快捷菜单中选择"运行该节点"命令。

图 10-26　连接"构建特征"组件

10.2.4　构建模型

按照 8：2 的比例将构建特征得到的数据划分为训练集和测试集,采用决策树模型和支持向量机模型对客户流失进行预测,并对模型效果进行分析。

10.2.4　构建模型

1．数据筛选

去除客户状态为已流失的数据,具体步骤如下。

(1)连接"数据筛选"组件。拖曳"Python 组件"模块下"预处理"类的"数据筛选"组件至画布中,并与"构建特征"组件相连接。

(2)配置"数据筛选"组件。在"参数设置"栏中选择"特征"的全部字段,在"筛选条件"栏中选择"与""TYPE""不等于""已流失",如图 10-27 所示。

图 10-27　配置"数据筛选"组件

（3）运行"数据筛选"组件。右击"数据筛选"组件，在弹出的快捷菜单中选择"运行该节点"命令。

2. 数据划分

按照 8∶2 的比例将构建特征得到的数据划分为训练集和测试集，具体步骤如下。

（1）连接"数据拆分"组件。拖曳"Python 组件"模块下"预处理"类的"数据拆分"组件至画布中，并与"数据筛选"组件相连接。

（2）配置"数据拆分"组件。在"字段设置"栏中选择"特征"的全部字段，在"参数设置"栏中设置测试集占比为 0.2，随机种子为 12345，如图 10-28 所示。

图 10-28 配置"数据拆分"组件

（3）运行"数据拆分"组件。右击"数据拆分"组件，在弹出的快捷菜单中选择"运行该节点命令。

3. 构建决策树模型

构建并训练决策树模型，查看模型的分类结果，具体步骤如下。

（1）连接"CART 分类树"组件。拖曳"Python 组件"模块下"分类"类的"CART 分类树"组件至画布中，并与"数据拆分"组件相连接。

（2）配置"CART 分类树"组件。在"参数设置"栏中选择"特征"的字段"frequence""amount""average""recently"，设置"标签"为"TYPE"，如图 10-29 所示。

（3）运行"CART 分类树"组件。右击"CART 分类树"组件，在弹出的快捷菜单中选择"运行该节点"命令。

（4）连接"模型评估"组件。拖曳"Python 组件"模块下"模型评估"类的"模型评估"组件至画布中，并分别与"CART 分类树""数据拆分"组件相连接。

图 10-29　配置"CART 分类树"组件

（5）配置"模型评估"组件。在"参数设置"栏中选择"特征"的字段"frequence""amount""average""recently"，设置"标签"为"TYPE"，如图 10-30 所示。

图 10-30　配置"模型评估"组件

（6）运行"模型评估"组件。右击"模型评估"组件，在弹出的快捷菜单中选择"运行该节点"命令。运行成功后，再次右击"模型评估"组件，在弹出的快捷菜单中选择"查看日志"命令，查看日志，如图 10-31 所示。

图 10-31　运行"模型评估"组件的结果

注：结果未完整显示。由于平台上的算法参数设置与第 9 章中的算法参数设置存在一定的差异，因此平台上得到的模型评价结果可能与第 9 章的模型评价结果不同，并且每次运行的结果可能会不一样。

4．构建支持向量机模型

构建并训练支持向量机模型，查看模型的分类结果，具体步骤如下。

（1）连接"支持向量机"组件。拖曳"Python 组件"模块下"分类"类的"支持向量机"组件至画布中，并与"数据拆分"组件相连接。

（2）配置"支持向量机"组件。在"参数设置"栏中选择"特征"的字段"frequence""amount""average""recently"，设置"标签"为"TYPE"，如图 10-32 所示。核函数参数设置为"scale"。

图 10-32　配置"支持向量机"组件

（3）运行"支持向量机"组件。右击"支持向量机"组件，在弹出的快捷菜单中选择"运行该节点"命令。

（4）连接"模型评估"组件。拖曳"Python 组件"模块下"模型评估"类的"模型评估"组件至画布中，并分别与"支持向量机""数据拆分"组件相连接。

（5）配置"模型评估"组件。在"参数设置"栏中选择"特征"的字段"frequence""amount""average""recently"，设置"标签"为"TYPE"，如图 10-33 所示。

图 10-33　配置"模型评估"组件

（6）运行"模型评估"组件。右击"模型评估"组件，在弹出的快捷菜单中选择"运行该节点"命令。运行成功后，再次右击"模型评估"组件，在弹出的快捷菜单中选择"查看日志"命令，查看日志，如图 10-34 所示。

图 10-34　运行"支持向量机"组件的结果

注：结果未完整显示。由于平台上的算法参数设置与第 9 章中的算法参数设置存在一定的差异，因此平台上得到的模型评价结果可能与第 9 章的模型评价结果不同，并且每次运行的结果可能会不一样。

小结

本章介绍了在 TipDM 大数据挖掘建模平台上配置客户流失预测案例的流程，从数据源配置，到数据预处理，最后进行建模与模型评价，向读者展示了平台的流程化思维，使读者加深了对数据分析流程的理解。平台去编程、拖曳式的操作使没有 Python 编程基础的读者也可以轻松构建数据分析流程。

实训

实训　预测客户服装尺寸

1. 训练要点

（1）熟悉预测客户服装尺寸的流程。

（2）掌握使用 TipDM 大数据挖掘建模平台预测客户服装尺寸的方法。

2. 需求说明

通过在平台上配置第 9 章实训的客户服装尺寸预测案例，初步掌握平台的使用方法。

3. 实现思路及步骤

（1）确定使用平台预测客户服装尺寸的流程。

（2）配置实训的数据源。

（3）使用平台对数据集进行预处理。

（4）使用平台的支持向量机组件对客户服装尺寸进行预测。

课后习题

操作题

参考本章的客户流失预测案例的流程，在平台中实现第 9 章课后习题中的二手手机回收价格预测。